우주의 지도를 그리다

Galaxy: Mapping the Cosmos
by James Geach was first published by Reaktion Books, London, 2014

우주의 지도를 그리다

천 문 학 자 의 은 하 여 행

제임스 기치 JAMES GEACH 지음 | **안진희 · 홍경탁** 옮김

글항아리 **사이언스**

차례

제 1 장

머리 위의 도시

○
우주망원경인 아타카마 대형 밀리미터파 집합체Atacama Large Millimetre Array(ALMA)가 있는 칠레 아타카마 사막의 차이난토르 고원 위로 우리 은하의 밝은 띠가 빛나고 있다. 지구는 별들이 커다란 원반 모양으로 모여 있는 우리 은하 안에 자리 잡고 있다. 이 장기 노출 사진은 우리 은하의 커다란 원반과 별들이 빽빽이 들어찬 중앙 팽대부의 모습을 보여준다. 밝은 띠를 따라 있는 검은색 부분들은 뒤편 별에서 나오는 빛을 차단하는 성간티끌星間塵, interstella dust이 존재한다는 사실을 보여준다.

대도시 변두리에 위치한 높은 언덕 위에 서 있다고 상상해보라. 주위를 둘러보니 외딴 집이 드문드문 흩어져 있거나, 여러 집이 한데 모여 작고 조용한 마을을 이루고 있다. 도심 쪽으로 눈을 돌리니 도로, 공원, 고층 건물로 이루어진 방대하고 눈부신 미로가 눈앞에 펼쳐진다. 저 멀리 번쩍이는 고층 건물이 있는 중심지를 가운데에 두고 빽빽한 광역도시권이 뻗어 있다. 무엇보다 이 대도시에서 가장 눈에 두드러지는 고요함이다. 생명체가 보이지도, 사이렌이 들리지도 않는다. 도시의 웅성거림도 없다. 도시는 불가사의할 정도로 깊이 잠들어 있는 듯하다. 모든 것이 손만 뻗으면 잡힐 것 같고 마치 누군가가 탐험해주기를 기다리고 있는 것만 같다. 하지만 변두리 언덕에 혼자 서 있는 당신이 할 수 있는 일이라고는 복잡하고 다채로운 광경을 보며 경탄을 내뱉는 것밖에 없다.

앞쪽에 있는 도시를 등지고 돌아서면 지평선까지 쭉 뻗은 평평하고 탁 트인 시골 풍경이 눈앞에 펼쳐진다. 이따금 보이는 외딴 마을과 교외 지역에 인접한 작은 마을을 제외하면 아까의 도시는 텅 빈 땅에 홀로 존재하는 것 같다. 그때 멀리서 보이는 넓게 트인 지역이 당신의 눈길을 사로잡는다. 눈을 가늘게 뜨고 보자 지평선에 희미한 반짝임이 무한하다. 다른 방향을 보니 더 많은 반짝임이 있다. 당신은 도시가 홀로 있지 않고 세상은 생각보다 훨씬 더 크며 당신의 도시와 꼭 닮은 다른 도시들이 있을지도 모른다고 깨닫는다.

지구가 속한 우리 은하와 우주의 다른 외부 은하도 마찬가지다. 이 책은 이러한 은하들을 다룬다. 우리가 은하에 대해 알고 있는 사실과 아직 알고 있지 못한 사실을 다룬다. 우리는 '하나의' 은하 안에 살고 있고 그 은하 안에서 지구와 태양, 그리고 태양계는 극히 자그마한 구성 요소일 뿐이다. 우주는 다양한 크기와 모양을 가진 수많은 은하로 가득 차 있다. 지금까지의 연구에 따르면 우주에는 거의 2000억~5000억 개의 은하가 있다고 추정된다. 앞으로 살펴볼 텐데, 우주에는 우리와 비슷한 은하도, 전혀 다른 은하도 많이 있다. 외부 은하를 연구하는 천문학자의 목표는 이런 은하들이 어떻게 생겨났는지를 알아내는 것이다.

은하에 대해 가장 놀라운 점은 은하 그 자체가 아니라 은하 사이의 엄청난 거리일 것이다. 사실 우리 인간은 최근에 이르러서야 비로소 은하가 어마어마한 심연의 공간에 의해 분리되어 있는 독립된 개체임을 밝혀냈다. 이 점을 발견한 이후로 은하, 은하의 생성, 은하의 진화에 대한 이해는 놀라운 속도로 깊어졌고 이제는 엄청난 실험과 측정을 하며 그 결과를 해석할 수 있게 되었다. 우리는 은하 생성의 시작점인 빅뱅으로부터 생긴 우주여광relic radiation에 암호화된, 잔물결 모양의 요동fluctuation을 탐지할 수 있다. 또한 멀리 떨어진 은하에 있는 별이 폭발하며 소멸하는 모습을 관측하고, 소멸하는 별의 밝기가 점점 약해지는 것을 추적해서 그 은하의 진화뿐만 아니라 우주 전체의 진화 및 운명에 대한 정보를 얻을 수도 있다. 현재 인류는 초기 은하에서 '최초의' 별이 생성됐던 순간의 우주론적 특징cosmic signature을 측정하려는 실험을 준비하고 있다. 이 책에서는 이런 주제를 일부 다룰 것이다.

현재 우리가 은하의 기원, 은하의 진화, 은하의 운명을 연구하는 데 있어 황금기를 누리고 있다고들 한다. 인간 종이 '우리 은하'라는 이름을 가진 별들의 집합체 너머에 별개의 항성 체계가 존재한다는 사실을 얼마 전에야 제대로 자각했다는 사실은 놀랍기 그지없다. 밤하늘에 보이는 별이 지구로부터 상상할 수 없을 정도로 멀리 떨어져 있는 것과 마찬가지로 외부 은하 또한 우리 은하로부터 상상할 수 없을 만큼 멀리 떨어져 있다. 우주에 대한 이러한 관점은 20세기 초반에 이르러서야 실증적으로 확인되었다.

처음에 천문학자들은 우리 은하와 가장 가까운 은하만 지도로 그렸다. 이 은하들은 우리와 가까이 있기 때문에 밤하늘에서 상대적으로 크고 밝아 보인다. 과학기술의 급속한 발전과 우주를 이해하고 싶은 깊고도 강렬한 욕구에 힘입어, 20세기 초반에서 1세기밖에 지나지 않은 지금, 천문학자들은 수백만 개의 은하를 조사하고, 은하가 우주에 분포해 있는 모습을 지도로 그리며, 은하의 구성 요소를 분석하며 은하가 어떻게 운동하는지를 측정한다. 이제 우리는 눈(인간이 처음 하늘에 대해 호기심을 가졌을 때 의지했던 유일한 도구)의 생물학적 능력을 넘어서는, 수십억 배 더 희미하고 빛 수준의 주파수를 가진 은하를 탐지할 수 있다.

과연 은하란 무엇일까? 은하는 무엇으로 만들어져 있을까? 얼마나 클까? 어떻게 생성됐을까? 다양한 유형의 은하가 존재하는 이유는 무엇이며 시간이 흐르면서 어떤 식으로 변화해왔을까? 이처럼 단순한 질문은 은하 진화 연구의 기초를 이룬다. 우리는 이 책에서 이러한 질문을 좇을 것이다. 그렇지만 먼저 분명히 하건대 많은 질문이 아직 답을 찾는 중이다. 풀어야 할 미스터리는 여전히 많이 남아 있다. 그런 까닭에 이 분야가 천문학에서, 아니 과학 분야를 통틀어 아마 가장 흥미진진한 분야일지도 모른다. 이 분야에는 개척정신 같은 것이 있다. 이 책은 최신 관측 결과와 이론뿐 아니라 천문학 연구의 기본에 대한 통찰도 제공할 것이다. 천문학 연구는 어떤 식으로 이뤄지고, 천문학자는 어떤 도구를 이용하며, 하루하루 어떤 일을 할까? 우리 앞에 있는 도시, 우리 고향에서 여정을 시작해보자.

은하수를 가로질러서

맑은 날 캄캄한 밤에 하늘을 한번 올려다보라. 하늘에는 신월new moon(눈에 보이지 않는 달)이 떠 있는데 도시의 불빛에서 멀리 떨어진 곳이라면 더 좋을 것이다. 인내심을 가져야 한다. 동공이 확장되어 어둠에 익숙해지고 대기 너머에서 나오는 희미한 빛을 더 능숙하게 흡수하려면 몇 분은 걸리기 때문이다. 이제 한쪽

○

가시광선으로 촬영한 우리 은하의 파노라마 사진. 원반과 밝은 (하지만 부분적으로 티끌에 가려진) 팽대부가 또렷이 보인다. 우리 은하는 커다란 나선은하다.

에서 다른 쪽으로 지평선을 죽 훑어보라. 하늘을 가로지르며 뻗어 있는 띠 안에 있는 별들이 더 촘촘해지고 하늘이 약간 더 밝아지는 게 느껴질 것이다. 당신은 고대 천문학자가 '은하수Milky Way'라고 별명 붙였던, 빽빽하고 별이 총총한 우리 은하의 면plane을 보고 있다. 이제 우리는 은하 천문학 안으로 첫걸음을 내디뎠다. 우리 '위에 있는' 별들은 아무렇게나 분포되어 있는 게 아니라 질서정연한 구조로 체계화되어 있다. 은하의 그런 구조는 원반disc이다. 그 안에 우리가 속해 있다. 눈앞에 보이는 빛나는 띠는 수십억 개의 별에서 나오는 빛이다. 인간의 눈은 이 별들을 개별적으로 볼 수 없고 집단으로 결합된 별들을 분산된 빛으로 인식한다. 밀도가 더 높은 곳일수록 더 밝아 보인다. 궁수자리를 보고 있다면 우리 은하의 가장 중심을 보고 있는 것이다. 물질이 가장 빽빽하게 밀집되어 있는 곳이다. 커다란 원반의 중심에 별들이 불룩 튀어나와 있는 모습이다.

약 60도 지점에 희미한 빛의 띠가 또 하나 보일 것이다. 태양이 막 졌거나 이제 막 뜨려고 하는 지평선에서 뿜어져 나온다. 이번에는 또 다른 면에서 방출되는 빛을 보고 있는 것이다. 우리 태양계의 황도면, 즉 궤도면이며 이를 황도광zodiacal light이라 부른다. 태양광선이 태양계의 원반 안에 갇힌 무수한 바위와 티끌 입자에 부딪혀 산란되는 현상이다. 우리 은하의 별들로 이루어진 띠와 황도면이 이루는 각도는 태양계 궤도면의 위치가 우리 은하의 위치와 비례하여 얼마만큼 기울어져 있는지를 나타낸다. 면 안에 면이 있는 것이다.

우리 태양계는 우리 은하의 중심에서 바깥 방향으로 3분의 2 지점에 위치하

고 있으며 우리 은하의 중심에 있는, 별들의 빽빽한 밀집 지역에서 상당히 멀리 떨어져 있다. 원반이 완전히 평평하진 않기 때문에 지구의 '어떤' 방향에서 보더라도 우리는 비교적 가까이에 있는 별들을 위아래와 온 사방에서 볼 수 있다. 이 별들은 모두 지구에서 서로 다른 거리에 있지만, 우리 눈에 별들은 지구를 둘러싸고 있는 거대한 구 안에 다양한 밝기를 가진 빛의 점으로 고정되어 있는 것처럼 보인다. 사실 이것은 천문학자들이 오랫동안 생각해온 모습이다. '천구celestial sphere'에 있는 '항성들fixed stars'이다. 더 자세히 살펴보면 많은 별이 작지만 쉽게 측정할 수 있는 수준으로 천구를 가로질러 움직이는 게 보인다. 우리는 이 별들이 '고유 운동proper motion'을 하고 있다고 말한다. 이 현상은 별들이 실제 우주에서 빠르게 움직이고 있기 때문에 일어나며 이러한 특징은 매년 별들의 위치 변화를 정밀히 관측해 추적할 수 있다. 일반인 관찰자가 인간의 시간 척도 기준으로 보면 별은 정말 고정되어 있는 것 같다. 하지만 만약 당신이 오래 잠들었다가 수백만 년이 지나 깨어난다면 별자리는 현재와 완전히 다르게 보일 것이다. 우리 은하와 그 안의 구성 요소는 계속 움직이고 있기 때문이다.

인간의 눈이 밝혀낼 수 없는 것은 별의 3차원적 분포다. 별들은 우주 전체에 걸쳐 우리에게서 각자 다른 거리에 분포해 있다. 한때 생각한 것처럼, 지구를 둘러싸고 있는 얇은 껍질의 표면에 분산되어 있는 게 아니다. 대부분의 별자리는 별들의 물리적 결합이 아닌, 지구로부터 서로 다른 거리에 있는 별들의 우연한 배열이 우리가 알아볼 수 있는 어떤 패턴을 형성한 것이다. 우리 은하의 다

○
우리 은하에서 가장 큰 구상성단인 오메가켄타우리Omega Centauri. 우리 은하의 '헤일로halo(원반을 둘러싸고 있는 환경)' 안에 있는, 약 1000만 개의 별로 구성된 집합체다. 현재까지 약 200개의 구상성단이 우리 은하에서 발견되었다. 기원이 아직 명확히 밝혀지진 않았지만, 구상성단은 은하의 구성 요소 중 매우 오래된 것들이다. 오메가켄타우리는 과거에 우리 은하에 강착된 왜소은하dwarf galaxy의 잔여물일 수도 있다. 그렇기 때문에 우리 은하가 생성된 역사를 되짚어볼 고고학적 단서를 제공한다.

른 지역에 있는 행성의 천문학자는 우리와는 다른 별자리 집합을 볼 것이다.

별의 일부 집단은 서로 물리적으로 연관되어 있다. 쌍성계binary systems는 두 개의 별이 서로의 궤도를 도는 것이다. 한 쌍의 별은 서로 매우 가깝게 하늘에 떠 있는 것처럼 보인다. 너무 가까운 나머지 육안으로 둘을 분리하기 힘들 때가 많고, 한 별이 다른 별보다 훨씬 더 밝으면 동반성companion을 보이지 않게 만들기도 한다.(밝은 별 시리우스가 그 예다.) 우리 은하에 있는 별 중 많은 것이 쌍성계 별이다. 또한 성단clusters이라 불리는, 별이 더 큰 집단을 이루는 현상도 있다. 별이 성단을 형성하는 이유는 많은 별이 같은 장소에서 태어나고 은하계 안 항성물질의 용광로인 수축가스구름collapsing clouds of gas으로부터 생명을 얻기 때문이다. 유명한 예는 황소자리에 있는 좀생이성단(플레이아데스성단)이다. '일곱 자매'라고 알려져 있기도 하다. 좀생이성단의 별들은 비교적 최근에 형성되었으며 빛이 극도로 밝고 비교적 서로 인접해 있어서 육안으로 쉽게 관찰할 수 있다.

우리 은하의 원반 주변에 분산되어 있는, '헤일로halo'라 불리는 환경에서, 별들이 매우 빽빽이 모여 있는 공 모양의 구상성단globular clusters을 발견할 수 있

○
구상성단인 큰부리새자리 47(47 Tuc로 불리곤 한다)은 매우 유명한 천체 중 하나이며 남반구에서 육안으로 볼 수 있다. 이 사진은 빛의 근적외선 파장으로 촬영한 것으로 수백만 개의 별이 공 모양으로 빽빽하게 밀집해 있는 모습이다. 놀랍게도 큰부리새자리의 전체 크기는 지구 하늘에 떠 있는 보름달과 거의 같지만, 지구로부터 떨어진 거리는 보름달이 지구에서 떨어진 거리보다 약 3500억 배 더 멀다. 사진의 모든 별은 중력 때문에 이처럼 '공 모양'을 하고 있다. 이 별들은 구상성단의 공통 무게중심common centre of mass을 중심으로 궤도운동을 하고 있다. 또한 구상성단 자체도 우리 은하에 중력으로 매여 있다. 질량이 큰 은하massive galaxies는 대부분 수백에서 수천 개의 구상성단에 둘러싸여 있다가 마침내 타원은하와 같이 질량이 매우 큰 은하very massive galaxies를 형성한다. 구상성단 47 Tuc는 흥미로운 항성 종족을 많이 거느리기 때문에 천문학자들에게 인기가 높은 연구 대상이다. 노랑/오렌지색으로 보이는 밝은 별이 사진에 많이 나와 있다. 이 별은 적색 거성red giant stars이다. 적색 거성은 별의 진화 과정에서 대부분의 수소 가스가 소모된 후 헬륨을 태우면서 초거성으로 팽창하는, 질량이 큰 별을 말한다. 적색 거성의 빨간색은 약 4000도인, 비교적 차가운(별의 세계에서는) 표면 온도와 관계있다. 오리온자리에 있는 베텔게우스 별은 적색 초거성red supergiant의 한 예다. 이러한 별은 항성 진화 과정의 결정적인 단계를 들여다보게 해준다.

다. 구상성단은 수십만 개의 별이 들어 있는 굉장히 미스터리한 연구 대상이다. 각각의 구상성단 안에 있는 별들은 중력에 의해 서로 매여 있고 구상성단 자체도 중력으로 우리 은하에 매여 있으며 마치 정찬용 음식 접시를 떠나지 못하는 파리처럼 윙윙 소리를 내면서 움직인다. 구상성단의 형성에 대해서는 아직 밝혀지지 않은 부분이 많지만, 구상성단은 우리 은하의 가장 오래된 구성요소에 관해 알려주기에 우리 은하와 외부 은하 형성의 귀중한 단서를 쥐고 있다. 작은 망원경이나 쌍안경만으로도 일부 유명한 구상성단을 관찰할 수 있으며 이들은 장관을 이루는 은하 풍경 중 하나다.

지구 가까이에 있는 별들의 3차원적 위치는 천문학에서 거리 측정 시 쓰는 매우 오래된 수단 중 하나인 '시차parallax'를 이용해서 지도를 만들 수 있다. 여기서 시차에 대해 간단히 설명하는 것이 좋겠다. 시차의 정의를 알면 전문 천문학자가 쓰는 기본 측정 단위인 '파섹parsec'을 쉽게 이해할 수 있기 때문이다. 나중에 어마어마한 규모의 외부 은하를 자세히 살펴볼 때 파섹에 대해 다시 언급할 것이다. 복잡하진 않다. 파섹은 미터 앞에 붙는 숫자가 너무 커서 손으로 쓰기 번거로울 때, 즉 아주 긴 거리를 표현할 때 사용하는 측정 단위다.

쉽게 설명해보겠다. 한쪽 팔을 앞으로 쭉 뻗고 한쪽 눈을 감은 다음 엄지손가락을 들어올린 후 그 끝에 초점을 맞춰보라. 이제 떴던 눈을 감고 감았던 눈을 떠보라. 배경과 같이 봤을 때 엄지손가락의 위치가 변하는 것처럼 보인다. 이를 시차라고 한다. 시차는 서로 다른 시선으로 볼 때 한 물체의 '겉보기 위치apparent

○
아주 먼 우주를 들여다볼 수 있는 창문 역할을 하는 '허블 울트라 디프 필드The Hubble Ultra Deep Field' 사진. 사진 속에 있는 거의 모든 빛의 점이 은하다. 허블우주망원경을 극단적으로 긴 시간 동안 하늘의 한 작은 지역(보름달 직경의 약 10퍼센트 크기가 되는)에 고정시켜 촬영한 사진이다. 비교적 가까이에 있는(실제로는 매우 멀리 있다) 은하들이 나선 모양과 타원 모양인 게 뚜렷이 보인다. 그러나 멀리 있는 은하들은 알아보기 힘들다. 매우 작게 보이고(때론 직경이 몇 픽셀밖에 안 된다), 희미하며, 붉은색을 띤다. 그렇지만 이처럼 먼 은하를 탐지하는 일은 우주가 아주 어렸을 때 은하가 어떤 특성을 지녔는지 알아내기 위해 대단히 중요하다. 사진 속에서 가장 먼 은하로부터 나오는 빛은 우주가 5억 살일 때 방출된 것이다. 우리는 '과거'를 들여다보고 있는 것이다.

position'가 이동하는 현상을 말한다. 관찰 위치의 차이, 이 경우 두 눈 사이의 거리와 목표물의 겉보기 위치의 변화를 알면 간단한 삼각법을 이용하여 실제 거리를 알아낼 수 있다. 인간의 두뇌는 계속 이 활동을 하고 있고 어느 정도는 이 덕분에 거리 감각이 생긴다고 할 수 있다. 우리가 일상의 환경에서 하는 것과 똑같은 방식으로 별의 거리를 알아낼 수 없는 이유는 별이 너무 멀리 떨어져 있어 겉보기 위치의 변화가 매우 작기 때문이다. 별에도 같은 기술을 적용할 수는 있지만, 천문학적 시차 측정을 하려면 관찰 위치가 서로 훨씬 더 멀리 떨어져 있어야 하고 하늘에 있는 별의 위치를 매우 정밀하게 측정할 수 있어야 한다. 자연은 이 작업을 할 간단한 기술을 인간에게 선사했다. 지구는 6개월마다 공전 궤도를 따라 3억 킬로미터를 이동해 태양 반대편에 위치한다. 멀리 있는 어떤 별의 위치를 관측한 다음 6개월 후 다시 관측하면 엄지손가락으로 했던 것과 똑같은 기술을 이용할 수 있다. 물론 꼭 6개월까지 기다릴 필요는 없다. 하지만 6개월은 이용할 수 있는 가장 긴 기준치인 데다 겉보기 위치의 이동을 가장 정확하게 측정할 수 있게 하므로 시차를 이용해서 가장 정확한 측정 결과가 나타나는 기간이다.

별의 위치를 측정할 때나 하늘에 있는 어떤 물체를 추적할 때 우리는 각도 좌표계coordinate system of angles를 이용한다. 이는 천구라는 개념과 관계있다. 천구는 지구를 감싸고 있는 가상의 거대 화면으로, 멀리 떨어져 있는 모든 천체 광원이 여기에 비춰진다. 또한 천문학자들은 지구의 곡면에 사용되는 위도 및 경도와 비슷한 체계도 이용한다. 이 경우 격자 선은 천구의 표면 안쪽에 그려진다(지구 한가운데에 서서 위의 위도선과 경도선을 보고 있다고 상상해보라). 이를 적경선lines of Right Ascension과 적위선lines of Declination이라 부른다. 지구상의 한 지점을 위도와 경도의 쌍으로 표현할 수 있듯이 하늘에 있는 천체의 위치를 적경과 적위(혹은 'RA'와 'Dec')의 쌍으로 나타낼 수 있다. 이 체계 안에서 모든 두 좌표 사이의 각거리angular distance는 구 안을 따라 그려지는, 대원Great Circle이라 불리는 원 상에 있는 거리이며 떨어질 수 있는 가장 먼 각거리는 180도degrees다. 참고로 보름달의 직경은 이 가상의 구에서 약 0.5도를 차지한다. 천문학자는 각거리 등급을 간편하게 비교하기 위해 커다란 천체 사진 옆에 보름달 사진을 두곤 한다.

도degrees보다 더 미세하게 나눌 수도 있다. 한 시간을 60분으로 나누듯이 1도를 60'각의 분minutes of arc', 즉 각분arcminutes으로 나누고 1각분을 60각초arcseconds로 나눌 수 있다. 1각초는 대략 10미터 거리에서 본 머리카락 한 가닥의 두께와 같다. 이보다 더 세밀하게 나눌 수도 있다. 이론상으로는 원하는 만큼 나누는 게 가능하지만, 실제로 하늘에서 우리가 측정할 수 있는 가장 작은 거리는 장비의 수준에 따라 결정되므로 주어진 위치를 표현하는 정확도나 해상도에는 한계가 있을 수밖에 없다. 별의 '고유 운동'은 수천 분의 1각초의 단위로 측정될 때가 많다. 따라서 이처럼 작은 위치 변화는 기본적으로 육안으로는 감지할 수 없다.

이제 이 천구 화면에 떠 있는 가상의 별에 대해 생각해보자. 일단 그 별의 위치를 측정한 다음 6개월을 기다렸다가 위치를 다시 측정해서 겉보기 위치의 변화를 알아냈다고 가정해보라. 물리적인 관찰 위치의 변화는 태양과 지구 사이 거리의 2배다. 별의 겉보기 위치의 변화가 2각초일 때 우리는 그 별까지의 거리를 1시차초parallax second, 즉 1파섹parsec('pc'로 줄여 쓸 수 있다)으로 규정한다. 파섹은 기하학에 근거한 매우 우아한 측정 단위다. 시차 측정은 별까지의 거리를 측정할 수 있는 한 가지 방법이지만, 별이 지구로부터 멀리 떨어져 있을수록 겉보기 위치의 변화는 점점 더 작아지기 때문에 정확한 측정을 할 수 없는 지점이 생긴다. 다시 말해, 시차는 지구 주변의 상당히 작은 용적의 공간 안에서만 거리 측정 수단으로 이용할 수 있다. 당신은 천체물리학에서 광년light year을 이용해 거리 측정하는 것을 더 많이 봤을지도 모른다. 광년은 빛이 진공 상태에서 1년 동안 움직이는 거리를 뜻한다. 하지만 실제로는 일부를 제외하면, 외부 은하 천문학자들은 광년보다 파섹을 더 많이 쓴다. 파섹이 실험에 더 적합한데, 파섹 개념은 기하학 측정법에 뿌리를 두고 있기 때문이다. 재미삼아 비교해보자면, 1파섹은 3광년 남짓이다. 태양과 가장 가까운 별인 프록시마 켄타우리는 태양에서 1.3파섹 떨어져 있고 10파섹 안에는 수백 개의 별이 있다.

1989~1993년에 가동되었던 히파르코스Hipparcos라는 이름의 유럽 위성(High Precision Parallax Collecting Satellite의 앞 글자를 따서 만든 말이기도 하고 고대 그리스 천문학자인 히파르코스를 지칭하기도 한다)은 2500만 개가 넘는 별의 위치와 시차(그리고 고유 운동)를 기록했다. 최근에 띄운 위성인 가이아Gaia는 우리 은하에 있는 '10억 개' 별의 위치를 기록하는 새로운 탐사를 수행하고 있으며 우리 우주 보금자리의 3차원 구조에 대한 가장 정확하고 완전한 그림을 제공하고 있다. 그럼에도 이는 우리 은하에 있는 전체 별의 겉핥기에 불과하다. 가이아는 우리 은하에 있는 별 중 약 1퍼센트를 측정할 예정이다. 이는 빼꼼 열린 현관문 밖을 살짝 엿보면서 다른 집이 어디 어디 있나 살펴보는 격이다. 그럼에도 가이아가 이 분야에서 놀라운 약진임은 분명하다. 우리 은하는 우리가 시차를 측정할 수 있는 별보다 훨씬 더 많은 별을 가지고 있고 그중 대부분은 밝은 은하수 띠를 향해 있다.

우리 은하에서 눈길을 돌려보자. 은하의 원반 위아래, 그리고 정말로 깊숙한 우주가 눈에 들어오기 시작할 것이다. 바로 외부 은하세계다. 가까이에 있는 별들 훨씬 너머에, 원반형의 우리 은하 저 너머에, 더 많은 은하를 품고 있는 어둡고 고요한 공간이 있다. 엄청나게 많은 은하, '수천억' 개의 은하가 더 있는 공간이다. 안타깝게도 우리는 이 은하들을 한 번도 또렷이 보지 못했다. 어떤 방향으로든 간에 온갖 물질(특히 우리 하늘을 지배하는 맹렬한 태양)로 가득 찬 우리 은하를 관통해서 봐야 하기 때문이다. 외부 은하 천문학은 숲속의 거대한

○
'찬드라 디프 필드 사우스The Chandra Deep Field South'는 다양한 망원경으로 관측이 이뤄져온 외부 은하 탐사 영역이다. 이곳은 '비어 있는 지역blank field'으로 알려져 있다. 이 지역을 관측하는 목적은 천문학자의 관심을 끌 만한 특징(가령 근처에 커다란 은하가 있다든가)이 전혀 없는 하늘을 찾아서, 다양한 '적색편이'를 보이는 많은 은하, 즉 다양한 우주 시간대에서 보이는 많은 은하를 백지 상태에서 편견 없이 조사할 수 있도록 하는 것이다. 이 광학 사진은 보름달 크기와 거의 같으며 이틀가량의 노출 시간을 두었다. 우리 은하를 통해 내다볼 때 수많은 별이 흩어져 있는 게 보이긴 하지만, 이 경관은 그 너머에 있는 무수한 은하를 보여준다. 우리 은하는 수많은 은하 중 하나에 불과하다.

떡갈나무 아래에 서서 저 멀리 떨어진 다른 삼림지대의 나무들을 보려고 애쓰는 것과 같다. 다른 은하를 관찰하려면 우리 은하의 별이 빽빽이 들어찬 원반 위아래 방향으로 내다봐야 한다. 우리 은하의 면 방향에 있는 하늘 지역은 굉장히 밝을 뿐 아니라 방해 물질이 두터워 먼 우주에서 오는 빛을 효과적으로 차단한다. 그러나 다른 은하를 연구하기 위해 안간힘을 쓰면서 꼭 그쪽 방향만 볼 필요는 없다. 우리는 이 지역을 '회피대Zone of Avoidance'라고 부른다.

은하의 구성 요소

우리 은하는 어마어마하게 많은 별이 모여 만들어진 원반 모양의 구조를 하고 있다. 그렇지만 이런 사실이 눈에 직접 분명하게 보이지는 않는다. 관찰자인 우리가 원반 내부의 깊숙한 곳에 있기 때문이다. 밤하늘을 올려다보면 가까운 별만 보일 뿐 전체 그림을 볼 순 없다. 아마존 열대우림 한복판에 서 있으면 열대우림의 어마어마한 크기를 알 수 없는 것과 마찬가지다. 하지만 충분히 멀리 떨어져 있어 전체 모습을 볼 수 있는, 다른 먼 은하를 연구함으로써 전체 숲을 가늠하는 것은 가능하다. 외부 은하에 대해 알려면 별뿐만 아니라 은하를 구성하는 다른 요소에 대해 좀더 알아야 한다. 우리 은하는 상당히 평균적인 은하에 속한다. 우리 은하의 구성 요소를 간단히 살펴본다면 우주에 있는 다른 은하를 탐험하기 위한 준비가 될 것이다.

우리는 이미 우리 은하 안에 있는 별들이 원반 형태 안에 분포되어 있다는 사실을 배웠다. 이 원반의 중심에는 별들이 동그란 형태로 툭 튀어나와 있는 곳이 있는데 이를 '팽대부the bulge'라 부른다. 우리 은하가 계란 프라이라면 팽대부는 노른자인 셈이다. 나중에 더 자세히 살펴보겠지만, 팽대부에 있는 별은 원반에 있는 별과는 다르다. 평균적으로 나이가 더 많다. 원반 자체 안에서 별들은 고르게 분포되어 있지 않다. 허리케인의 소용돌이나 달팽이 껍질과 비슷하게 생긴 나선형 패턴을 따라 밀도가 더 높은 지역이 있는데 여기서는 가장

우리 은하의 중심 지역을 넓게 촬영한 사진. 항성 지역의 밝은 배경이 성간티끌로 자욱한 모습이 보인다. 성간티끌은 원반의 면에서 밀도가 가장 높다. 여기저기 확산발광diffuse emission 지역이 있다. 젊은 별에서 나오는 푸른빛이 인근에 있는 가스와 티끌에 의해 분산·반사되는 모습과, 새로운 별이 생성되는 지역 주변에 이온화된 수소(에이치 II)가 분홍빛을 띤 붉은색으로 빛나는 모습이 보인다.

어린 별들을 발견할 수 있다. 새로운 별은 원반의 나선팔spiral arms 안에 있는 지역에서 생성된다.

지구가 태양의 궤도를 공전하듯이, 우리 은하의 원반 전체는 마치 회전접시처럼 자전하고 태양계는 은하 궤도를 따라 공전한다. 태양의 반경에서 원반의 자전 속도는 초속 약 200킬로미터이고 지구가 우리 은하의 중심을 한 번 도는 데는 약 2.5억 년이 걸린다. 그러므로 지구는 생성된 이후로 우리 은하를 거의 20번 돌았다고 할 수 있다. 점점 알아갈수록 우리 은하와 외부 은하는 가만있는 것을 좋아하지 않는, 역동적인 독립체임을 깨닫게 된다.

우리 은하의 다른 구성 요소로는 뭐가 있을까? 별들 사이에는 다양한 밀도와 온도의 가스가 존재하고 이 가스는 우리가 성간매질interstellar medium이라 부르는 환경을 조성한다. 가스는 주로 수소로 이뤄져 있다. 수소는 우주에서 가장 단순하고 가벼울 뿐 아니라 가장 풍부한 원소이며 1개의 양성자와 전자가 결합되어 만들어진다. 은하에는 세 '층위'의 가스가 존재한다. 첫째, 원자 가스atomic gas는 개별 원자로 이루어져 있다. 둘째, 분자 가스molecular gas는 두 개 혹은 그 이상의 원자가 결합하여 만들어진 분자로 이루어진 가스다. 마지막으로, 이온화된 가스ionized gas는 원자가 방사선을 쬐거나 에너지를 공급받아서 하나 혹은 그 이상의 전자가 떨어져나간 원자로 이루어진 가스다. 성간매질에 있는 가스는 대부분 수소이지만 다른 흔적 원소trace element도 존재한다. 가령 탄소와 산소가 있다. (우리에겐 다행스런 일이다.) 이러한 흔적 원소는 우주가 생겨날 때는 없었지만 시간이 흐르면서 은하의 진화 과정, 특히 여러 세대에 걸쳐 별이 생성될 때 가스의 순환 과정을 통해 형성되었다.

우리 은하의 원반 안에 어린 별들이 현재 상태로 분포된 이유는 가스 분포가 그렇기 때문이다. 별은 분자 수소의 거대한 구름 안에서 태어나고 이러한 구름은 같은 세대의 많은 별을 낳을 수 있다. 가스는 중력의 영향 아래서 덩어리가 되고 은하의 원반 곳곳에 별 생성 지역을 만든다. 특히 가스의 밀도가 가장 높은 나선팔 안에서 별이 많이 생성된다. 중력수축gravitational collapse이 고밀도의 '차가운 분자핵'을 형성할 수 있을 정도로 충분한 가스를 끌어당기면 별은 점

○

모든 성단star clusters이 공 모양인 것은 아니다. 이 사진은 우리 은하 안에 있는 NGC 3603이라는 이름의 '산개성단open cluster'이다. 우리 은하 같은 은하에서, 별은 원반에 있는 거대한 분자가스구름 속에서 태어난다. 중력이 수축하는 동안 한 번에 많은 별이 생성되고 이 같은 성단이 생긴다(모든 별이 성단을 이뤄 태어나는 것은 아니다). 산개성단을 둘러싼 성간가스interstellar gas의 빛이 보인다(이 빛은 수소, 유황, 철 원소에서 나오는 것이다). 성간가스는 젊고 질량이 큰 별이 모여 방출하는 방사선에 의해 활성화되어 빛을 내뿜는다. 우리 은하 속에서 별이 활발하게 성장하는 지역을 연구해 별 생성의 세부 사항에 관련된 정확한 물리학 원리를 알게 되면, 먼(초기의) 우주에 있는 별 생성 은하를 이해하는 데 핵심 정보를 얻을 수 있다.

화된다. 이 환경의 밀도가 충분히 높으면 핵 안의 원자들이 융합하면서 어마어마한 양의 에너지를 방출한다. 이것이 바로 별의 생성이다. 가스 밀도의 요동과 급격한 변화 때문에 중력수축구름이 갑자기 부서지면서 엄청나게 많은 별이 동시에 태어날 수도 있다. 서로 가까이에서 태어난 별들은 성단이 되었다가 시간이 흐르면서 점차 멀어진다.

불이 붙고 난 뒤 별은 핵반응에서 만들어진 에너지를 자외선과 가시광선의 형태로 발산한다. 이런 복사는 아직 연소하지 않은 채 남아 있던 가스에 바로 영향을 미친다. 가스에 고에너지의 광자를 노출하고, 가스가 이온화되는 곳인 거품을 생성하며, 결국 빛을 발산하게 만든다. 이런 성운광nebular glow은 은하에서 별이 생성되는 장소를 식별할 때 결정적인 증거가 될 수 있다. 이온화는 충분한 에너지를 가진 광자가 원자(혹은 분자)로부터 전자를 쫓아내는 과정이다. 쫓겨난 전자는 어느 시점에 원래의 원자(혹은 전자를 잃어버린 또 다른 원자)로 돌아갈 수 있다. 하지만 그러려면 쫓겨날 때 얻었던 에너지를 방출해야 한다. 전자는 광자를 방출함으로써 그렇게 한다. 기이한 사실은 이러한 '재복사re-radiation'가 굉장히 특정한 에너지를 가진 광자를 방출한다는 점이다. (이는 양자역학적인 이유에서다. 전자들이 각각 별개의 에너지 수준을 가지고 원자들 주변에 있는 모습을 떠올려보라. 마치 사다리에 가로단이 층층이 있는 것처럼 말이다. 이때 서로 다른 가로단은 매우 특정한 에너지와 대응한다.) 광자의 에너지는 그것의 주파수에 직접적으로 비례한다. 우리는 이 주파수를 색으로 감지한다. 그러므로 별이 새로 생성되면서 자신이 태어난 수소구름을 밝힐 때, 이 수소구름은 매우 특정한 색깔로 빛난다. 이 빛은 에이치알파H-alpha라고 하며 붉은색을 띠고 있다. (약 630나노미터의 파장을 가지고 있다.) 이 빛을 발하는 지역을 에이치 II 영역이라 부른다. 중성 수소(이온화되지 않은 수소)를 에이치 I으로 약칭하기 때문에 한 번 이온화된 수소는 에이치 II라고 약칭한다. 이 책을 읽으면서 은하의 다양한 가스 구성 요소를 다시 만나게 될 것이다.

천문학에서, 수소와 헬륨(엄밀히 말하면 듀테륨과 리튬까지 포함해서) 이외의 모든 원소는 '금속metals'이라고 알려져 있다. 어떤 지역의 금속 함량은 원시수소와 헬륨 이외의 물질이 얼마나 풍부한지를 측정하는 척도이며 일반적으로 태양의 금속 함량과 비례하는 단위를 이용해 수치를 매긴다. 금속은 어디서 생겨났을까? 지구 자체나 인간을 포함한 지구상의 모든 존재는 흔히 '우주의 티끌'로 표현된다. 오래전에 죽은 별에서 나온 재가 무수히 치환되고 재구성되어 우리를 만들었기 때문이다. 물론 이 말은 틀림없는 사실이고 우주의 근원적 과정을 멋지게 강조한다. 별은 우주의 연금술사이며, 핵합성 과정에서 수소와 헬륨이라는 기본 재료를 더 복잡한 형태의 제품으로 전환시키는 공장이다. 우리가 아는 모든 원소는 별의 생애 내내 별에 동력을 공급하는 핵융합 과정에서 생겨났다. 중원소(철보다 무거운 원소)는 특정한 별의 격렬한 죽음(초신성supernovae[폭발적 핵합성explosive nucleosynthesis]이라 부른다) 동안 일어나는 극단적인 상황에서 생겨났다. 당신이 낀 금반지 안에 들어 있는 금은 별의 폭발(실은 여러 별의 여러 폭발이라고 해야 정확하다)에서 생겨났고, 다이아몬드 반지 안의 탄소는 별의 심장부에서 벼려졌다. 다이아몬드 반지가 없다면? 당신의 혈액에 있는 철 또한 똑같은 방식으로 만들어졌다.

이러한 우주 연금술의 결과로 금속이 만들어지는 한편 은하는 많은 양의 '티끌dust' 또한 함유하게 된다. 티끌은 탄소질과 규산질의 먼지 같은 물질(담배 연기와 농도가 비슷하지만 더 분산되어 있다)을 묘사하기 위해 쓰는 용어이며 별의 진화 과정에서도 생성된다. 별이 죽을 때 티끌은 성간매질 안으로 퍼진다(신성 상태에서 층이 벗겨지거나, 초신성 상태에서 폭발적으로 흩어지는 방법으로). 티끌은 두텁게 축적되는 경향이 있는데 이곳은 별이 가장 활발하게 생성됐거나 현재도 생성되는 곳이다. 가시광선 파장으로 우리 은하의 커다란 지도를 만들어 보면 분명하게 확인할 수 있다.

티끌은 가시광선 광자를 보기 힘들게 만든다. 가시광선 광자는 티끌에 의해 흡수, 분산된다. 연기가 자욱한 방 안에서 시야가 선명하지 않은 것에 빗댈 수 있다. 티끌은 더 짧은, 즉 더 푸른 파장의 광자를 더 잘 흡수하고 분산시키며 '더 붉은' 광자는 우선적으로 통과시킨다. 이 효과를 '적색화reddening'라 한다. 적색화는, 티끌의 농도가 높은 곳에서는 광학관측optical observations만으로는 무

슨 일이 일어나고 있는지 완전하게 관찰할 수 없음을 뜻한다. 많은 빛이 차단되기 때문이다. 적색화는 우리 은하의 원반에서 쉽게 관찰된다. 별이 총총히 보이는 면의 장기 노출 사진은 그 안에 더 어두운 지역과 소용돌이가 있음을 드러낸다. 우리 은하 원반의 면에 티끌이 응축되어 있어 그 뒤에 있는 별에서 나오는 빛의 일부를 가로막는 것이다. 이 티끌을 투과해서 보려면 조금 더 긴 빛의 파장에 의지해야 한다. 그런 파장은 티끌을 더 쉽게 관통할 수 있기 때문이다. 가시광선 너머에는 '근'적외선near infrared이 있는데(이렇게 부르는 이유는 전자기 스펙트럼 중 가시광선 영역 가까이에 있기 때문이다), 근적외선의 파장은 1마이크론에서 수 마이크론에 이른다. 근적외선 광자는 티끌에 의해 쉽게 흡수되지 않기에 근적외선 파장을 이용해 관찰하는 것은 거기서 무슨 일이 일어나고 있는지 우리가 볼 수 있는 별도의 창문을 갖게 되는 것이나 다름없다.

또한 티끌은 저만의 특유한 빛을 내뿜는다. 별에서 자외선과 푸른색 광자를 흡수하면서 뜨거워지기 때문이다. 이러한 '열에너지thermal energy'는 적외선 광자로 다시 방출된다. 이러한 광자는 중적외선~원적외선이라 불리는 영역에서 근적외선보다 훨씬 더 긴 파장, 즉 수십에서 수백 마이크론까지의 파장을 갖는

○
IC 2944라 불리는, 우리 은하 속 '별 아기방stellar nursery'. 배경의 붉은빛은 이온화된 수소에서 나온 것이다. 전자가 이온화된(이 말은 원자가 근처의 젊고, 질량이 크며, 빛나는 별에서 방출된 고에너지 광자를 흡수해 전자를 '쫓아냈다'는 뜻이다) 수소와 재결합할 때마다 매우 특정한 파장에서 빛이 발산된다. 정확한 파장은 천이transition 에너지에 따라 달라진다. 양자역학 규칙에 따르면, 원자 안에서 일어나는 전자의 모든 에너지 천이는 마치 사다리의 가로대처럼 띄엄띄엄 분리되어 독립되어 있다. 많은 수소 가스와 자외선 복사가 존재하는 천체물리학 환경에서 흔히 일어나는 천이 중 하나는 에이치알파라 불린다. 에이치알파는 정확히 656나노미터의 파장을 가지며, 가시광선 스펙트럼의 빨간 부분에 위치한다. 이 사진에는 밝고 젊은 별이 에이치알파 방출을 일으키는 모습과 더불어 검은 얼룩이 밝은 바탕을 배경으로 두드러진 모습이다. 이들은 티끌과 가스로 이루어진 밀도 높은 구름이며 새커리 구상체Thackeray's Globules라 불린다. 새커리 구상체는 자기 뒤에서 역광을 비추는 성운의 광학 빛에 의해 쉽게 관통되지 않기 때문에 검은색으로 보인다. 이러한 새커리 구상체는 젊고 뜨거운 별과 관련된 강력한 복사장radiation field에 흠뻑 젖어 티끌이 연소되고 가스가 분리되면서 서서히 사라진다.

○
우리 은하 속의 에이치 II 영역인 석호성운The Lagoon Nebula. 붉은 성운상 물질nebulosity은 이온화된 수소를 나타내고, 주변의 검은색 부분은 밀도 높은 티끌가스로 이루어진 더 큰 구름이 존재한다는 사실을 보여준다. 이 사진은 보름달 크기의 8배와 맞먹는 지역을 아우른다. 우리 은하 인근에 있는, 별 생성 은하의 원반을 보면 나선팔 부분에 이런 에이치 II 영역이 많이 있는 것을 볼 수 있다.

○
전자기 스펙트럼의 근적외선으로 본 우리 은하 중심부의 경관. 유럽남반구천문대European Southern Observatory, ESO에 있는 비스타VISTA 탐사망원경으로 촬영했다. 근적외선은 가시광선을 가리는 티끌을 관통할 수 있기 때문에 우리 은하의 혼잡하고, 밀도 높으며, 이글거리는 중앙 팽대부를 더 뚜렷이 볼 수 있게 한다. 그럼에도 몇몇 지역은 티끌이 너무 두꺼운 탓에 근적외선 광자도 통과할 수 없다. 사진을 가로지르는 검은색 필라멘트 구조에서 이를 확인할 수 있다.

줌렌즈를 써서 확대해 우리 은하의 중심부를 근적외선으로 본 사진. 광학 파장에서는 티끌이 우리 은하 중앙에 있는 별 종족stellar population을 보기 힘들게 만드는데 근적외선은 이 티끌을 뚫고 나간다. 이 지역은 별들로 북새통을 이루고 있다. 이 근적외선 사진에서조차 차폐 효과의 뚜렷한 특징을 찾아볼 수 있다. 사진 좌측 상부는 마치 잉크를 엎지른 자국처럼 검은색이 더 진하다.

경향이 있다. 이처럼 긴 파장을 이용해 우리 은하를 보면 티끌이 갑자기 밝아지는 게 느껴진다. 티끌은 적외선 광자를 가장 강하게 방출하는 방사체이기 때문이다. 별 자체는 이렇게 긴 파장으로는 방사선을 많이 방출하지 않는다. 우주 안에서 가장 활동적인 은하들(대부분의 별을 생성하는 은하들)이 가장 많은 티끌을 갖고 있는 경향이 있다. 티끌은 별에서 나오는 가시광선 중 대부분을 차단하지만 재복사된 적외선은 은하에서 나오는 다른 모든 빛을 상대적으로 약해 보이게 만들 수 있다. 그런 까닭에 티끌에 가려진 은하는 적외선 파장에서 밝게 빛난다.

별의 진화 과정에서 소행성, 행성, 식물, 인간 등 은하의 다른 작은 구성 요소들 또한 생성된다. 우리 은하 속 다른 태양계들과 우주의 더 진화된 은하들에 있는 수많은 세계에 생명체가 전혀 존재하지 않으리라 생각하는 천문학자는 아마 없을 것이다. 솔직히 말해, 만약 존재하지 않는다면 수많은 설명이 요구될 것이다. 생물 형태의 복잡성 범위는 아마 연속분포를 형성할 것이다. 먼 행성의 달의 뜨거운 진흙 속에서 자라고 있는 세포 유기체에서부터 많은 세계를 식민지로 만들었을지 모르는 굉장히 발달한 문명에 이르기까지 말이다. 우

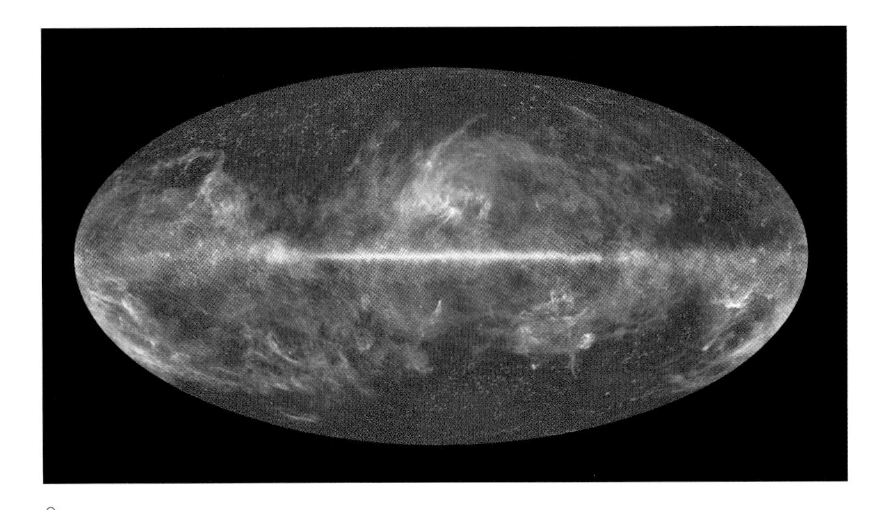

○
플랑크 위성으로 찍은 우리 은하 사진. 플랑크 위성의 목표는 우주마이크로파배경의 방출을 연구하는 것이지만, 그런 가운데 전체 하늘을 촬영하기 때문에 우리 은하의 더 자세한 사진을 제공해주기도 한다. 이 사진은 우리 은하 속으로부터 티끌이 희끄무레한 색으로 성기게 방출되는 모습을 보여준다. 사진은 주로 우리 은하의 면plane에 집중하고 있지만 우리 은하 면의 위와 아래쪽(즉 '은위galactic latitudes'가 높은 쪽들)의 복잡한 형태도 보여준다. 대부분의 은하는 많은 양의 티끌을 가지고 있으며 이 티끌은 별이 생성되는 동안 만들어진다. 이러한 티끌은 자외선과 광학 빛을 흡수하지만 스펙트럼의 적외선 영역에서는 방사선을 방출한다. 티끌이 성간복사장interstellar radiation field 안에서 데워지기 때문이다.

리 은하는 발달의 평균 단계에 있다고 추정하는 게 타당할 것이다. 우리가 다른 문명과 아직 접촉하지 않았거나 더 발달한 사회가 보낸 신호를 감지하지 못했다는 사실은 은하 간 의사소통이 매우 어렵다는 방증이리라.

상상력을 좀더 발휘해보자면, 더 광범위한 은하 공동체의 더 발달한 사회들 사이에 '외교contact' 정치가 매우 복잡하거나, 혹은 이 사회들이 이런 문제에 일반적으로 무관심한 것일지도 모른다. (사실 그렇게 믿기는 힘들다. 그렇지만 이언 M. 뱅크스는 중편소설 *The State of the Art*에서 서로 정치적으로 접촉하지 않는 은하세계의 시나리오를 제시한 적이 있다.) 생명체가 우리 은하 어딘가에, 그리고 외부 은하 어딘가에 존재한다는 생각은 굉장히 흥미롭고도 고민을 불러일으키는 주제이지만 여기서는 이 질문에 오래 머무르지 않을 것이다. 페르미 역설(엔리코 페르미가 던진 질문인 '모두 어디에 있는가Where Is Everybody?'라고도 알려진)은 만약 우주가 그렇게 방대하며, 생명체가 살 수 있는 행성이 많고, 어딘가에 생명체가 있으리라 짐작된다면, 왜 우리는 아직 외계 문명을 발견하지 못했는가 묻는다. 이 책에서는 이 질문에 대해 포괄적으로 답할 것이다. 우리는 우주에, 즉 우리 은하와 외부 은하 모두에 생명체가 있다고 추정할 것이며 이 생명체는 세포 형태에서부터 우리 상상을 뛰어넘는 능력을 가진, 기술적으로 고도로 발달한 사회에 이르기까지 광범위할 것이다. 어떤 경우든 간에 그처럼 복잡한 생물체계는 은하 형성과 은하 진화 과정의 최종적인 결과 및 산물이라는 점을 기억해야만 한다.

여정을 시작하며

지구는 우주의 불빛, 즉 우주의 역사 내내 방출되어 결합된 빛을 온몸에 받고 있다. 우리 목표는 이 빛 중 일부를 포착해 과연 어디에서 왔고 어떻게 방출되었는지 알아내는 것이다. 이것이 우리가 은하를 연구하는 방식이다. 우주론적 실험과 우주의 구조 및 진화에 대한 최신 모형을 결합해보면 우주의 나이가 약 140억 년이라는 결론에 이른다. 이 책은 빅뱅이나 우주론에 대한 것(즉, 우주 전체의 특징을 다루는)이 아니라 우주가 형성된 이후 생겨나 우주의 가장 뚜렷한 외적 특징이 된 것, 즉 '은하'에 대한 책이다. 책과 함께 떠나는 여정 속에서 우리는 은하가 어떻게 형성되고 진화했는지 알아보고 외부 은하 천문학자가 현재 직면해 있는 주요 도전 과제와 질문을 다룰 것이다. 초기 은하는 언제 생성되었을까? 은하는 어떤 방식으로 성장하고 은하의 운명을 좌우하는 물리학은 어떤 것일까? 이와 더불어 천문학이 어떤 방식으로 실행되는지도 조금 탐색해볼 것이다.

이 책에서는 '표준 우주 모형standard model of cosmology'의 생각을 따를 것이다. 표준 우주 모형은 우주의 전반적인 구성 요소, 구조, 진화를 설명하는 모형이며 람다-시디엠 모형Lambda-CDM이라 불린다. 람다-시디엠 모형은 1990년대 후반 이후의 모형 중 우주 관측 데이터 대부분을 가장 잘 설명할 수 있는 것으로, 대다수 천문학자가 이를 수용하고 있다. 람다(λ)는 아인슈타인의 일반상대성 방정식에 나오는 이른바 '우주상수cosmological constant'로, '암흑에너지dark energy'를 가리키는 표식이다. 시디엠CDM은 '차가운 암흑물질cold dark matter'을 의미한다. (암흑물질의 정확한 속성은 우리가 하려는 이야기에서 그리 중요하진 않지만 뒤에서 다루긴 한다.) 람다-시디엠 모형을 표준 우주 모형으로 삼고 있긴 하나, 암흑에너지와 암흑물질 모두 현재의 물리학 표준 모형 수준을 넘어선다. 그런 탓에 우리는 암흑에너지와 암흑물질의 실체를 아직 정확히 알지 못한다. 이처럼 다소 당황스러운 사실에, 표준 모형에서는 암흑에너지와 암흑물질이 우주의 에너지 밀도, 즉 우주 질량의 대부분을 차지한다는 사실이 더해져 람다-시디엠 모형에는 많은 비판이 쏟아지고 있다.

그렇지만 우주론에 발목 잡혀 정체될 생각은 없다. 이 책은 은하에 관한 내용이고 한 가지 사실만큼은 반론의 여지가 없다. 람다-시디엠 모형은 광범위한 실증적 데이터를 성공적으로 설명한다는 점이다. 물론 우주 모형의 속성이 은하 진화의 역사에서 중요한 것임은 분명하다. 하지만 어떤 면에서는 별개의 사안이라고 볼 수도 있다. 내가 이 책에서 전달하려는 바는 주의 깊은 관측과 데이터 분석을 통해 우리가 은하에 대해 새로이 알게 된 사실이다.

빛, 즉 전자기복사electromagnetic radiation에 대해 서술할 때, 나는 빛의 주파수와 파장을 교차시켜가며 (의도적으로 일관성 없이) 언급할 것이다. 천문학의 특정 분야의 관례(가령 전파와 광학을 비교한다든지) 때문이기도 하지만, 주파수를 이용해 빛에너지를 설명하는 것은 파장을 이용해 설명하는 것과 정확히 같다는 사실을 이해시키기 위함이다. 주파수와 파장 둘 다 같은 것을 의미하며 전자기복사 속성의 다른 측면을 가리킬 뿐이다. 바다에 파도가 일렁이는 모습을 떠올리면 간단한 빛 파동 모형을 쉽게 이해할 수 있다. 출렁이는 바다에서 닻을 내린 보트 안에 앉아 있다고 생각해보라. 파도가 지나가면서 보트가 위아래로 움직이는 속도가 주파수다. 파도의 최고점과 표면 사이의 거리 혹은 표면과 파도의 최저점 사이의 거리가 파장이다. 이 두 측정값이 어떻게 연관되어 있는지 알 수 있을 것이다. 파동 모형은 '전자기파 바다'의 진동으로 빛을 나타내서 복사의 전달을 설명하는 한 가지 방식이다. 이 책에서는 주로 양자 모형quantum model으로 빛을 설명할 것이다. 양자 모형에서 빛은 광자에 의해 전송된다. 어느 모형을 이용하든, 모든 빛(전파나 가시광선, X선 등)의 주파수와 파장은 전자기복사 '에너지'에 대응한다.

나는 이 책에서 크게 두 가지를 이야기하고 싶다. 첫째, 우주에는 다양한 '유형'의 은하가 존재한다. 둘째, 이 은하들이 항상 주위에 그대로 있는 것은 아니다. 은하는 우주의 역사에 따라 변화한다. (천문학자는 '진화한다evolve'라는 용어를 쓴다.) 당연히 우리가 아직 완전히 이해하지 못하는 분야가 있을 수밖에 없다. 그렇기 때문에 우리는 이론, 모형, 추측의 힘을 빌리고 이를 실제 관측 결과와 비교해야 한다. 이 책에서 인용하는 사례 중 일부는 내 개인 연구 경험에 편향되어 있을 것이다. 게다가 솔직히 말하자면, 다루는 주제의 범위가 너무 넓어 불가피하게 어떤 주제는 뭉뚱그리거나 단순화하거나 생략할 것이다. 다만 나는 여러분에게 천문학자로 산다는 것이 무엇을 의미하는지, 천문학자가 현실에서 실제로 어떤 식으로 관측하고 실험하는지, 이런 면이 현재 우리가 우주를 이해하는 수준을 어떻게 이끌어냈는지에 대해 알려주고 싶다. 운이 따라줘서, 책을 덮기 전 이 분야가 얼마나 다양하고 다채로우며 흥미진진한 연구 분야인지 알리고, 인간이 한 종으로서 역사의 극히 짧은 시간 동안 얼마나 놀라운 사실을 밝혀냈는지 조금이나마 전할 수 있다면 저자로서 더할 나위 없이 행복할 것이다.

제 2 장

외부 은하의 세계로 들어가기

○

정면에서 본 '대설계grand design' 은하 메시에 74. 나선은하의 다양한 구성 요소를 화려하게 보여준다. 메시에74 은하는 우리가 지구에서 정면으로 볼 수 있는 자리에 위치해 있다. 밝은 흰색과 밝은 노란색과 밝은 오렌지색이 섞인 중심부는 수십억 개의 별이 내뿜는 빛으로 밝게 빛나고 있다. 중심부의 별은 원반 여기저기서 보이는 푸른색(더 젊은) 별보다 평균적으로 나이가 더 많다. 붉은색을 띠는 부분은 국지전을 방불케 하는 에이치 II 영역이다. 이 영역에서는 거대한 분자 가스구름 안에 있는 신생 별들에 의해 수소가 이온화된다. 우리 은하에서 관찰할 수 있는 것과 마찬가지다. 아주 오래된 별들이 남긴 재인 성간티끌의 검은색 표식이 원반 위아래로 퀘어져 있고 나선팔을 따라 선을 그리고 있다.

○
우리가 지구에서 정면으로 볼 수 있는 자리에 위치한 또 다른 아름다운 나선은하인 소용돌이 은하 Whirlpool galaxy의 심장부가 '섬우주island universes'의 복잡한 구조를 드러내고 있다. 중심부에서 뻗어 나오는 두 개의 나선팔은 에이치 II 영역과 두꺼운 티끌 띠를 자랑하며 유난히 밝은 편이다. 검은색 티끌의 위치와 활발한 별 생성 지역이 어떤 상관관계를 갖는지 주목하길 바란다.

○

머리털자리 은하단Coma cluster of galaxies에 있는 나선은하 NGC 4921의 인상적인 모습. 이 은하의 나선팔은 다른 나선은하(가령 소용돌이 은하)의 것만큼 뚜렷하지 않다. 아마 NGC 4921 은하가 원반 안에서 다른 은하만큼 빠른 속도로 별을 생성하고 있지 않기 때문일 것이다. 이는 밀도가 높은 은하단 환경과도 연관이 있을 것이다. 은하가 뜨겁고 밀도가 높은 은하단내물질을 통과하는 동안, 별의 생성에 필요한 가스 중 일부가 원반으로부터 제거됐을지도 모른다. 뒷배경에는 다양한 유형의 무수한 먼 은하가 보인다. 먼 은하는 NGC 4921보다 훨씬 더 작고 희미하게 보인다.

○

검은 눈 은하Black Eye Galaxy인 M64는 중심부가 두터운 티끌 띠로 뒤덮여 있어서 별빛을 거의 보기 힘든 나선은하의 예다.

막대나선은하인 NGC 1300. 선형의 막대 구조 양끝에서 뻗어나온 커다란 나선팔이 젊고, 뜨겁고, 푸른 별과 별 생성 지역으로 인해 밝게 빛난다. 반면 중앙 지역은 현저하게 더 붉은데, 이는 이 지역의 항성종족이 평균적으로 더 성숙하다는 것을 나타낸다. 은하의 정중앙에 또 다른 나선 구조가 보이는데, 이곳은 가스와 별로 이루어진 중심부원반nuclear disc이며 이곳에서도 별이 생성된다. 막대 구조는 원반으로부터 은하의 중심부로 가스와 별을 이동시키는 일을 일부 책임지고 있다. 각운동량을 재분배하는 역할을 하기 때문이다. 막대는 은하가 팽대부를 형성할 때 그 모양을 만드는 중요한 역할을 한다.

○

'응집'나선은하flocculant spiral galaxy인 NGC 5584가 원반 곳곳에 있는 작은 지역들에서 생성되고 있는 젊고 푸른 신생 별들로 환히 빛나고 있다. 응집나선은하는 소위 '대설계' 나선은하보다 나선 구조 특징이 명확하지 않다. 이 사진처럼 응집나선은하는 나선 형태는 관찰되지만 거의 분산되다시피 한 덩어리 구조를 가지고 있는 게 특징이다.

○

나선은하 NGC 2841의 중심부. 노랑 및 오렌지색의 밝고 매끄러운 핵(원반의 중심)과 티끌로 문신을 하고 신생 별들의 푸른 성단으로 여기저기 장식한 나선팔이 아름답게 대조를 이룬다. 관측천문학자로서, 우리는 이와 유사하게 생긴 은하의 원반 안에 자리를 잡고 있기 때문에 별, 가스, 티끌을 거쳐 외부 은하를 볼 수밖에 없다.

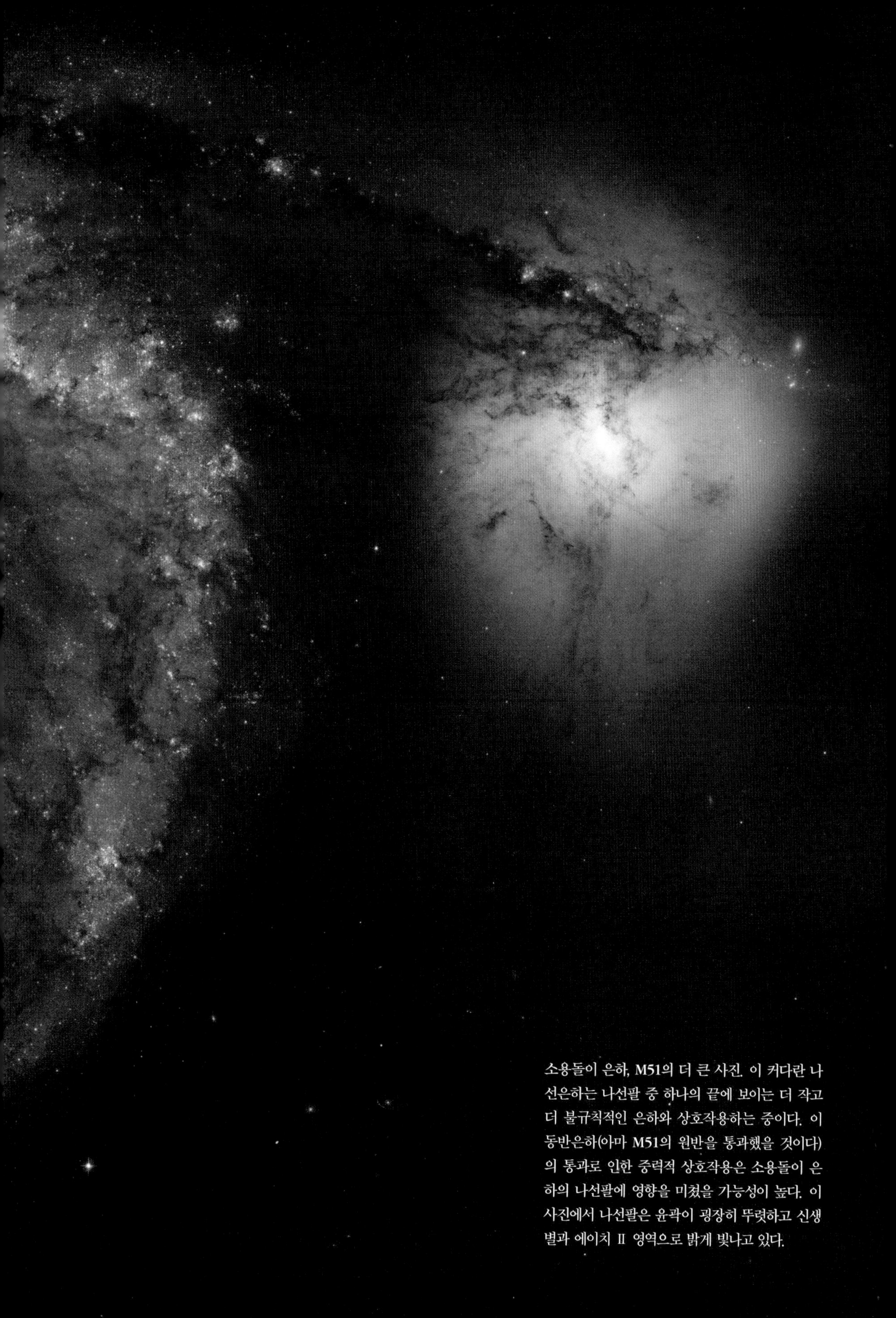

소용돌이 은하, M51의 더 큰 사진. 이 커다란 나선은하는 나선팔 중 하나의 끝에 보이는 더 작고 더 불규칙적인 은하와 상호작용하는 중이다. 이 동반은하(아마 M51의 원반을 통과했을 것이다)의 통과로 인한 중력적 상호작용은 소용돌이 은하의 나선팔에 영향을 미쳤을 가능성이 높다. 이 사진에서 나선팔은 윤곽이 굉장히 뚜렷하고 신생별과 에이치 II 영역으로 밝게 빛나고 있다.

○
막대나선은하 NGC 1365의 근적외선 사진. 막대(나선팔을 은하 중심부에 연결하는 구조)는 나선형 원반이 전체적으로 회전할 때 일어나는 중력 변화로 인해 생긴다. 일부 별의 궤도가 매우 길어지면서 막대가 생긴 것이다. 현재 발견되는 나선은하 중 약 3분의 2가 막대 구조를 가지고 있다. 우리 은하도 마찬가지다.

우리 은하는 수십억 개의 은하 중 하나다. 언뜻 보면 다 비슷하겠지만 우주에 있는 은하의 유형은 굉장히 다양하다. 지구가 속해 있는 나선형의 우리 은하와 비슷한 것도 많다. 이른바 '대설계 grand design' 나선형 은하들('대설계'는 은하의 복잡성을 묘사하기 위한 약칭이다)은 다양한 수준의 나선형 구조를 가지고 있다(가령 어떤 나선은하는 다른 나선은하보다 더 팽팽히 감겨 있다). 은하 중에는 직선 모양의 '막대'가 중심을 관통하는 나선은하, 작고 불규칙하며 확실한 형태가 없는 은하, 일그러진 모양을 한 채 서로 합쳐지며 상호작용하는 은하도 있고, 식별 가능한 원반 없이 커다란 공 모양이나 타원 모양으로 별이 모여 있는, 질량이 큰 은하도 있다. 이런 은하들은 화학적 구성이 다를뿐더러 다양한 유형의 별을 가지고 있고, 다양한 속도로 신생 별을 생성한다. 우리 은하는 매년 태양 몇 개를 합한 질량에 맞먹는 총 질량의 신생 별들을 생성한다. 매우 활동적인 은하는 이보다 몇백 배 빠른 속도로 신생 별을 생성하는 반면, 단 하나도 생성하지 않는 은하도 있다. 은하들은 우주 공간에 아무렇게나 분포되어 있지 않다. 어디에나 존재하는 기본 중력 법칙에 의해 결정되는 패턴에 따라 모여 있다. 서로 다른 유형의 은하는 분포되는 방식도 다른 경향을 나타낸다. 내 연구의 목표는 은하가 지금의 모습으로 된 이유와 어떻게 이렇게 됐는지에 대한 이해를 넓히는 것이다. 왜 우주에는 이렇게 많은 은하가 있을까? 이 은하들은 어떤 과정을 거쳐 만들어졌고 그 과정은 우주 역사를 어떻게 바꿔놓았을까? 오늘날 우리가 은하에 대해 알고 있는 모든 것은 과거 수십 년 동안 인내심을 발휘해 하늘을 관측해서 얻은 것이다. 우리는 묵묵히 데이터를 수집하고 그로부터 이런 질문에 답할 중요한 단서를 모았다.

은하의 다양한 구성 요소가 공통으로 지닌 특징이 있다는 사실은 점점 더 확실해지고 있다. 이들 모두 이런저런 형태의 빛을 방출하거나 혹은 차단한다. 이처럼 다양한 형태의 빛 또는 빛의 '부재'를 탐지할 수 있다면 우리 은하와 외부 은하의 지도를 그릴 뿐 아니라 그 구성 성분을 알아낼 수 있을 것이다. 이것이 우리가 우주에 대해 배우는 방식이다. 우리는 우주의 물질을 직접적으로 관측하거나 측정할 수 없다. 방출, 흡수, 반사된 광자를 탐지하는 (혹은 탐지하지 않는) 방식에 전적으로 의존할 수밖에 없다.

곰곰이 생각해보면 일상 경험에서도 마찬가지다. 어떤 물체를 향해 다가가 그것을 손으로 만지지 않는 한, 보거나 소리를 듣는 방법 외에는 그 물체가 거기에 있다는 사실을 알 길이 없다. 눈으로 보는 경우, 한 물체로부터 직접적으로 방출되는 광자를 보거나(가령 백열전구에서 빛이 방출되는 것), 어떤 물체로부터 반사되어 눈에 들어오는 광자를 본다(티끌들에 의해 한 줄기 햇빛이 산란되는 것이나 거울에서 자기 얼굴을 보는 것). 귀로 듣는 경우, 모든 물체는 어떤 식으로든 공기를 진동시킨다. 예를 들어 윙윙거리는 곤충의 날갯짓은 귀까지 이동하는 압력파를 만들고 이 압력파는 고막을 진동시키며 뇌에서 소리로 전환된다. 두 경우 다 물체와 신체 접촉을 하지 않지만 전송된 복사를 통해 물체의 구성 요소에 대해 뭔가를 알아낼 수 있다. 이를테면 잔디가 초록색임을 눈으로 볼 수 있기 때문에 손으로 만지지 않고도 잔디의 생태에 대해 뭔가 알아낼 수 있는 것이다.

우리는 처음에는 눈만 이용해 우주를 관측하다가 나중에는 망원경의 도움을 받게 되었다. 인간의 눈은 상당히 좁은 범위의 에너지나 주파수를 가진 복사에 민감하고 우리는 이를 다양한 색으로 인지한다. 주파수의 범위는 태양에서 방출되어 지구 표면에 도달하는 전자기복사의 최대한도 범위와 대략 일치한다. 이는 생물학적 우연의 일치가 아니다. 인간의 눈은 이러한 복사를 '볼 수 있도록' 진화했으며, 이것은 분명 강력한 이점이다. 그렇지만 가시광선은 우주 전역에서 일어나는 다양한 과정에 의해 방출되는 복사의 전자기연속스펙트럼에서 극히 일부만 차지할 뿐이다. 앞서 우리는 인간의 눈으로 볼 수 있는 빛보다 좀더 긴 파장을 가진 빛을 이용해 성간티끌 같은 물질을 관통하는 방법을 배웠다. 오늘날 우리는 망원경에 부착해 감마선과 X선(매우 높은 주파수와 높은 에너지를 가진)부터 전파(낮은 주파수와 낮은 에너지를 가진)에 이르기까지 스펙트럼 전반의 복사를 탐지할 수 있는 기기를 개발했다. 앞으로 알아보겠지만, 은하는 온갖 종류의 광자를 방출한다. 이들 광자를 모두 측정해야만 은하세계를 지배하는 천체물리학의 '표본조사'를 완전히 수행했다고 할 수 있다.

경험과학으로서의 천문학은 드물다. 천문학자는 실험실에서 일하는 과학자와 똑같은 방식으로 통제실험을 수행할 수 없기 때문이다. 그 대신 천문학자는 제한된 관측 위치(우주 안에 있는 지구라는 이름의 한 좌표)에서 되도록 많은 빛을 쳐다보고 흡수해야 한다. 이 빛 안에는 우주의 역사가 암호화되어 숨어 있다. 천문학은 고고학과 비슷하다. 고고학자는 율리우스 카이사르에게 가서 아침 식사로 무엇을 먹었느냐고 물어볼 수 없다. 다른 증거를 통해 알아내야 한다. 사실 유사한 점은 이뿐만이 아니다. 고고학자가 과거를 되돌아보는 것과 마찬가지로 천문학자 또한 깊은 우주 속을 들여다볼 때 과거를 되돌아본다. 지구와 외부 은하 사이의 거리가 어마어마하게 멀기 때문에 외부 은하에서 방출된 빛은 상당한 시간이 지난 뒤에야 지구에 다다른다. 그런 까닭에 빛이 1년 동안 이동하는 거리를 뜻하는 '광년light year'이란 단위를 만든 것이다. 천둥소리를 듣는 것은 몇 초 전 번갯불이 번쩍이는 순간 났던 쿵 소리를 이제야 듣는 것이듯, 은하를 보는 것은 은하가 빛을 방출했던 때의 모습을 보는 것이다. 이는 수십억 년 전일 수도 있다. 지구와의 거리가 엄청나게 멀기 때문이다. 태양에서 나오는 빛도 마찬가지다. 태양은 지구로부터 멀리 떨어져 있기에 태양빛이 내부 태양계를 가로질러 지구에 도달하려면 8분이 걸린다. 그러므로 우리가 태양을 쳐다볼 때면(물론 눈을 보호하고서) 거의 10분 전의 모습을 보는 것이다. 달을 쳐다볼 때면 약 1초 전의 과거를 보는 것이다. 빛은 어떤 거리든 일정한

메시에 104 혹은 멕시코모자 은하Sombrero galaxy는 독특한 형태로 인해 굉장히 유명하다. 별들로 이루어진 타원형에 가까운 매끄러운 중앙 팽대부가 매우 뚜렷한 티끌 원반과 결합되어 있다. 거의 가장자리만 보이는 것 같지만 실제로 원반은 우리가 지구에서 보는 쪽 방향으로 약간 기울어 있다.

○

처녀자리 은하단에 있는 NGC 4710은 나선은하의 가장자리 쪽이 보이는 예다. 그래서 우리는 원반의 두께와 둥그런 팽대부를 볼 수 있다. 대부분의 나선은하와 마찬가지로 NGC 4710은 평평한 면의 중앙mid-plane에 티끌 띠가 집중되어 있어서 은하의 중심부를 보기 힘들게 만들고 '적색화reddening'를 일으킨다. 우리 은하 역시 마찬가지다. 그럼에도 불구하고 원반 중심에 있는 노란색 팽대부는 아주 뚜렷하게 보인다. 팽대부와 원반 주위에 퍼져 있는 흰색 불빛을 형성하는, 별들의 '항성 외피층stellar envelope' 역시 매우 뚜렷이 보인다.

○

또 다른 유명 은하인, 질량이 큰 타원은하 켄타우루스 A를 광학 빛으로 촬영했다. 켄타우루스 A는 뒤틀린 티끌 띠가 은하의 얼굴을 뱀처럼 꿈틀꿈틀 가로지르는 것이 특징이다.

○

렌즈형 은하인 방추은하Spindle galaxy. 이 허블우주망원경 사진에서는 가장자리 모습이 보인다. 넓게 퍼진 하얀 불빛은 수십억 개 별의 빛이 합쳐진 것이다. 이 별들 중 많은 부분은 이 은하를 지배하는 중앙 팽대부에 있다. 눈에 잘 띄는 티끌 띠가 원반 평평한 면의 중앙을 따라 나타나 있어 뒤의 빛을 거의 완전히 가리고 있다. 일반적으로 렌즈형 은하는 '비활성passive'(더 이상 별을 생성하지 않음)이지만, 티끌은 은하가 더 활동적이었던 은하의 생애 초기에 만들어진 까닭에 방추은하의 과거 진화에 대한 정보를 넌지시 알려준다. 렌즈형 은하의 형성에 대해서는 아직 완전히 밝혀지지 않았지만 질량이 큰 나선은하에서 진화했을 가능성이 있다는 주장이 제기됐다.

○
켄타우루스 A의 중심부를 클로즈업한 사진. 성간티끌이 두껍지만 푸른 신생 별들과 에이치 II 영역의 불빛이 중심부 둘레에 죽 늘어서 있다. 켄타우루스 A는 폭발적 항성 생성과 중심부 블랙홀의 성장을 겪고 있는 활동은하active galaxy다.

○
타원은하인 NGC 1132. 매우 오래되고 질량이 큰 은하 특유의 흠집 하나 없고 매끄러운 타원체 형태를 아름답게 보여주고 있다. 일반적으로 타원은하는 '비활성'이다. 즉 신생 별을 더 이상 생성하지 않는다. 타원은하는 항성 질량 구성stellar mass assembly의 대부분을 우주 역사 초기에 겪었다. 당시에는 은하 형성의 전반적인 속도가 오늘날보다 훨씬 높았다. 타원은하는 밀도가 가장 높은 환경—은하군과 은하단—에서 발견되는 경향이 있고, 과거에 커다란 합병활동을 겪었을 가능성이 높다. 수천 개의 구상성단이 NGC 1132 주변에 산재해 있는 게 보인다. 이 사진에서는 항성 외피층 주변에 빛의 매우 작은 점들이 있는 것처럼 보인다. 늘 그렇듯이, 뒷배경에는 더 멀리 있는 다른 은하들이 가득 차 있다.

속도로 이동하기 때문에 이러한 시간지연time delay은 일상생활에도 적용된다. 다만 인간이 사용하는 거리 척도에 비해 빛의 속도가 너무 빠르기 때문에 우리가 알아차리지 못할 뿐이다.

시간지연은 천문학자에게 편리한 도구를 제공한다. 우리는 먼 은하를 관찰함으로써 초기 우주에서 일어나고 있는(더 정확히 말하면, 일어나고 있었던) 일을 실제로 알 수 있다. 말 그대로 과거를 볼 수 있는 창문을 가진 것이다. 외부 은하 천문학의 목적은 우주의 구성 요소를 조사하는 것뿐만 아니라 시간이 흐르면서 그러한 구성 요소가 어떻게 변했는지 살펴보고 물리학 모형을 만들어 그 모든 사실을 이해하는 것이다. 현실에서 천문학은 어떤 방식으로 실행될까?

역사를 통틀어 관측 천문학자는 예외 없이 오직 한 가지 일에만 관심을 보여왔다. 바로 광자를 모으는 일이다. 관측 천문학자는 빛 사냥꾼이다. 광자는 우리가 먼 우주에 대해 갖고 있는 유일한 직접적인 연결 고리다. 광자는 멀리 있는 별이나 가스구름으로부터 지구까지 몇십억 년 동안 여행을 한다. 대부분 아무런 방해를 받지 않은 채 도달하지만, 가끔 오는 도중에 흡수·재방출·변형·굴절을 겪기도 한다. 이처럼 꾸준한 빛의 쏟아짐 안에는 우리가 우주 역사를 이해는 데 반드시 알아야 할 모든 정보가 암호로 숨겨져 있다. 안타깝게도 서로 엄청난 거리로 떨어져 있는 탓에, 외부 은하로부터 지구에 도달하는 에너지양은 상상할 수 없을 만큼 (거의 없는 것이나 마찬가지일 정도로) 적다. 우주를 더 멀리를 내다보려 할수록 문제는 더 복잡해진다. 먼 은하는 더 작고 더 희미하게 보이며 탐지하기가 힘들기 때문이다.

설상가상으로 매우 작은 신호(아주 소량의 빛이 검출기에 부딪히는데 이는 전체에서 극히 적은 양에 불과하다)마저 자연적이거나 혹은 인공적인 전자기 오염의 맹렬한 파도에 휩쓸린다. 가령 햇빛, 가로등 불빛, 전파 전송, 대기 안 수분의 적외선 반사 등이 그런 오염이다. 그런 까닭에 천문학자는 귀중한 광자를 포획하기 위한 전략을 세우고, 광자를 정제해 의미 있는 데이터로 만드는 기술을 개발할 때 약삭빨라질 수밖에 없다.

이 모든 고민은 결국 두 가지 필수 장비로 압축시킬 수 있다. 바로 빛을 포획하고 집중시키는 망원경과 그 과정을 기록하는 검출기다. 최첨단 천문학은 언제나 가장 큰 망원경과 가장 민감한 카메라 및 검출기를 개발하면서 발전해왔다. 안타깝게도 천문학 기기는 매우 복잡하고 비싸며 시간이 흐를수록 점점 더 그렇게 되어간다. 대부분의 전문 천문학자는 자신이 근무하는 연구소에 있는 망원경으로 연구를 하지 않는다. 일반적으로 이런 망원경은 너무 작고 장소 또한 열악한(날씨의 측면에서) 탓에 민감한 관측을 하기엔 역부족이다. 대신 이런 망원경은 학생들을 가르치는 용도로 쓰인다. 천문학자들은 최신 연구를 진행하기 위해 다국적 협력단에 모여 기금과 전문 기술을 공동 관리함으로써 거대 망원경과 그에 부착된 카메라를 만든다. 이러한 시설을 수용할 수 있는 지리적인 장소는 극히 한정되어 있다. 1년 내내 구름만 잔뜩 끼는 곳에 최고의 광학망원경을 갖다놓는다면 돈과 시간 낭비만 될 것이다.

천문학에 가장 좋은 망원경 부지는 높고, 건조하며, 사람들이 사는 곳으로부터 멀리 떨어져 있어야 한다. 문명사회가 내뿜는 빛에 의해 데이터가 오염되는 것을 막기 위해서다. 물론 망원경을 우주 공간에 띄우는 방법도 있다. 허블우주망원경이 가장 유명한 예다. 하지만 이는 재정적, 기술적으로 완전히 또 다른 문제다. 지구상에서 천문학에 가장 좋은 부지로는 하와이 빅아일랜드에 있는 마우나케아산의 4000미터 꼭대기가 꼽히는데 여기에는 세계에서 가장 정밀한 망원경이 여러 대 있다. 또한 칠레의 아타카마 사막에는 유럽남반구천문대와 신아타카마 대형 밀리미터파 집합체가 있다. 남극 역시 매우 건조해 천문학에 적합한 지역으로 꼽힌다.

전 세계에 수많은 천문학자가 있고 무수한 천문학 연구 대상이 있는 것에 비해 망원경은 극히 소수이고 매년 한정된 시간에만 관측활동을 할 수 있다. 특정한 연구를 시작하려면 천문학자는 실제로 어떻게 해야 할까? 답은 간단하다. 천문학자는 각 망원경을 두고 관측 시간을 확보하기 위해 다른 천문학자들과 경쟁한다. 관측하고 싶은 대상과 이유를 간략히 서술한 짤막한 제안서를 내는 것이다. 이러한 제안서는 '시간할당위원회time allocation committee, TAC'에 제출된다. 시간할당위원회는 천문학자들로 이뤄진 그룹으로, 과학적 연구 목표의 질

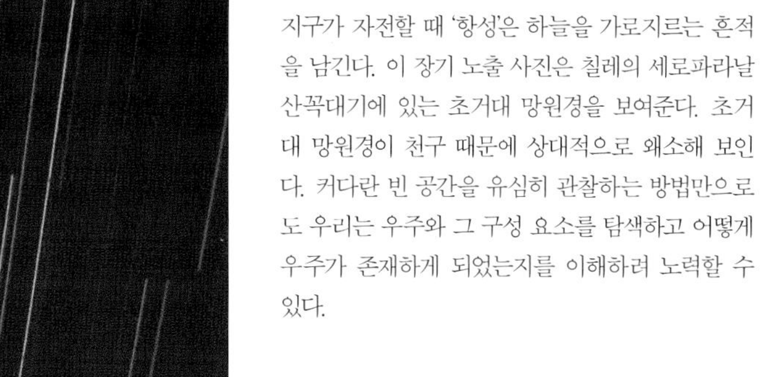

지구가 자전할 때 '항성'은 하늘을 가로지르는 흔적을 남긴다. 이 장기 노출 사진은 칠레의 세로파라날 산꼭대기에 있는 초거대 망원경을 보여준다. 초거대 망원경이 천구 때문에 상대적으로 왜소해 보인다. 커다란 빈 공간을 유심히 관찰하는 방법만으로도 우리는 우주와 그 구성 요소를 탐색하고 어떻게 우주가 존재하게 되었는지를 이해하려 노력할 수 있다.

과 실험의 실행 가능성을 토대로 각 제안서를 검토, 등급을 매긴 뒤 그에 맞춰 각 시설을 이용할 귀중한 시간을 조금씩 배분한다. 만약 당신이 칠레에 있는 8미터짜리 초거대 망원경VLTs을 이용해 달의 스냅사진을 찍고 싶다면 시간을 할당받아 프로젝트를 진행할 가능성은 제로에 가까울 것이다. 그렇지만 만약 당신이 현재 가장 인기 있는 주제에서 선두 주자일 뿐 아니라 파급 효과가 큰 결과를 내놓을 만한 새롭고 흥미진진한 실험을 제안한다면, 운 좋게 얼마간 시간을 할당받을 것이다. 만약 당신이 괴짜스러운(흥미롭지만 실패 위험이 큰) 연구를 하고 싶다면, 프로젝트 규모를 축소하고 실험의 가능 여부를 알아보는 파일럿 연구를 진행하라는 요청을 받을 수도 있다. 10개의 은하 대신 하나의 은하를 관측하며 찾으려는 정보를 얻을 가능성이 있는지 알아본 뒤 이듬해에 다시 도전하는 것이다. 당연히 천문학자가 가장 많이 찾는 망원경은 적합한 부지에 있으면서 최고의 기기가 부착되어 있는 가장 큰 망원경이다. 이런 망원경은 언제나 신청이 엄청나게 밀려 있다. 망원경을 거의 이용하지 않는 천문학자 집단, 즉 이론천문학자와 시뮬레이터도 이와 유사한 문제를 안고 있다. 망원경을 직접 이용하진 않지만 이들은 대부분의 작업을 슈퍼컴퓨터로 한다. 이론천문학자는 길고 복잡한 계산을 척척 해낼 수 있는 크고 강력한 컴퓨터를 선호한다. 그런 기계는 흔해빠진 데스크톱 PC와 차원이 다르기 때문에, 이론천문학자들도 공용 자원과 고기능 컴퓨터 설비를 사용할 시간을 두고 관측 제안서와 같은 것을 제출해 동료들과 경쟁해야 한다. 다행히 이런 기계는 이국의 먼 곳에 위치할 필요가 없다. 전력 공급이 잘되고 실내온도 조절기가 설치된 방 하나면 충분하다.

망원경 사용 제안서를 쓰는 일은 과학 논문을 쓰는 일과는 약간 다르다. 이 제안서는 아이디어를 파는 데 초점을 맞춘다. 프로젝트가 새롭고 흥미진진하게 보이면서 동시에 조심스럽고 보수적이어야 한다. 욕심을 과하게 드러내지 않으면서도 유용한 연구를 실행할 만큼 충분한 시간을 확보해야 한다. 균형 잡기가 아슬아슬하다. 일반적으로 망원경(혹은 유럽남반구천문대처럼 여러 대의 망원경이 있는 그룹)과 관련해서는 1년을 2분기로 나누고 매년 제안서 모집을

4미터 VISTA 탐사망원경의 거울과 카메라. 이 망원경은 칠레의 아타카마 사막에 있는 세로파라날산에 있으며 유럽남반구천문대의 초거대 망원경 옆에 있다. VISTA의 주요 목표 중 하나는 빛의 근적외선 파장으로 하늘을 광범위하게 탐사하는 것이다. 이로써 VISTA는 매우 먼, 즉 초기의 많은 은하를 탐지할 수 있다. 성공의 핵심 요소는 초거대 판형의 CCD 카메라인 VIRCAM이다. 4미터 거울에 의해 모아진 빛은 VIRCAM 위로 전송되고 초점이 맞춰져 밤하늘의 커다란 사진을 만들어낸다.

2~4회쯤 한다. 천문학자들은 대개 제출 마감 시간 직전까지 미뤘다가 제안서를 쓰곤 한다. 관측 숫자를 합치고, 노출 시간 계산과 기술적 세부 사항들을 재확인하며, '시간할당위원회'의 호감을 사도록 텍스트를 구성하는 등 마지막까지 정신없이 허둥지둥하다가 간신히 완성한다. 운 좋게 시간을 할당받는다면(대개 몇 시간 혹은 몇 밤의 단위로 주어진다) 이제 모든 천문학자가 갈망하는 일을 할 수 있다. 광자를 모으고, 인간의 감각을 넘어서야 접근 가능한 우주를 만나며, 그동안 어떤 인간도 보지 못했던 광경을 볼 수 있다. 이 분야가 신나고 흥미진진한 이유를 나는 이 같은 '발견의 황홀함'에서 찾는다.

먼 은하에서 방출된 한 줌의 광자는 지구가 존재한 시간보다 훨씬 더 긴 시간 동안 우주를 가로질러 여행한 뒤 거울에 의해 포획되어 검출기 위로 초점이 모아진다. 이것이 망원경의 존재 이유다. 귀한 광자를 더 많이 잘 모으고 싶다는 인간의 끝없는 욕망 때문에 망원경은 점점 커졌고 지금도 계속 크기를 키우고 있다. 광자를 모으는 거울이 더 클수록 더 많은 빛을 포획할 수 있다. 이는 더 멀리 있는 더 희미한 은하를 탐지할 수 있다는 뜻이다. 먼 은하에서 방출되는 빛은 두 가지를 가리킨다. 첫째는 은하의 광도, 즉 매초 은하에 의해 실제로 방출되는 에너지의 총량을 가리킨다(이는 매우 큰 수치다). 둘째는 우리가 실제로 탐지하는 빛, 즉 '관측된 플럭스observed flux'를 가리킨다(이는 매우 작은 수치다). 왜 관측된 플럭스는 작을까? 플럭스는 우리가 여기 지구 위에서 중간에 가로채는 에너지일 뿐이어서 은하 총광도의 극히 작은 부분에 해당되기 때문이다.

먼 은하가 60와트 전구(혹은 이와 비슷한 에너지 효율을 가진 등가물)라고 상상해보라. 전구의 빛은 모든 방향으로 '등방성'을 띤 채 발산된다. 이제 이 전구를 둘러싸는 구를 만든다고 생각해보자. 작은 부분을 정사각형으로 오려내고 나머지 부분은 불투명하게 만들 것이다. 간단하게 가로세로 1센티미터의 정사각형으로 만들자. 빛의 발산이 등방성을 띠기 때문에, 이 정사각형을 통과해서 빛나는 (혹은 더 정확히 이야기하면 흘러나오는) 플럭스는 전구의 총 전력량과 구의 반경으로부터 결정된다. 60와트는 구의 표면 전체에 퍼지기 때문에 구를 더 크게 만들수록 더 넓게 퍼질 것이다. 작은 정사각형을 통과하는 플럭스는 구의 총 표면적과 정사각형 면적의 비율을 알아낸 뒤 계산할 수 있다. 전구의 광도(60와트)는 늘 변함없기에 구를 더 크게 만들수록 정사각형 부분을 통과하는 플럭스는 더 작아진다. 플럭스는 역제곱 법칙에 따라 감소한다. 반경을 2배로 늘리면 플럭스는 4배 비율로 감소한다. 반경을 4배로 늘리면 플럭스는 16배로 감소한다. 충분히 예상되듯이, 우주에서는 매우 높은 광도가 매우 작은 '관측된 플럭스'로 빠른 속도로 작아진다. 플럭스를 측정하고 광원까지의 거리를 알아내거나 혹은 추정할 수 있다면 역제곱 법칙을 이용해 광원의 고유 광도instrinsic luminosity를 계산할 수 있다. 일반적으로 우리는 고유 광도를 알고 싶어한다. 은하의 특성에 대해 뭔가 정보를 주기 때문이다. 가령 그 은하가 신생 별을 많이 생성하는 중인가 하는 정보 말이다.

현실로 돌아와 이제 전구를 먼 은하로 바꾸고 거기에 망원경을 겨냥해보자. 전구를 둘러싸도록 만든 구 대신, 먼 은하를 둘러싸고 있는, 눈에 보이지 않는 거대한 구의 표면 위에 지구가 있다고 상상해보라. 멀리 떨어져 있는 광원으로부터 이 구를 통과해서 에너지플럭스energy flux(광자)가 흘러나온다. 우리 임무는 망원경의 거울을 이용해서 이 빛의 일부를 포획하는 것이다. 문제는 망원경이 있는 지역이 가상의 구 전체 영역에 비해 너무 작아 광자의 극히 일부만 가로챌 수 있다는 점이다. 점점 더 큰 망원경이 필요한 이유다.

앞서 말했듯이, 우리가 원하는 관측을 수행할 수 있는 망원경은 전 세계에 소수밖에 없다. 천문학자는 항상 더 멀고 더 희미한 은하를 관측하길 원하기에 관측 가능한 우주의 경계는 점점 더 확장되고 있다. 이런 망원경은 커야 하는 것은 물론이고 주거지로부터 멀리 떨어진 곳에 설치해야 한다. 주로 산꼭대기나 고원에 설치한다(우주에 띄울 수 있다면 더 좋다). 100억 년에 달하는 시간을 여행한 광자는 검출기에 부딪히기 전에 마지막 장벽을 통과해야 한다. 바로 지구의 대기다. 지구의 대기는 광자를 흡수하는 분자로 가득 차 있을 뿐 아니라 빛의 주파수 때문에 문제가 더 악화된다. 지구의 대기는 우주에서 오는 빛의 일부를 차단하는 필터와도 같다. 가령 자외선 광자를 살펴보자. 자외선 광자는 젊고 질량이 큰 별에서 방출되기 때문에 천체물리학 조사에 매우 유용하다. 은하의 자외선 빛의 강도를 이용해 그 은하의 별 생성 역사(이는 매우 복잡한 문제다)를 추적할 수 있다. 그런데 지구의 대기는 유난히 자외선 광자를 잘 흡수한다. 그 덕분에 태양에서 나오는 치명적인 방사능 자외선으로부터 보호를 받는 반면 지상에서 자외선 천문학을 연구하기 엄청나게 힘든 제약이 생긴다. 그러므로 자외선 빛이 차단되기 직전의 파장인 약 300나노미터의 파장에 관심을 기울일 수밖에 없다. 물론 지구 대기 위의 우주에 자외선에 민감한 탐지기를 띄운다면 모든 문제가 해결된다. 2003년에 자외선 위성인 갈렉스GALEX, Galaxy Evolution Explorer가 우주에 띄워져 2013년까지 임무를 완수했다. 갈렉스의 목표는 가까운 은하와 먼 은하에 있는 젊고 질량이 높은 별에서 방출되는 자외선 빛을 측정해 우주 안의 별 생성 역사를 조사하는 것이었다. 지상에서는 결코 못 할 관측을 우주에서 한 것이다.

지구 대기는 빛의 일부를 흡수해버릴 뿐만 아니라 광자가 움직이는 방향에도 영향을 미친다. 이 때문에 상이 왜곡되고 흐릿해지며 일그러진다. 수영장 바닥에 놓인 동전에 초점을 맞춘다고 생각해보라. 이때는 굴절 원리가 작용한다. 굴절은 광선이 한 매질에서 다른 매질로 이동하면서 속도가 바뀔 때 광선의 경로가 구부러지는 현상이다. 지구의 대기는 매끄럽거나 균일하지 않고 끊

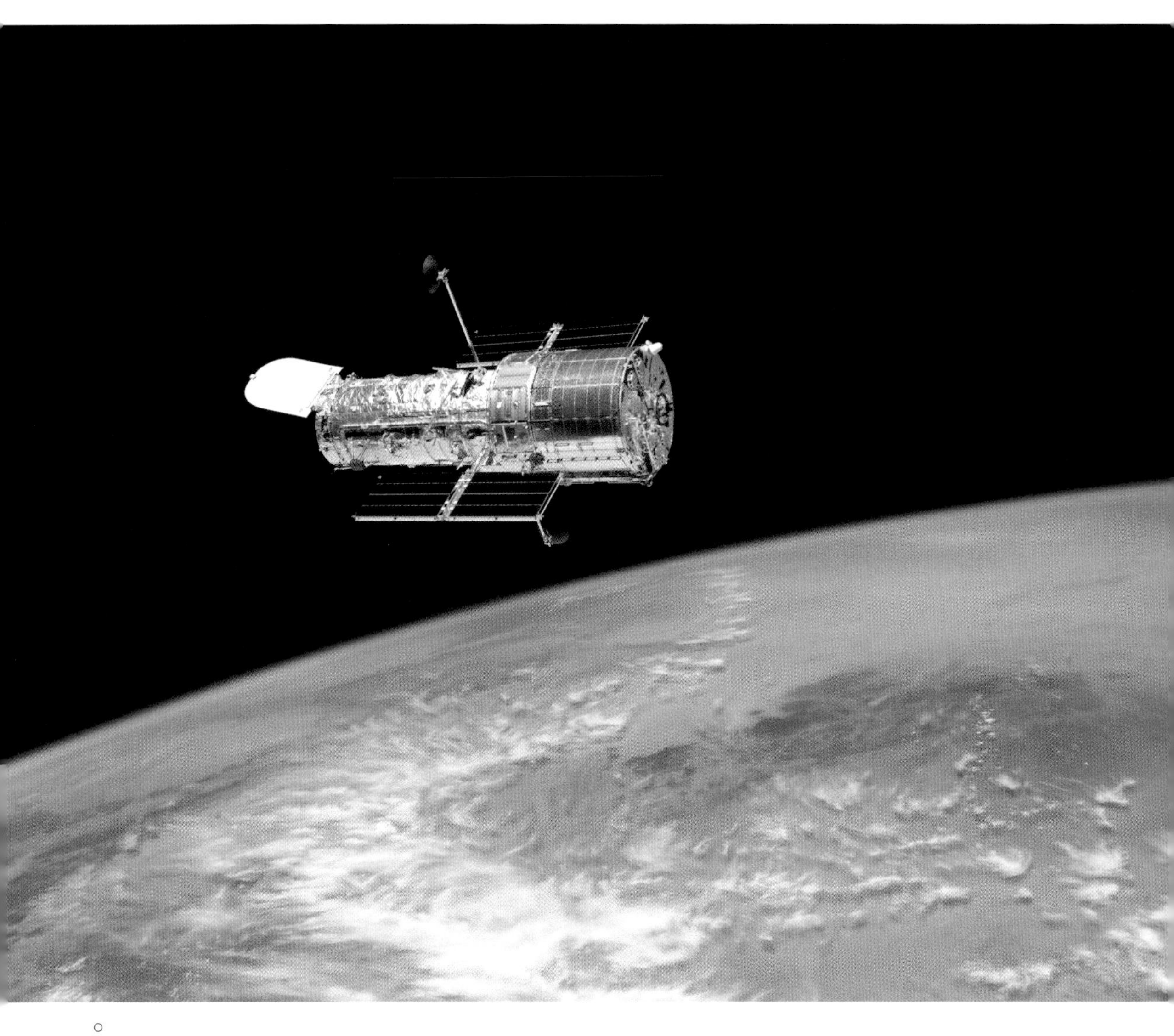

○
지구 대기권 위의 좋은 위치에서 우주를 관측하고 있는 허블우주망원경은 정교한 촬영 능력으로 은하를 바라보는 우리 관점에 대변혁을 일으켰다. 1990년에 우주 상공에 띄워져 중요한 과학 연구를 지속하고 있다.

임없이 움직이며 요동치는 다양한 층과 '세포'로 구성되어 있다. 별이 방출하는 점 모양의 빛에 초점을 맞추면 밝고 고정된 점이 아니라 움직이는 것처럼 보이는 흐릿한 형태가 나타난다. 지구의 대기로 인해 발생하는 흐려짐의 정도를 '시상seeing'이라 부른다. 이 때문에 얼마 전까지만 해도 지상에서 촬영하는 천체 사진의 선명도에는 근원적인 한계가 있을 수밖에 없었다.

이 문제에는 두 가지 해결책이 있다. 첫 번째는 아주 단순하다. 지구 대기를 통과해서 볼 필요가 없도록 망원경을 우주에 띄우면 된다. 단점은 망원경을 궤도에 내보내는 게 돈이 많이 들뿐더러 위험하다는 것이다. 섬세하고 값비싼 기기를 로켓의 등에 실어 궤도로 내보내야 하므로 위험할 수밖에 없지만, 엄청난 보상이 뒤따른다. 물론 우리는 천문학 촬영의 대표 주자인 허블우주망원경을 만들었다. 허블우주망원경에 달린 거울의 집광 부분은 최고의 지상 망원경들에 비하면 상대적으로 작다(거울은 무겁기 때문에 우주에 띄우는 데 돈이 많이 든다). 그렇지만 지구 대기에서 생기는 빛의 흡수나 왜곡과 씨름할 필요가 없어 매우 선명하고 섬세하며 아름다운 이미지를 만들어낸다.

두 번째 해결책은 지구 대기에 의해 야기되는 결함을 수정할 방법을 알아내는 것이다. 이 방법을 활용하면 엄청난 무게 때문에 우주에 배치할 수 없는 큰 거울을 이용할 수 있다. 지상에서 시상을 통제하는 것은 '가능하며' 허블우주망원경의 해상도 수준까지 기대할 수도 있다. 비결은 급속히 변화하는 유입 광선의 강도를 망원경 광학을 적극적으로 통제해 보정함으로써 지구 대기에 의해 생긴 왜곡을 수정하는 것이다. 효과를 내려면 이런 수정 작업을 초당 수백 번씩 해야 한다. 터무니없게 들리는가? 이 기술은 실제로 존재하며 적응광학adaptive optics이라 불린다. 작동 원리는 다음과 같다. 잔잔한 연못에 돌멩이를 하나 떨어뜨릴 때 잔물결이 탄착점에서 퍼져나가는 모습을 상상해보라. 돌멩이와 물이 부딪힌 곳과 가까운 데서는 잔물결이 원형을 이루지만 탄착점에서 멀어지고 원이 더 커질수록 잔물결은 평행형의 물결이 줄줄이 있는 것처럼 보인다. 먼 천체에서 온 빛이 지구 대기에 부딪힐 때도 이러한 원리가 적용된다. 먼 은하에서 출발한 빛이 지구에 다다를 때, 빛은 완벽하게 평행인 파동의 집합

형태로 들어온다. 파동이 대기를 통과할 때 이 완벽함은 방해를 받고 평행인 집합체는 왜곡된다. 이는 흐릿한 상을 야기한다. 과학적 목적을 위해 우리는 이 방해를 제거하고 유입 파동을 평행 상태로 되돌려야 한다.

이를 위한 방법은 밝은 '기준 점광원reference point source', 가령 밝은 별에 생기는 왜곡을 기록하는 것이다. 지구 대기로 인해 왜곡이 생기지 않는다면 별은 특유의 모양을 가진, 한 개의 고정적인 빛의 점으로 보여야 한다. 만약 관측하는 곳 근처에 밝은 별이 없다면, 일부 망원경에는 강력한 레이저가 장착되어 있어 100킬로미터 위 대기의 얇은 층에 있는 나트륨 원자를 활성화시킴으로써 가짜 별을 만들어낼 수 있다는 사실을 염두에 두라. 이 기준 광원의 변화를 추적해서 이를 이용해 망원경에 있는 거울 표면의 모양을 고치면(매우 미세하게) 상을 보정해 대기가 없는 경우의 모습과 더 가깝게 만들 수 있다. 이렇게 보정할 수 있는 한 가지 방법은 오르락내리락하는 작은 피스톤을 이용해 거울을 변형시키는 것이다. 즉, 거울 표면의 모양을 변화시켜 유입되는 파동 전면wave fronts의 주름을 펴는 것이다. 테니스 공 한 아름을 공중에 던진 후 모든 공을 정확히 동시에 잡으려 애쓰는 모습과 비슷하다고 생각하면 된다. 적응광학을 제대로 활용하면 극적인 결과를 얻을 수 있다. 일반적인 지상 관측과 비교해서 해상도가 30배까지 향상될 수 있기 때문이다.

거울로 광자를 포획하기만 해서는 아무 소용이 없다. 과학 연구를 하려면 반드시 에너지를 기록해야 한다. 전하결합소자charge coupled device, CCD를 만나보자. CCD는 20년이 넘는 시간 동안 사실상 거의 모든 천문학 검출기의 충실한 일꾼으로 임하면서 예전에 쓰이던 사진건판을 훌륭히 대체했다. 오늘날 CCD 기술은 생활 속 어디에나 있다. CCD는 어떻게 작동할까?

CCD는 검출기의 2차원 격자판이고 디지털 이미지 안의 픽셀과 유사하다(사실 가장 단순한 응용 방식에서, CCD는 디지털 이미지 안에 있는 픽셀의 내용물을 생산한다). 각 검출기는 반도체로 이루어져 있고 일반적으로 실리콘이 기본 물질이다. 검출기와 부딪히는 광자는 작은 전하를 발생시킨다. 이때 광자 하나당 발생하는 전하의 양은 선형적으로 증가한다. 따라서 만약 CCD 칩을 많은 광

유럽남반구천문대에 있는 네 대의 초거대 망원경 중 하나가 작동하고 있다. 강력한 레이저를 밝고 긴 줄 모양으로 쏘아 올려서 대기권 상단에 있는 나트륨 원자를 자극하는 방법을 통해 인공적인 '조준성guide star'을 만든다. 자극을 받은 나트륨은 별처럼 빛을 발하고 여기서 나오는 빛은 보정용 '적응광학'을 실행하기 위한 참조 정보로 사용된다. 적응광학은 지구의 요동치는 대기권이 사진을 흐릿하게 만드는 것을 보정함으로써 지상에서 찍은 사진을 더 선명하게 만들어준다.

자로 휩싼다면(다시 말해 CCD를 오랫동안 '노출시키면'), 그 노출 시간 동안 CCD에 부딪히는 빛의 양에 상응하는 많은 전하를 축적할 수 있다. 전하는 전압으로 조종할 수 있다. 그렇기 때문에 적절한 시간 동안 노출한 뒤 각 검출기에 잡힌 신호를 CCD의 가장자리로 재배치함으로써 각 픽셀 안에 있는 전하의 양을 '판독'할 수 있다. CCD의 가장자리에서 전하는 전자공학적으로 증폭되고, 아날로그식인 전압을 디지털 수치로 바꿔주는 변환기ADU(자동 다이얼 장치라고 부른다)에 통과된다. 이 지점에서 우리는 후세를 위한 정보를 2차원 배열, 즉 디지털 이미지로 메모리에 저장할 수 있다. 이때부터 본격적으로 재미있는 일이 시작된다.

디지털 카메라의 경우 셔터를 닫고 나면 그것으로 끝이다. 화면에 뜨는 이미지는 촬영한 대상을 정확하게 기록한 것이고 많은 후가공이 필요 없다. 이러한 일상적인 사진 촬영 기술은 천문학자들이 간절히 원하지만 갖지 못한 기술에서 혜택받고 있다. 즉 신호대잡음비Signal-to-noise를 알아내는 기술이다. 간단히 말하면, 우리가 일반적으로 찾는 신호(먼 은하에서 방출된 빛)는 대기에서 나오는 방출로 인해 실제보다 축소될 때가 많으므로, 모든 검출기의 판독에 나오는 임의 파동, 즉 소음과 크기를 비교해봐야 한다. 때론 각 검출기에서 반도체 안의 전자로 인해 열이 발생하고 전하가 생성돼서 생기는 '암흑신호dark signal'의 양을 걱정해야 한다. CCD 위에 아무 빛도 비추지 않을 때조차 열이 발생하곤 한다. 요컨대 가공되지 않은 천문학 데이터는 보기에 좋지 않다. 추적하고 있는 신호를 검출하려면 같은 하늘 지역을 계속 촬영해서 누적 시간을 충분히 쌓아야 하는 것은 물론, 과학 등급의 이미지 또는 '예쁜 사진pretty pictures'을 만들려면 후가공 작업이 뒤따라야 한다. 이를 데이터 축소data reduction(혹은 전처리)라고 부른다. 이런 이름이 붙은 이유는 많은 데이터를 가지고 시작하지만 작업 과정에서 데이터들을 제거하고 난 뒤 하나의 이미지로 줄이기 때문이다.

CCD가 천문학에서 사용되는 유일한 검출기는 아니다. 천문학자들은 먼 은하에서 오는 다른 복사 형태를 검출할 기술을 끊임없이 개발(혹은 최대한 잘 활용)하고 있다. 한 가지 예를 들어보겠다. 나는 이 글을 하와이 빅아일랜드에 있는 힐로 지역의 한 호텔에서 쓰고 있다. 여기에 온 이유는 제임스 클러크 맥스웰 망원경James Clerk Maxwell Telescope, JCMT에 SCUBA-2라 불리는 최신 카메라를 커미셔닝commissioning하는 일을 돕기 위해서다. SCUBA-2는 '서브밀리파submillimetre'에 민감한 카메라다. 정확히 말하면, 450마이크론과 850마이크론의 파장을 가진 빛에 민감하다. 서브밀리파에는 전통적인 반도체 기기가 소용없다. 더 특이한 무언가가 필요하다. SCUBA-2 역시 여전히 픽셀의 2차원 배열을 이용하지만, 각 검출기가 '초전도 전이단 센서superconducting transition edge sensor'이고 이를 절대 영도 바로 위의 온도에 고정시킨다는 점이 특징이다. 이러한 기기는 서브밀리파 광자가 검출기에 부딪힐 때 일어나는 온도상의 작은 변화를 이용해 서브밀리파를 측정한다. 온도상의 작은 변화는 전기 저항을 바꾸고 이는 전압의 작은 변화로 측정된다. 일반적으로 수십억분의 1 볼트다. 그런 다음 전압은 디지털 신호로 전환되어 저장된다. 이 방법으로 우리는 입사광선을 기록할 수 있다. 사례에서 알 수 있듯이, 이것을 실제로 수행하는 정확한 방식은 전자기 스펙트럼에 따라 달라진다. 그렇더라도 공통으로 발견되는 것은 흡수되는 전자기 플럭스를 디지털 신호로 전환하고 이 디지털 신호를 보정해 빛의 특정한 주파수에서 얼마나 많은 에너지가 도착하는지 하는 점이다. 이는 먼 은하를 관측한 결과를 해석하는 일의 핵심이다.

SCUBA-2가 과학적 의무를 시작하기 전에 이 기기의 작동 방식과 이것이 생산하는 데이터를 철저히 이해해야만 한다. 기기를 이용해 뭔가 새로운 것을 알아내기 전에 기기 그 자체를 이해해야 한다. SCUBA-2는 망원경에 새롭게 장착됐고 수많은 실험과 수정을 거쳐 커미셔닝 단계에 있다. 당신이 이 책을 읽을 때쯤이면 SCUBA-2는 실제로 천문학 탐사를 수행하고 있을 것이다.

새로운 기기를 커미셔닝하는 일은 그 자체로 흥미진진하다(그것을 만드는 기술자와 엔지니어는 좌절하고 피가 마르지만 말이다). 새로운 기기를 망원경 뒤쪽에 연결하고 셔터를 열기만 하면 되는 단순한 일이 아니다. SCUBA-2의 경우, 우선 기기 전체를 초저온으로 냉각시켜야 한다. 초저온은 절대 영도에서 1도도 초과하지 않는 것이다. 그런 다음 각각의 검출기를 시험해야 한다. 모두 제대로 작동하는지, 흡수되는 광자에 같은 방식으로 반응하는지, 왜곡 현상이 생길 가능성은 없는지. 또한 카메라를 제어하고 카메라에서 얻는 원시 데이터를 처리할 새로운 소프트웨어도 개발해야 한다. 이러한 커미셔닝 과정은 오랜 시간이 걸리지만 과학 실험을 성공적으로 수행하는 데 반드시 필요하다. 기기가 어떤 방식으로 작동해 새로운 결과들을 해석하는지 정확히 이해해야 하기 때문이다.

서브밀리파에서, 카메라가 포착하는 신호의 대부분은 지구 대기권에서 나온 것이며 변동이 굉장히 심하다. 대기권에서 나오는 신호는 정밀하게 제거해야 한다. 무작위의 차감값, 늘어난 단계들, 다양한 돌발 사고와 소소한 고장이 일으키는 데이터 급등 또한 정밀하게 제거해야 한다. 데이터상의 미묘한 차이를 가장 잘 보여주는 예는 커미셔닝 지도에 두드러지는 이상 패턴이다. SCUBA-2 카메라가 포착한 신호를 판독하는 장치는 훌륭한 자기탐지기이기도 하므로, 지구 자기장이 야기한 오염으로 인해 지도에 잔류 '방출'이 생기기도 한다. 하지만 다행히 신호 처리 기술을 이용하고 민감한 장치로부터 자기장을 가능한 한 많이 가리는 방법으로 불필요한 신호를 제거할 수 있다. 앞서 살펴봤듯이, 서브밀리파 카메라가 필요한 이유는 은하가 여러 구성 요소와 그 안에서 일어나는 물리적 과정으로 인해 생기는 다양한 형태의 방사선을 광범위하게 방출하기 때문이다. 서브밀리파 대역의 경우 이러한 빛은 별 생성 지역과 관련된 차가운 티끌 및 가스와 연관이 있다. 우리는 은하로부터 나오는 다양한 형태의 전자기 에너지를 '모두' 흡수할 수 있어야 한다.

우리는 전자기복사의 전체 범위 중 여러 측면을 매일 직접 경험한다. 가령 병원에서 X선 촬영을 하고, 주방에서 전자레인지를 사용하며, 아날로그 라디오를 듣는다. 우리가 매일 마주치는 전자기복사는 서로 다른 원천에서 왔고 성질 또한 크게 다를뿐더러 수행하는 역할도 다르다. 하지만 이들은 항상 우리 주위에 있다. 어디에나 파장의 바다가 있는 것이다. 우리는 인간의 눈이 받아들이는 파장만 볼 수 있는 반면 라디오와 텔레비전은 가시광선보다 훨씬 더 긴 파장을 가진 광자를 '볼' 수 있다. 인간이 오직 전파만 볼 수 있다고 상상해보

라. 세상은 지금과 매우 다르게 보일 것이다. 우리가 매일 보는 풍경과는 완전히 달라질 것이다. 하지만 전파 시야는 세상에 대해 인간의 정상적인 가시광선 시야가 보여주지 않는 새로운 사실을 알려줄 것이다. 우리는 다양한 시야를 모두 결합할 때에만 은하가 움직이는 전체적인 그림을 그릴 수 있다. 이를 다중파장 접근법이라 부른다.

우리 은하의 다중파장 사진만큼 이를 잘 보여주는 예도 없다. 하늘 전체는 다양한 망원경을 이용해 지도를 그릴 수 있다. 매우 높은 에너지를 가진 감마선, X선에서 자외선, 가시광선 대역을 거쳐 근적외선, 중적외선, 원적외선과 밀리미터파 대역, 마지막으로 전파 대역에 이르기까지 아주 다양한 망원경을 이용한다. 어떤 파장으로 하늘을 촬영하든 그 사진은 우리 은하의 원반과 팽대부에서 방출되는 빛에 의해 지배된다. 일반적으로 이런 사진은 '은하좌표galactic coordinate'라고 부르는 방식으로 투사되어, 원반 부분이 사진 가운데를 따라 수평으로 놓이게 만든다.

광학 빛, 즉 가시광선은 별에서 빛이 방출되는 것을 보여주지만, 우리 은하 원반의 평면 가운데와 팽대부에 있는 검은색 부분들 안의 성간티끌이 시야를 가린다. 근적외선(파장이 몇 마이크론밖에 안 되는)으로 촬영하면 완전히 다른 모습의 사진이 나온다. 여전히 별을 볼 수 있긴 하나 이 사진에는 검은색 부분이 거의 없다. 근적외선 광자는 광학 파장 광자만큼 쉽게 산란되거나 흡수되지 않기에 성간티끌을 통과할 수 있다. 마치 성간티끌이 거기에 없는 것처럼 말이다. 우리는 대부분 우리 은하 안에 있는 오래된 별에서 나오는 빛을 본다. 이 오래된 별은 중앙 팽대부와 원반을 밝게 빛내며 대부분의 빛을 근적외선으로 방출한다. 원적외선 방출을 살펴보면 우리는 성간티끌 자체가 빛을 발하는 것을 볼 수 있다. 성간티끌은 다시 원반 안에 모여서 자신이 입사 별빛으로부터 흡수한 에너지를 재방사한다. 만약 아주 특정한 전파 주파수인 1.4기가헤르츠(21센티미터 파장에 대응하는)로 하늘을 관찰한다면, 우리 은하의 원자 수소가 드러난다. 이 경우 팽대부의 많은 부분이 잘 보이지 않는다. 대부분의 전파 방출은 원반의 평면 가운데에 있는 가느다란 리본 모양에서 나오고 우리 은하의 빽빽한 원반 안에 원자가스가 있다는 사실을 알려준다. 더 나가보자. 전자기 스펙트럼을 훑어보면 전체 짜임새를 알 수 있고, 사진들은 겹겹의 다양한 층을 보여줘 우리가 은하의 구조와 물리학을 이해하도록 돕는다. 우리는 이 방식을 우리 은하뿐 아니라 외부 은하에도 적용할 수 있다. 단일 파장 사진은 불완전하다. 다른 파장 사진들과 합칠 때에만 전체 이야기를 파악할 수 있다.

일반적으로 망원경, CCD 혹은 다른 종류의 검출기로 하늘을 촬영할 때, 우리는 검출기 앞면에 있는 필터를 통과할 수 있는 빛만 모으는 것이다. 가시광선 파장과 근적외선 파장 체계에서는 필터가 전자기 스펙트럼의 광학(가시광) 부분을 파란색에서 빨간색까지 여러 덩어리로 쪼개는데 이를 다 합쳐 '측광계 photometric systems'라고 부른다. 각 필터는 검출기에 닿을 수 있는 빛의 주파수 범위를 제한한다. 가장 넓은 필터(가장 큰 범위의 주파수를 담당하는)는 광대역 필터broad-band filters라고 부른다. 광대역 필터로 촬영한, 먼 은하의 사진은 별빛의 분포에 대한 형태학적 정보를 제공하므로 매우 유용하다. 즉, 은하의 모양(가령 나선은하인지 타원은하인지), 원반과 팽대부의 상대 크기 등을 알도록 해준다. 이런 사진은 아주 화려하고 아름답다. 하지만 광대역 빛 안에는 훨씬 더 많은 정보가 암호화되어 있다. 광대역 빛은 하얀 빛이 유리 프리즘을 통과할 때와 똑같은 방식으로 나뉠 수 있다. 하얀 빛을 구성하는 무지개색이 서로 분리되는 이유는 단색성의 광자가 자신의 파장—자신의 색깔—에 따라 조금씩 다른 양으로 굴절되거나 구부러지기 때문이다. 그런 까닭에 하얀 빛이 프리즘을 통과하면 무지개색이 나오는 것이다. 빛을 분산시켰다고 할 수 있다.

태양을 향해 프리즘을 들고서 무지개를 스크린에 투사한다고 상상해보라. 각 색깔 속 빛의 세기를 측정하면, 빛의 세기가 특정한 형태로 오르락내리락하고 초록빛/노란빛 표시 주변에서 최고조에 다다르는 것을 발견할 수 있다. 이것이 우리 태양의 '스펙트럼'이다. 간단히 말해 방출된 에너지를 주파수 기능에 따라 나눈 것이다. 스펙트럼을 이용하면 태양의 구성 요소와 물리학에 대해 많은 사실을 알아낼 수 있다. 태양은 하나의 별에 불과하다. 은하계 전체의 스펙트럼들을 측정할 때에는 수십억 개의 별로부터 나오는 빛의 결합 및 그 사이사이의 가스 또한 관찰된다.

천문학적 스펙트럼을 측정하기 위해서는 CCD 검출기를 이용해 광자를 기록할 수 있지만 결정적인 별도의 하드웨어가 필요하다. 바로 분산기다. 분산기는 프리즘일 수도 있고, 요즘 더 보편적으로 사용되는 '회절격자grating'나 '그리즘grism'일 수도 있다. 회절격자는 평면유리나 오목 금속판에 다수의 평행선을 좁고 일정한 간격으로 새긴 것인데, 파장을 통과시키면 회절에 따라 빛을 분산시킨다. 그리즘은 회절격자와 프리즘의 원리를 합친 도구다. 어떤 분산기를 사용하든 간에 핵심은 빛을 구성 주파수에 따라 쪼개는 것이다. 그런 까닭에 하얀 빛, 혹은 어떤 범위의 주파수가 필터를 통과하든 간에 무지개가 나온다. 이러한 결과를 얻으려면 상당히 오랫동안 관찰을 해야 한다. 빛을 분산시킬 때, 빛줄기 안의 에너지 전체는 스펙트럼의 강도 분포에 따라 퍼지기 때문이다. 버터 한 조각을 식빵 위에 바르는 것과 비슷하게, 빛은 분산기를 통과시키지 않았을 때에 비해 더 큰 수치의 CCD 픽셀 위로 퍼진다. 따라서 목표물의 사진을 촬영하는 것과 달리 목표물의 스펙트럼을 얻으려면 보통 훨씬 더 긴 노출 시간이 요구된다. 사진을 촬영할 때는 빛이 더 적은 수치의 픽셀 위로 집중된다.

민감한 기기와 거대 망원경만으로는 충분하지 않다. 이런 시설의 물리적 위치 또한 굉장히 중요하다. 천문학자들은 현재 연구 경계를 한창 넓히는 중이므로 망원경을 놓을 관측 장소와 관련해서 그 어느 때보다 더 높은 기준을 요구하고 있다. 세로파라날은 칠레 북부의 아타카마 사막에 있는 2000미터 높이의 평범한 산으로, 칠레 북부의 항구도시인 안토파가스타에서 남쪽 내륙 쪽으로 약 120킬로미터 떨어지고 칠레의 수도인 산티아고에서 북쪽으로 1000여 킬로미터 떨어진 곳에 위치해 있다. 적정하게 높은 고도, 두드러지게 건조한 날씨, 안정적인 대기, 도시와 멀리 떨어진 위치 등으로 인해 이곳은 천문학 관측에 매우 적합한 장소가 되었다. 남반구에서는 마젤란운(대마젤란운LMC과 소마젤란운SMC)을 볼 수 있다. 대마젤란운과 소마젤란운은 두 개의 '왜소은하dwarf galaxies'(질량이 작고 상대적으로 희미하며 불규칙해 보인다)이고 자기보다 훨씬 더 큰 우리 은하나 남십자성 같은 많은 유명한 별자리(북반구에서는 보이지 않는)

의 위성이다. 우리가 관측하고 싶은 여러 흥미로운 은하뿐 아니라 전반적으로 하늘의 많은 부분이 오직 남반구에서만 보인다. 일부는 오직 북반구에서만 관측되듯이 말이다. 그렇기 때문에 우리는 두 반구 모두에 망원경 시설을 설치해야 한다. 관측 천문학자들이 좁은 영역의 표면에 발이 묶일 수밖에 없는 또 다른 제약 요소다.

세로파라날산은 유럽남반구천문대의 초거대 망원경이 있는 곳이다. 초거대 망원경은 '8미터' 등급의 망원경 네 대로 이루어져 있다. 이는 이 망원경들의 빛을 모으는 주경primary mirror이 대략 지름 8미터라는 뜻이다. 하와이의 빅아일랜드(지상 관측 천문학에서 최고의 관측지 중 하나)에 있는 마우나케아 천문대 꼭대기에 있는 켁망원경Keck telescopes 두 대만이 지름 10미터의 분할경을 자랑하며 8미터 등급의 광학망원경을 넘어섰다. 물론 지구상에는 지름 10미터 이상의 접시형 안테나를 가진 망원경도 있는데, 이 망원경들은 전파와 같은 더 긴 파장을 가진 광자를 탐지하기 위해 만들어졌다. 전파망원경의 반사 표면은 유리로 만들지 않는데, 전파는 콘크리트나 알루미늄 같은 물질에 의해 더 쉽게 반사되기 때문이다. 이러한 물질로 큰 광흡수 접시를 만드는 것이 유리로 만드는 것보다 훨씬 더 쉽다. 유리로 만들면 가시광선과 근적외선 광자들을 탐지하는 망원경의 물리적 크기가 제한되기 때문이다.

거울('빛 양동이light buckets'라고도 불린다)은 망원경의 일부분에 불과하다. 초거대 망원경은 모은 광자를 포획하고, 기록하고, 측정하는 장비 일체를 갖추고 있다. 카메라, 분광사진기, 인티그럴 필드 유닛integral field units 등의 장비가 있다. 이 장비들은 자외선 파장부터(지구 대기권이 약

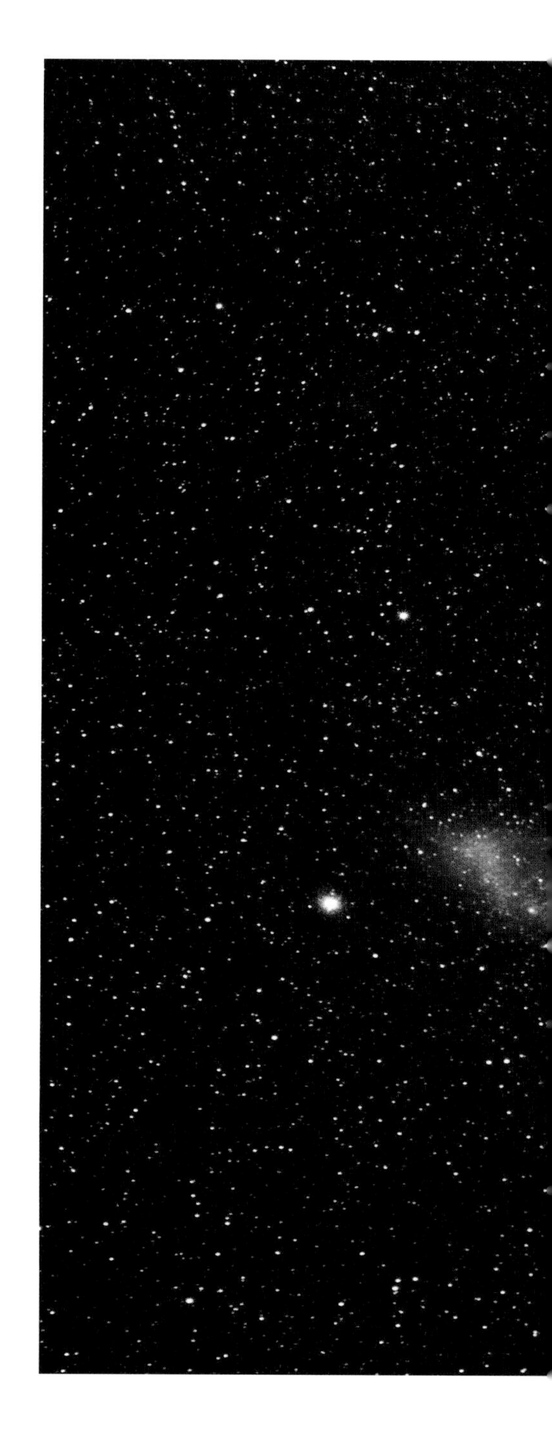

○

우리 은하에 있는 두 개의 '위성' 왜소은하인 마젤란운. 마젤란운은 포르투갈 탐험가인 페르디난드 마젤란에서 이름을 따왔다. 페르디난드 마젤란은 이 구름 모양의 빛 조각이 보이는 남반구로 항해를 떠났다. 15세기에는 중세 유럽 탐험가들, 10세기에는 페르시아 천문학자들이 이미 마젤란운을 주목한 바 있다. 남반구의 토착민들에게는 수천 년 동안 이어진 밤하늘의 익숙한 풍경으로 잘 알려져 있다.

300나노미터 파장 이하의 모든 것을 차단하기 전인) 약 2마이크론 파장인 근적외선 파장까지의 광자를 탐지할 수 있다. 망원경이나 망원경에 부착하는 기기는 사람(대개 유명한 천문학자)의 이름을 따서 붙이지 않는 이상 대개 머리글자로 알려진다(유명한 천문학자인 에드윈 허블의 이름을 따서 만든 허블우주망원경조차 보통 HST라고 부른다). 그러므로 우리에게는 ISAAC(Infrared Spectrometer And Array Camera), FLAMES(Fibre Large Array Multi-Element Spectrograph), HAWK-I(High Acuity Wide field K-band Imager), VIMOS(Visible Multi Object Spectrograph) 등과 같은 기기들이 부착된 ESO VLT가 있다고 말할 수 있다.

이러한 기기의 정밀한 세부 사항은 중요하지 않다. 지금까지 말한 것은 현재 사용되고 있는 카메라와 검출기의 긴 목록에서 무작위로 뽑은 것에 불과하다. 핵심은 서로 다른 과학 질문에 대답하기 위해 서로 다른 기기가 사용된다는 점이다. 이를테면 우리는 근적외선에 민감한 CCD를 장착하고 있는 HAWK-I 카메라를 가지고 어떤 은하의 단순한 사진을 촬영할 수 있다. 혹은 어느 특정한 은하에 있는 더 오래된 별들의 지도를 그리고 싶어할는지도 모른다. 일단 사진을 촬영하면 ISAAC를 이용해 그 은하의 근적외선 스펙트럼을 측정할 수 있다. 은하로부터 나오는 빛이 지나는 길에 촘촘한 회절격자를 놓고(이렇게 함으로써 하늘에서 나오는 다른 빛이나 은하 자체의 다른 부분에서 나오는 빛으로부터 분리해야 한다), 은하로부터 나오는 근적외선을 분산시킨 뒤 그것을 구성 요소로 분해하는 것이다. 빗방울을 통과하는 햇빛으로부터 무지개가 생기는 것과 똑같은 방법으로 말이다. 이 방법으로 우리는 서로 다른 주파수에서 각각 얼마만큼의 에너지가 방출되고 있는지를 알 수 있다. 또한 스펙트럼의 자세한 모양은 별과 가스의 구성 요소뿐만 아니라 그 은하 안에서의 별과 가스의 상대적인 운동에 대한 정보도 제공해준다.

망원경의 상부 구조superstructure—보호용 반구형 지붕, 거울, 받침대, 컴퓨터 기반시설과 인간 운영자가 거주하는 관제실, 망원경 전체가 놓여 있는 콘크리트 주추에 이르기까지—는 영구적이지만, '이 기기들'의 정말 대단한 점은 오래된 기기가 고장 나거나 구식이 되었을 때 새 기기로 교체할 수 있다는 것이다. 주경에 모아진 빛을 통제하는 접속 단자에서 오래된 기기를 제거하고 새로운 기기를 끼워넣을 수도 있다. 이때 빛은 신중하게 설계된 광학 경로를 거쳐 이쪽저쪽으로 방향이 바뀐다. 과학의 새로운 요구 사항을 충족시킬 수 있도록 새로운 기기를 고안하는 데는 엄청난 기술과 노력이 들어간다. 일반적으로 민감도와 효율성이 요구될 때가 많다. 두 목표 다 되도록 적은 비용으로 달성되어야만 한다. 그리고 이러한 것은 CCD 기술과 광학 같은 천문학 영역 외의 분야에서 기술이 발달하도록 촉진한다. 의학처럼 상당히 이질적인 분야에 동반 상승 효과를 일으키기도 한다. 예를 들어 적응광학에서 사용되는 파동전면감지원리wave-front sensing는 안과에서 시력감퇴 보정에 이용될 수 있다.

세로파라날산에 있는 천문학자 거주지인 '레지덴시아residencia'는 여러모로 놀라운 곳이다. 레지덴시아는 객원 천문학자와 그곳에서 일하는 다른 직원들에게 주거지를 제공하는데, 007 시리즈에 나오는 악당의 은신처와 비슷하다고 보면 된다(실제로 2008년에 개봉한 007 시리즈 영화인 〈퀀텀 오브 솔라스Quantum of Solace〉의 야외 촬영지로 사용됐다). '레지덴시아'는 세로파라날 산꼭대기에 있는 망원경들로부터 몇 킬로미터 떨어진 곳에 있다. 화성의 사막 같은 느낌을 주는 붉은색 콘크리트로 된 기하학적인 표면과 유리 외벽은 이 건물의 절묘한 외부 표식이다. 산의 측면을 파서 건물의 통풍관을 만들었고 기숙사 방과 식당, 체육관, 사무실 등이 있다. '레지덴시아'로 들어가는 입구에는 아열대 식물과 수영장으로 채운 동굴 모양의 아트리움(안마당)이 있어서 수분을 증발시켜 건조한 공기를 누그러뜨리며, 더위에 지친 천문학자들을 위해 열기를 식혀주기도 한다. 일에 집중하는 데 있어 탁월한 장소임에 틀림없다.

관측을 위해 VLT로 가던 중 나는 새 망원경 비스타VISTA,Visible and Infrared Survey Telescope(가시광선과 적외선 탐사 망원경)의 건설 광경을 목격하는 영광을 얻었다. VISTA는 VLT의 절반 크기인 4미터 등급 망원경이고 '대형 탐사big surveys'라는 하나의 목적을 위해 설계됐다. VISTA에는 VIRCam이라는 이름의 67메가픽셀 카메라가 장착되어 있는데, 이 카메라는 한 번에 직경 1.65도(보름달 직경의 약 3배)에 해당되는 하늘의 사진을 찍을 수 있다. 민감도가 높은 카메라를 장착해 넓은 지역을 촬영하기 때문에 VISTA는 하늘의 크고 깊은 지도를 그릴 수 있는 매우 효율적인 도구다. 이 연구가 유용한 이유는 대형 탐사를 통해 수천 개의 먼 은하를 한꺼번에 효율적으로 탐지할 수 있고(통계적 연구에 중요하다) 이 은하들의 우주 속 분포를 알아낼 수 있기 때문이다. VISTA는 광역 외부 은하 탐사를 여러 건 수행하고 있으며(특히 극도로 먼 은하들을 탐지하는 데 능하다), 우리 은하 또한 탐사하고 있다.

왜 이 모든 노력을 기울여야 할까? 140억 년의 우주 역사가 만들어낸 빛나는 산물로부터 우리에게 약하게 내리쬐는 약간의 광자를 모으기 위해 왜 수백만 달러어치의 망원경과 기기와 사람들을 지구의 극히 외지고 척박한 곳에 끌고 가야만 하는가? 곰곰이 계산해보면 우리가 천체로부터 실제로 모으는 에너지 양은 엄청나게 작다. 내가 연구하는 은하로부터 매초 단위면적당 얻는 에너지 양은 눈 한 송이가 영국 땅덩어리만 한 검출기에 부딪힐 때 생기는 운동에너지보다 1000배쯤 더 작다. 은하는 우리 삶에서 그리 큰 역할을 하지 않는다. 우리는 지구가 둥글고 태양계의 중심이 아니며 태양계에는 다른 행성들도 있다는 사실을 이미 안다. 그런데도 우리 은하 저 너머에 무엇이 있는지 정말 알 필요가 있을까? 결코 가보지 못할 곳인데? 나는 그렇다고 대답할 것이다.

우리가 지금 우주에 대해 배우고 있는 사실은 지구가 둥글다는 지식처럼 현재 삶에 실용적인 영향을 직접 미치지는 않는다. 언젠가는 인간 혹은 인간 종의 후예(혹은 이들이 만든 자율탐사기계)가 더 넓은 은하계를 탐험할지도 모르지만 수백 년 혹은 수천 년 안에는 힘들 것이다. 게다가 우리가 외부 은하를 '결코' 방문하지 못할 가능성은 거의 확실하다(우리 은하 안에서 영겁의 시간 동안 문명을 유지한다는 것 자체가 힘든 일이다). 더 정확히 말하자면, 태양계를 탐색하는 일은 미래 세대에게 분명 더 쓸모 있을 것이다. 달과 화성을 식민지화하든 자원을 찾기 위해 소행성을 발굴하든 말이다. 그렇지만 굳이 외부 은하의 물리적 세부 사항을 힘들게 캐내야 할 이유가 있을까?

인류는 자연계에 대한 본능적인 흥미와 자연계의 원리를 가장 완전한 수준으로 이해하려는 욕망에 의해 움직이고 발전한다. 그러려면 우주를 전체로서 이해해야 한다. 즉 우주의 구성 요소와 우주의 진화를 이해해야 하는 것이다. 나는 밤하늘을 올려다볼 때 별들의 우아한 아름다움과 미스터리를 피상적으로 감상하는 데 만족하지 못한다. 나는 별이 무엇인지 알고 싶다. 별은 무엇으로 만들어졌고, 어떻게 만들어졌으며, 우리에게서 얼마나 멀리 떨어져 있을까? 이 질문들에 대한 답을 모르는 것은, 적어도 내게는, 폭풍우가 치는 것을 보고도 빗방울이 무엇인지 모르는 것과 마찬가지다. 천문학은 우리에게 근원적인 질문에 대한 답을 제공해준다. 천문학은 자연과 인간의 위치에 대해 더 또렷한 그림을 보여준다. 우리가 답하고 싶은 질문이 처음에는 그저 앎에의 욕구에서 비롯됐다 해도, 역사상 과학은 '현실 세계'의 문제에 대해 새롭고 실용적인 해결책을 지속적으로 제공해왔다. 컴퓨터와 기기들이 공중에서 연결되도록 해주는 무선 시스템 WiFi를 개발한 것이 좋은 예다. 무선신호가 깨끗하게 (즉 방해 없이) 전송되고 착신되게 해주는 알고리즘은 전파천문학에서 신호 처리 기술이 발달한 결과 만들어졌다. 이게 결론이다. 천문학 연구를 멈추지 않는 이유는 우리가 예술활동을 멈추지 않는 이유와 같다. 그 자체가 우리 인간을 구성하는 일부이기 때문이다.

우리가 알고 있는 것들

천문학은 굉장히 오래된 과학이다. 우리가 내디딘 첫걸음은 작고 느렸지만 이제 우리는 전력 질주를 하고 있다. 천문학은 앞으로 나아가는 것을 한 번도 포기한 적이 없다. 사실 외부 은하 천문학은 비교적 역사가 짧은 축에 속하며 우리는 새로운 사실들을 믿기 힘든 속도로 알아내는 중이다. 우리 은하는 독립체이고 우리 은하 외부에 다른 많은 은하가 있다는 사실을 알게 된 것도 불과 몇 세대 전이다. 그에 반해 우리가 태양을 중심으로 하는 태양계에 살고 있다는 사실은 약 500년 전에 알아냈다. 우선, 은하 진화 연구 분야가 어떻게 존재하게 되었는지 그 역사적 배경부터 잠시 살펴보자.

지구중심 우주 모형과 초기 태양중심 우주 모형에서는 각각 지구와 태양을 우주의 중심에 놓았고 별은 우주에 분포되어 있는 3차원 독립체로 여기지 않았다. 대신 별은 행성 바로 위에 있는 천구the celestial sphere에 '고정되어fixed' 있는 것으로 여겨졌다. 18세기 후반에 두 명의 허셜(남매인 윌리엄 허셜과 캐럴라인 허셜)이 하늘의 다양한 지역에 있는 별의 수를 세는 방법으로 별의 규칙적 분포에 대한 증거를 찾았다. 이들은 태양으로부터 멀어질수록 별의 수가 줄어든다는 사실을 발견했고 그런 까닭에 태양이 우주의 중심이라고 결론 내렸다. 하지만 허셜 남매는 우리 은하의 중심(이라고 현재 우리가 알고 있는 곳)에 특히 널리 퍼져 있는, 빛을 가리는 성간티끌은 고려하지 않았다. 성간티끌은 별의 실제 개수를 왜곡한다. 이 사례는 당시의 기기 장비와 관측 기술이 중대한 질문에 대답하는 데 불충분했음을 일러준다.

우리는 독립적인 은하에 살고 있고 그 은하에서 태양과 지구는 작은 요소에 불과하다는 것을 최초로 제안한 이는 영국의 천문학자 토머스 라이트다. 토머스 라이트는 1750년에 『우주에 관한 독창적 이론 혹은 새로운 가설An original theory or new hypothesis of the Universe』이라는 책을 출간했다. 여기서 그는 하늘에 있는 '은하수'라 불리는 띠는 우리가 별들로 이루어진 납작한 원반 안에 살고 있기 때문에 나타난다고 주장했다. 심지어 그는 '흐린 반점들(하늘에 있는 성운의 일부)'이 원반으로부터 멀리 떨어져 있는 외부 시스템일 것이라고 추측했다. 이 견해는 몇 년 뒤 철학자 이마누엘 칸트에 의해 한발 진보했다. 칸트는 토머스 라이트보다 먼저 '섬우주island universe' 개념을 생각해낸 것으로 알려져 있다. '섬우주'는 칸트가 '나선형 성운spiral nebula'이 외부의 먼 은하라는 가설에서 사용한 용어다.

1920년대까지도 나선형 성운의 진짜 성질과 우주의 크기를 두고 의견이 분분했다. 할로 섀플리와 히버 커티스 사이의 '대논쟁Great Debate'이 이를 잘 보여준다. 할로 섀플리는 우주가 기본적으로 우리 은하에 의해 규정되고 우주 공간은 별과 가스와 티끌로 가득 차 있다고 주장했다. 섀플리의 견해에서 나선형 성운은 이 모두를 아우르는 항성계 안에 있는 독립체다. 반면, 히버 커티스는 섬우주 모형을 옹호했는데 이 모형에서 우주는 어마어마한 공간이고 각 은하는 별의 집합체이며 서로 엄청나게 멀리 떨어져 있다. 섬우주 모형의 반대자들이 한발 물러선 것은 우리 은하와 나선형 성운 사이가 극히 먼 것 같다는 생각 때문이었다.

결국 섬우주 모형이 맞는 것으로 증명됐다. 우리가 현재 그리는 그림에서 우리 은하는 더 이상 우주의 중심이 아니다. 수십억 개의 은하 중 하나일 뿐이며 각 은하는 은하 자체의 크기보다 훨씬 더 먼 거리를 두고 서로 떨어져 있다. 이 사실을 어떻게 실증적으로 알아냈을까?

가장 중요한 증거는 1920년대 후반에 천문학자들이 안드로메다자리의 '나선형 성운' 안에 있는 특정 유형의 별을 연구할 때 얻었다. 안드로메다자리는 M31이라고도 알려져 있는데 18세기의 프랑스 천문학자 샤를 메시에의 천체 목록에서 31번째 항목이기 때문이다. 캄캄하고 맑은 밤이면 쌍안경으로 M31을 볼 수 있다. 심지어 육안으로도 희미하며 가늘고 긴 빛의 자국이 관찰된다. 천문학자들이 연구한 문제의 별은 케페우스형 변광성이라고 부른다. 케페우스형 변광성은 대부분의 별과 달리 밝기가 규칙적으로 변한다는 점에서 특이하다. 한 주기 동안 대략 두 배 밝아진다. 케페우스라는 이름은 케페우스 별자리 델타성의 이름에서 따온 것이다. 델타성은 케페우스자리에서 네 번째로 밝은 별이고(그리스 알파벳의 넷째 글자인 델타라는 이름을 붙인 이유다) 같은 유형의 별들 중 18세기에 최초로 발견되었다.

케페우스형 변광성의 밝기가 규칙적으로 변하는 이유는 별 자체가 물리적으로 팽창했다 수축했다 하기 때문이다. 별의 광구(바깥쪽에 있는 가스의 층)에 있는 가스의 불투명도는 중심부의 핵융합에 의해 만들어지는 빛 중 얼마만큼이 별로부터 탈출할 수 있는지 결정짓는다. 흡수와 재방출 과정을 통해 가스 사이에서 이리저리 돌아다니지 않고 말이다. 광구의 불투명도는 가스의 압력과 관계있다. 팽창과 수축의 주기 동안 가스 밀도에 규칙적인 변화가 있고 압력이

○
안드로메다은하. 이 사진은 우리 은하 안에 있는 별들에 둘러싸인 모습을 광시야각으로 촬영했다. 인간의 눈으로 볼 때 안드로메다은하는 희미하고 흐릿한 빛 조각이 별들 사이에 있는 것 같다. 망원경으로 관측을 시작한 초기까지도 이 '나선형 성운' 및 그와 유사한 다른 성운들은 우리 은하의 일부로 여겨졌다. 우리 은하에도 오리온성운과 같은 성운 지역, 구상성단과 같은 특이한 관측 대상들이 있는데 안드로메다은하만 다르게 취급할 이유가 있겠는가? 하지만 케페우스형 변광성 관측을 통해 지구로부터 안드로메다은하를 비롯한 국부은하군까지의 거리를 알아낸 후, 이들이 우리 은하와 멀리 떨어져 있는 외부 은하라는 사실은 명확해졌다. 흐린 얼룩 같은 이 천체는 사진에 보이는 다른 별보다 지구로부터 약 100만 배 더 멀리 떨어져 있다.

변화하기 때문에 방출되는 광자의 전체 수는 그에 맞춰서 달라진다. 그런 까닭에 케페우스형 변광성의 빛이 규칙적으로 밝아졌다가 어두워졌다 하는 현상을 볼 수 있는 것이다.

케페우스형 변광성의 맥동 주기pulsation cycle는 천문학 규모에서 보면 극도로 짧은 편이다. 하지만 인간의 시간 척도로 보면 며칠에서 몇 주까지로 주기가 매우 긴 편이다. 직접 관찰하고 싶다면 작은 망원경만 가지고도 뒷마당에서 실험해볼 수 있다. 밤마다 케페우스형 변광성의 밝기를 측정하고 맥동을 추적하면 된다. 아마 북반구에서 발견하기 가장 쉬운 케페우스형 변광성은 북극성일 것이다.

케페우스형 변광성의 주기는 매우 유용한 상관관계를 가지고 있다. 별의 맥동 주기의 길이(최고로 밝은 시점 사이의 시간)와 그 별의 평균 광도 사이에는 밀접한 관계가 있다. 맥동 주기가 더 긴 케페우스형 변광성은 맥동 주기가 짧은 케페우스형 변광성보다 더 밝다. 미국의 천문학자인 헨리에타 레빗이 이 사실을 발견했으며, 그녀는 대마젤란운에 거주하는 케페우스형 변광성을 관측한 결과를 1912년에 책으로 출간했다.

주기와 밝기의 관계는 왜 중요할까? 어떤 천체의 고유 광도(그 천체가 매초 방출하는 에너지의 총량)를 안다면 이를 하늘에서의 겉보기밝기(망원경으로 측정한 플럭스)와 비교해 그 천체가 지구로부터 얼마나 멀리 떨어져 있는지를 알아낼 수 있기 때문이다. 이 장 앞부분에서 논의했듯이, 한 광원의 관측된 밝기는 잘 알려진 '역제곱 법칙'에 따라 낮아진다. 따라서 만약 고유 광도(방출되는 에너지 총량)를 독립적으로 측정할 수 있다면 그 수치를 역제곱 법칙에 대입하여 거리를 알아낼 수 있다. 레빗이 이 사실을 발견한 때와 비슷한 시점에 덴마크의 천문학자인 아이나르 헤르츠스프룽이 우리 은하에 있는 케페우스형 변광성까지의 거리를 이용해 주기와 밝기의 관계에 눈금을 매겼다. 이를 위해 그는 시차를 측정했다. 독립적인 거리 측정 기술과 케페우스형 변광성 기술을 결합한 것이다. 물리적 거리를 정확하게 측정하는 것은 천문학에서 매우 어려운 문제 중 하나다. 우리는 케페우스형 변광성 같은 천체를 '표준촉광standard candles'이라 부른다. 이런 천체를 이용해 광도를 측정할 수 있기 때문이다.

에드윈 허블과 밀턴 휴메이슨은 M31 안에 있는 케페우스형 변광성이 지구로부터 아주 멀리 떨어져 있기 때문에 우리 은하 바깥 먼 곳에 있는 것이 분명하다고 생각했다. 이처럼 멀리 있는 케페우스형 변광성을 발견함으로써 섬우주 논쟁은 상당 부분 해결됐다. M31은 우리 은하 바깥쪽 멀리 떨어진 곳에 있었다. 항성원반의 희미한 빛 방출을 포착해 잘 촬영하면 M31은 보름달보다 더 커 보인다. 하지만 실제로 M31은 지구에서 가장 가까운 별보다 약 100만 배 더 멀리 떨어져 있다. 우리 은하의 원반이 런던 주변에 있는 M25 안에 있다고 가정하면, 안드로메다은하는 모스크바 근처 어디쯤에 위치할 것이다. 이렇게 외부 은하 천문학 혹은 외부 은하에 관한 은하 연구 분야가 개척되기 시작했다. 우리가 현재 외부 은하에 대해 알고 있는 모든 사실을 전제로 하고 M31의 심도 있는 광학 사진을 보면 이 성운이 멀리 있는 독립적인 항성계라는 점은 거의 확실해 보인다. 하지만 당시만 해도 이는 전혀 분명하지 않았다. 따라서 이러한 도약이 우주를 이해하는 데 얼마나 중요한지 과소평가해서는 안 된다. 옛날이든 오늘날이든, 모든 우주 이론과 우주 모형이 그러하듯이, 천문학자의 목표는 실험하고, 입증하고, 반박하는 것이다. 직감이 뭐라고 하든 상관없이 말이다.

천문학자들이 가까운 은하(우리 은하 가까이에 있어서 20세기 초의 망원경만 가지고도 탐지할 수 있을 만큼 충분히 밝은 은하)를 탐색하면서 더 놀라운 사실이 발견됐다. 먼 은하로부터 나오는 빛은 예상보다 더 붉었다. 색조의 미묘한 차이를 말하는 게 아니다. 먼 은하에 의해 방출되는 모든 빛은 더 긴(즉 더 붉은) 파장으로 체계적으로 이동하는 것처럼 보였다. 이 효과의 가장 분명한 특징은 은하의 스펙트럼에서 볼 수 있다. 천문학에서 은하의 스펙트럼은 인간의 지문이나 마찬가지다.

분광학의 힘

스펙트럼은 촛불이든 은하든 빛을 발하는 물체가 다양한 파장에서 (혹은 다양한 주파수에서) 방출하는 에너지 양을 측정하는 수단이다. 예를 들어 태양에서 나오는 빛을 프리즘을 통해 분산시키면 특유의 '빛의 연속복사continuum of light',

즉 무지개를 관찰할 수 있다. 이 무지개는 노란빛과 대응하는 약 500나노미터의 파장에서 최고조를 이루는 강도를 가지고 있다. 태양은 자외선이나 적외선과 같이, 스펙트럼 중 인간의 눈으로 볼 수 없는 영역에 있는 방사선을 방출하지만 이 영역에서의 방출은 더 약하다. 스펙트럼이 완전히 균일하지도 않다. 이 밝은 연속복사 방출에는 특정 파장에서 생기는 검은 선이 수천 개 있다. 이들을 흡수선absorption line이라 부른다. 흡수선이 생기는 이유는 태양 안에 있는 특정한 원소가 매우 특정한 에너지의(그러므로 매우 특정한 주파수를 가진) 광자를 흡수하기 때문이다. 이 검은 선들은 19세기 독일의 광학 연구자인 요제프 프라운호퍼의 이름을 따서 '프라운호퍼선Fraunhofer lines'이라 부른다.

프라운호퍼는 현미경, 망원경, 프리즘 같은 광학 기기를 만드는 장인이었고, 분광경을 개발하는 데 큰 영향을 미쳤으며, 천문분광학 분야의 선구자였다. 이러한 공을 기리는 뜻으로 태양 흡수선에 그의 이름을 붙인 것이다. 어떤 원소는 어떤 환경에서 특정한 에너지의 광자를 흡수하는 대신 방출할 수도 있다. 이를 방출선emission line이라 부른다. 방출선은 스펙트럼에서 밝은 얼룩이나 스파이크 모양으로 나타난다. 불길 안으로 소금을 조금 흩뜨리면 갑자기 밝은 노란색으로 불타는 것을 볼 수 있다. 이는 소금이 연소할 때 그 안에 있는 나트륨이 이온화되기 때문이다. 불길의 에너지가 나트륨 원자의 핵 주위로부터 전자를 제거할 수 있을 만큼 충분히 큰 까닭이다. 전자가 기존 원자(혹은 좀더 가능성이 높은 쪽을 보면, 전자를 잃어버린 또 다른 원자)와 재결합할 때는 그 전자를 제거하느라 들었던 에너지가 발산된다. 이는 매우 특정한 에너지 변화이기 때문에(양자역학은 원자 안의 다양한 에너지 수준이 서로 별개임을 알려준다) 매우 특정한 색깔과 부합한다. 나트륨의 경우, 발산되는 빛의 파장은 정확히 589.3나노미터다. 그렇기 때문에 나트륨을 기본으로 하는 가로등은 특유의 노란 불빛을 내뿜는다. 나트륨 가로등의 스펙트럼을 촬영할 수 있다면, 빛의 대부분이 이러한 방출선 스파이크 중 하나에서 내보내진다는 사실을 알게 될 것이다. 그러므로 우리는 스펙트럼의 모양을 이용해서 별이나 은하에 대한 어떤 사실을 알 수 있을 뿐 아니라 흡수선이나 방출선을 이용해 별이나 은하의 화학적 구성 메시에 31(M31)이라고도 부르는 안드로메다은하의 더 선명한 사진. 갈렉스 위성에서 자외선으로 촬영했다. 이 사진에서는 안드로메다은하의 복잡한 구조가 뚜렷이 보인다. 원반에 있는 나선팔들이 은하의 중심부를 휘감고 있다. M31은 우리 은하와 크게 다르지 않다. 자외선 광자에 민감한 망원경은 젊고 질량이 높은 별들의 빛 방출을 포착할 수 있다. 젊고 질량이 높은 별은 별 생성 지역인, 가스가 풍부한 원반에 많이 있기 때문에 이 사진에서는 나선팔들이 두드러져 보인다. 자외선은 지구 대기권을 통과할 수 없기 때문에 이런 관측은 우주에서 수행해야만 한다.

에 대한 정보도 알아낼 수 있다.

지구상에서 하는 실험실 테스트와 원자 이론을 통해 우리는 서로 다른 원소에 의해 만들어지는 방출선과 흡수선의 정확한 파장을 모두 알 수 있다. 이러한 파장은 가까이에 있는 별과 가스, 그리고 먼 은하에서 관측된 방출선 및 흡수선과 '비교해볼' 수 있다. 먼 은하의 스펙트럼을 측정하면 스펙트럼 외관이 파장의 등급을 따라 체계적으로 이동한다는 점을 발견할 수 있다. 그렇지만 스펙트럼 안에서 개별적 방출선과 흡수선 사이의 상대적 거리는 지구상에서 측정했을 때와 똑같다.

가령 은하에서 일반적으로 발견되는 방출선 중 에이치알파라고 불리는 것이 있다. 에이치알파는 우리가 1장에서 논의한, 신생 별 근처의 이온화된 가스에 의해 생기는 방출선 중 하나다. 에이치알파는 '발머 계열Balmer series'의 수소 방출선 안에서 기준선이며, 수소 방출선은 에이치알파, 에이치베타, 에이치감마 식으로 표시된다. 다시 간단히 말하자면, 수소 원자가 적절한 에너지를 가진 광자에 의해 부딪히면 핵을 둘러싼 궤도로부터 전자가 탈출할 수 있다(이때 우리는 원자가 이온화되었다고 말한다). 전자가 원자로 재결합하고 원래의 에너지 수준으로 안정될 때 광자가 방출된다. 에이치알파 빛은 지구에서 측정하면 약 650나노미터의 파장을 갖는다. 하지만 먼 은하에 있는 에이치알파 빛을 측정하면 파장이 2마이크론에 가깝다는 사실을 발견할 수 있다. 그것이 다른 선이 아닌 에이치알파임을 아는 것은 다른 방출선 및 스펙트럼 외양과의 상대적인 위치 때문이다. 이 위치는 일종의 바코드 신분증 역할을 한다. 무슨 일이 일어난 것일까? 광자가 방출되는 방식이 은하마다 달라지는 사실은 기초 물리학에 의해 지배받지 않는다.

이러한 효과를 적색편이redshift라고 부른다. 적색편이는 경찰차가 옆을 쌩하고 지나갈 때 사이렌이 점점 작아지는 것(이를 도플러 효과라 한다)을 빛에 대입해서 생각할 수 있다. 만약 경찰차 안에 타고 있다면 사이렌의 변화를 들을 수 없을 것이다. 사이렌과 동일한 '기준좌표계frame of reference' 안에 있기 때문이다. 똑같은 원리가 여기에도 적용된다. 우리가 먼 은하를 방문해 그 은하의 기준계에 있지 않은 이상, 혹은 다르게 말해 우리가 그 은하가 움직이는 속도에 비례하여 움직이지 않는 이상, 우리는 '정지좌표계rest frame' 파장에서 에이치알파를 측정하게 된다. 즉 우리가 지구의 실험실에서 측정하는 것과 같은 파장인 것이다.

하지만 만약 우리가 그 은하의 '정지좌표계'에 있지 않다면 어떻게 될까? 우리 관점에서 보면(우리 기준좌표계로 보면), 마치 경찰차의 사이렌이 도플러 이동을 하듯 만약 먼 은하가 우리로부터 빠른 속도로 멀어지고 있다면, 그 은하에서 방출되는 빛은 더 긴 파장으로 체계적으로 이동하는 듯 측정될 것이다. 그 은하의 전체적인 스펙트럼 모양은 변하지 않는다. 가스, 별, 티끌 모두가 거의 동시에 나란히 움직이기 때문이다. 다만 모든 것이 우리에게 더 붉게 보인다. 물론 광원이 우리를 향해 움직이고 있다면, 빛은 더 짧은 파장으로 이동할 것이다. 즉 청색 이동을 할 것이다. 적색편이는 빛의 관측된 파장과 '정지좌표계' 파장(혹은 주파수)의 비율을 이용해서 측정할 수 있다. 그러므로 적색편이는 은하의 속도와 관련 있다. 지구에 있는 우리와의 상대적인 속도 말이다.

이제 외부 은하 천문학 시대의 시작을 알렸던 중대한 순간을 만나볼 차례다. 우리는 외부 은하 천문학을 '관찰적 우주론observational cosmology'이라고 부른다. 마운트 윌슨 천문대에서 일하던 에드윈 허블은 그때까지 간과돼왔던, 천문학자 베스토 슬라이퍼가 측정한 은하들의 샘플에 나온 적색편이 현상을 주목했다. 허블과 휴메이슨은 슬라이퍼가 적색편이를 측정했던 은하의 케페우스형 변광성을 관측해서 지구와의 거리를 알아내고, 적색편이와 거리를 비교한 뒤 상관관계를 발견했다. 일반적으로 더 멀리 있는 은하가 더 큰 적색편이 현상을 보였다. 대부분의 외부 은하는 적색편이를 더 크게 했고 오직 몇몇 은하만이 청색 이동 현상을 보였다. 허블은 1929년에 이 발견 결과를 책으로 정식 출간했다.

초기 이론 연구에 몇몇 다른 천문학자도 연관되어 있다는 사실을 잊지 말아야 한다. 가령 1920년대 초, 각자 독립적으로 연구하던 알렉산드르 프리드만과 조르주 르메트르는 아인슈타인의 일반상대성이론을 이용해 나중에 허블법칙

우리 태양의 스펙트럼. 이 사진은 기본적으로 매우 세밀한 무지개라고 볼 수 있다. 이 무지개에서 태양의 빛은 구성 주파수별로 분산된다(우리는 이 주파수들을 다양한 색깔로 인식한다). 가장 짧은 파장(가장 높은 주파수)은 맨 밑(파란빛)에 있고 줄이 바뀌면서 파장이 길어진다(주파수는 낮아진다). 세로의 검은 선들은 프라운호퍼선이라 부른다. 프라운호퍼선은 태양 대기에 존재하는 다양한 원소에 의해 빛이 흡수된다는 사실을 나타낸다. 스펙트럼은 각 파장에서 얼마나 많은 에너지가 방출되는지를 알려준다(태양의 경우, 에너지의 대부분이 전자기 스펙트럼의 자외선 영역과 광학 영역에서 방출되고 초록빛/노란빛 표식 주변에서 가장 높은 에너지 방출이 일어난다). 따라서 스펙트럼을 이용해 태양의 구성 요소와 물리학에 대한 새로운 정보를 알아낼 수 있다. 같은 수단을 우리 은하 전체에 적용할 수도 있다. 우리 은하에서는 수십억 개의 태양이 내뿜는 빛이 결합하는 것을 볼 수 있다. 은하 스펙트럼은 방출선을 보여주기도 한다. 가령 별 생성 지역(에이치 II 영역)에서 이온화된 수소가 방출되는 것을 보여준다. 방출선의 강도는 수소를 이온화할 능력을 가진 젊고 질량이 높은 별의 수에 비례하기 때문에, 우리는 스펙트럼을 이용해 은하의 별 생성률(다른 물리적 특징뿐만 아니라)을 측정할 수 있다. 분광학은 천문학에서 사용하는 매우 강력한 도구 중 하나다.

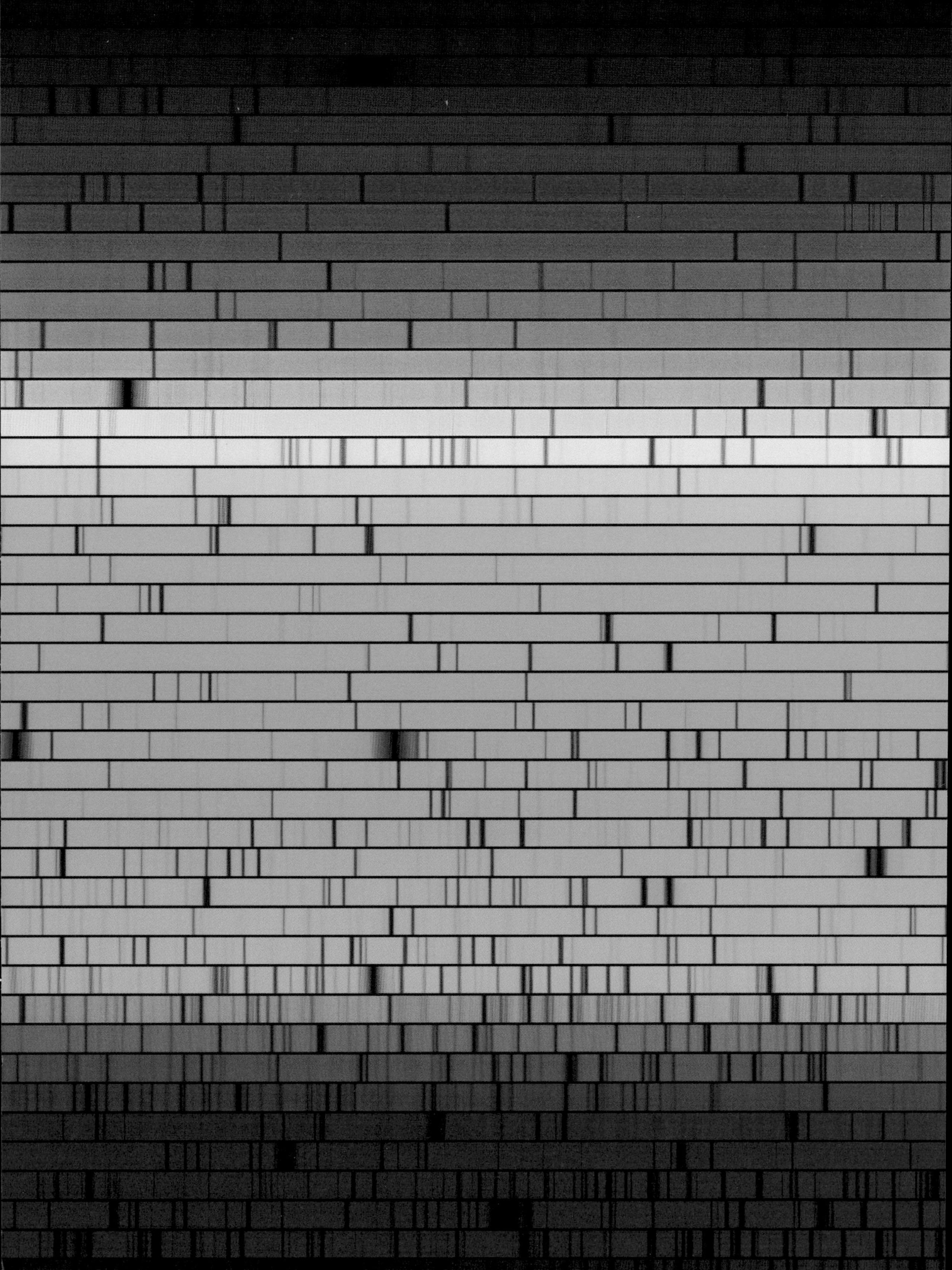

이라고 알려질 법칙을 도출했다. 독립적인 관측활동을 하던 또 다른 관측천문학자들 역시 팽창하는 우주에 대한 그림을 제시하기 시작했다. 따라서 일반적으로 허블이 최초의 발견자로 단독 인용되긴 하지만 정확히 누구의 공적을 인정해야 하는지에 관해선 여전히 논란의 여지가 있다.

발견을 둘러싸고 어떤 정치적 문제가 있든 간에 이 실증적 증거의 영향은 엄청났다. 이 증거는 우주가 서로 멀리 떨어진 은하로 가득 차 있다는 사실을 보여줄 뿐만 아니라, 데이터의 결합(케페우스 거리와 적색편이)은 은하가 일반적으로 서로에게서 멀어지고 있으며 지구로부터 더 멀리 떨어져 있는 은하는 더 빠른 속도로 멀어지고 있다는 사실을 보여줬다. 결론은 명확했다. 우주는 '팽창하고expanding' 있다. 지속적으로 누적되는 데이터와 더불어, 적색편이는 우주의 기원이 뜨거운 빅뱅에 있다는 강력한 증거가 된다.

시계를 거꾸로 돌려보자. 현재 서로에게서 멀어지고 있는 천체들은 한때는 서로 더 가깝게 있었을 게 틀림없다. 시계를 한참 거꾸로 돌려서 모든 물질과 에너지가 현재보다 훨씬, 훨씬 더 작은 용적 안에 응축되어 있던 때로 돌아가보자. 우리가 '빅뱅Big Bang'(사실 이 용어는 애초에 이 이론을 경멸하는 말로 사용되었다)이라 부르는 메커니즘은 하나의 점에서 시작된 폭발적 팽창을 일으켰다. 우리는 이 하나의 점이 물리적 우주의 출발점이라고 추정한다. 빅뱅 이전에 어떤 것이 존재했는지 아닌지는 추측과 논란에 싸여 있는데, 실증적으로 테스트하기 힘든 것이 하나의 이유다.

우주의 최초 몇 달에 있었던 첫 폭발, 그리고 우주의 지속적인 팽창의 성질과 메커니즘에 우리는 '우주론적 질문cosmological questions'이라는 용어를 붙일 수 있다. 하지만 이 책에서는 이러한 문제에 너무 깊이 집중하지 않으려 한다. 우리가 관심을 갖는 주제는 이러한 우주의 흐름에 발목 잡힌 은하 자체와, 빅뱅의 뜨거운 환경에서 튀어나온 우주에서 은하가 생성하고 진화한 방식이기 때문이다.

스펙트럼으로 돌아가보자. 은하의 스펙트럼을 측정할 수 있는 능력은 우리가 가진 도구상자 중 가장 필수적인 부분이다. 적색편이는 3차원 맥락에서 은하

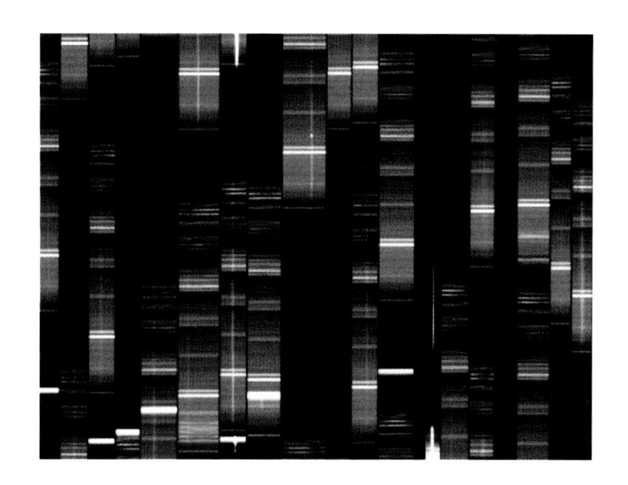

은하의 더 특이한 사진. 이 사진은 초거대 망원경에 부착되어 있는 기기인 VIMOS 다천체분광기로, 관측한 몇몇 먼 은하의 다중 스펙트럼을 보여준다. 분광학은 마치 무지개와 같이 주파수에 따라 빛을 분산시키기 때문에, 우리는 이를 이용해 은하의 빛 방출을 자세히 조사할 수 있고 은하의 운동과 화학 구성에 대한 정보를 알아낼 수 있다. 이 사진에서 세로로 된 띠는 은하 하나의 스펙트럼을 나타내며, 가로로 된 밝은 선은 지구 대기 안의 빛 방출 때문에 생긴 것이다. 일부 띠에서 보이는 훨씬 더 희미한 세로 선들은 은하 자체의 빛 방출을 나타낸다.

분포를 지도로 그리게 도와주는 도구로 사용된다. 더 큰 적색편이를 보이는 은하는 지구로부터 더 멀리 떨어져 있다는 사실을 알기 때문이다. 하지만 스펙트럼을 이용하면 그 이상으로 응용 가능하다. 앞서 살펴봤듯이, 스펙트럼에는 먼 은하의 내적 구성 요소, 화학, 역학에 관한 매우 중요한 정보가 들어 있다.

태양의 스펙트럼은 복잡하다. 태양 스펙트럼의 자세한 모양은 태양의 화학적 성질과 태양이 얼마나 많은 에너지를 방출하는지에 대한 정보를 암호로 가지고 있다. 태양 스펙트럼은 굉장히 밝기 때문에 자세히 관측할 수 있다. 그렇지만 태양은 그저 하나의 별에 불과하다. 은하 전체의 스펙트럼을 얻으려면 나이와 질량과 금속 함량이 각기 다른 수십억 개의 별로부터 나오는 빛의 중첩을 측정해야 한다. 게다가 모든 성간물질(별 사이의 가스와 티끌)도 감안해야 한다. 만약 모든 별이 태양과 나이와 질량이 똑같고 성간물질 같은 것도 없다면 먼 은하의 스펙트럼은 태양의 스펙트럼과 거의 똑같은 모양일 것이다. 그렇지만 전체 은하계 안에는 다양한 유형의 별이 있으며 모든 별이 태양과 비슷한 것은 아니다. 그런 까닭에 은하마다 스펙트럼 연속체의 모양이 달라지고, 우리는 이 차이점을 이용해 다양한 유형의 은하를 구분할 수 있다.

신생 별들을 활동적으로 생성해내고 있는 은하는 스펙트럼의 자외선 영역과 청색 영역에서 많은 빛을 방출한다. 자외선 영역의 빛과 청색 영역의 빛은 젊고 질량이 매우 큰 별을 만들어내기 때문이다. 다시 말해, 만약 많은 자외선 방출을 하는 은하를 본다면 우리는 그 은하가 많은 젊은 별(일반적으로 질량이 매우 크다)을 가지고 있다는 사실을 알 수 있다. 게다가 이 은하가 활동적으로 신생 별을 생성하고 있다는 점도 알 수 있다. 질량이 큰 별은 오래 살지 않는다(대략 수백만 년을 산다). 자외선 강도를 이용해 별 생성률을 눈금 조정할 수도 있다. 새 별에 의해 만들어진 자외선 빛은 스펙트럼에 또 다른 영향을 미친다. 자외선 빛은 별 생성 지역 근처에 있는 성간수소를 이온화시켜서 우리가 1장에서 논의했던 에이치 II 영역을 만들 수 있다. 이 과정은 스펙트럼에 강한 방출선을 만들고(주로 스펙트럼의 가시광선 영역에 수소선과 산소선을 만든다), 이러한 방출선의 존재는 또 다른 구분 도구와 눈금 조정 도구가 된다. 요컨대 관측된 방출선의 강도는 별 생성률로 변환될 수 있는데, 별 하나를 만들기 위해 필요한 이온화 광자의 수를 우리가 알고 있기 때문이다.

신생 별을 생성하지는 않지만 대신 매우 성숙하고 오래된 항성종족stellar population을 가지고 있는 은하는 자외선 빛 방출선이나 가스 방출선을 많이 만들지 않는다. 이런 은하의 에너지 대부분은 스펙트럼의 가시광선 영역과 근적외선 영역의 더 붉고 긴 파장에서 나온다. 이런 은하 또한 생애에 걸친 항성 진화 과정으로부터 축적된 금속에 의해 만들어지는 강한 흡수선을 가진다. 이런 은하에서 가장 눈에 띄는 흡수선은 칼슘과 마그네슘 원소(스펙트럼의 가시광선 영역에 있다)로부터 생긴다.

따라서 스펙트럼은 외부 은하의 내부 상태와 평균 나이를 알아내는 데 사용될 수도 있고, 우리가 알아낸 특징을 기반으로 외부 은하를 다양한 유형으로 구분하는 데 사용될 수도 있다. 하지만 방심은 금물이다. 가령 활동적으로 신생 별을 생성하는 은하인데도 자외선 방출을 많이 하지 않거나 특별히 강한 방출선을 내보이지 '않을' 수도 있다. 그러면 우리는 별 생성 수준이 낮다고 잘못된 결론을 내릴지도 모른다. 중요한 점은 어떤 은하는 엄청난 양의 성간티끌(실리콘 티끌과 탄소 티끌)을 가지고 있고 이 성간티끌이 별 생성 지역을 둘러쌀

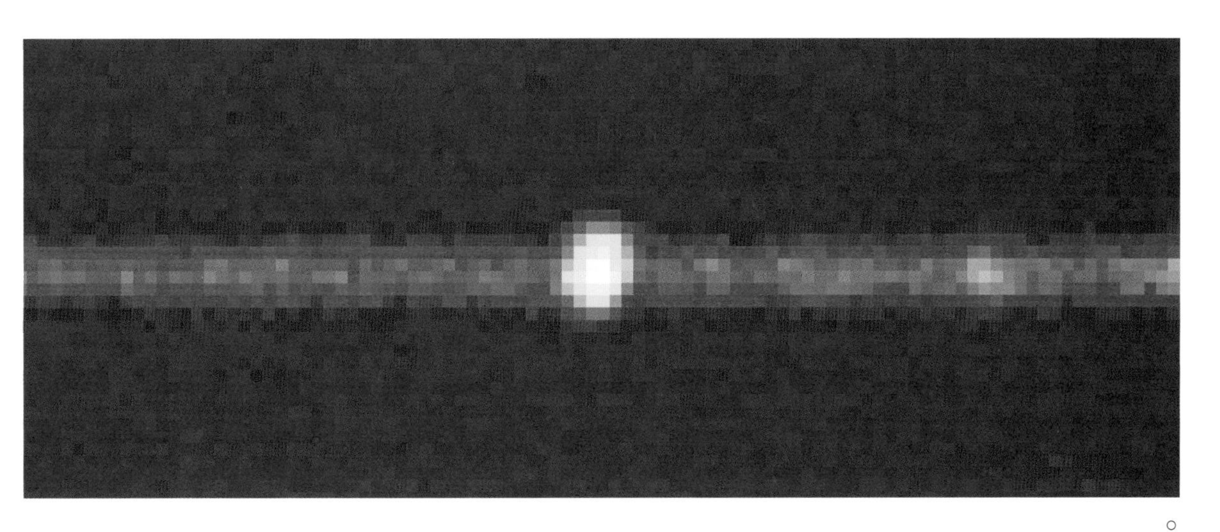

○
먼 은하의 스펙트럼 사진. 사진에 있는 밝은 방출선은 이온화된 산소를 나타낸다. 방출선의 밝기 수준은 이 은하의 별 생성률로 전환시킬 수 있다. 이 스펙트럼은 초거대 망원경의 FORS(Focal Reducer and low dispersion Spectrograph) 기기를 이용해 얻은 것이다.

때가 많다는 사실이다. 알다시피 성간티끌은 자외선 광자와 광학 광자를 흡수하기 때문에 스펙트럼을 '적색화redden'시키고, 새 별에서 나오는 푸른빛과 가스구름이 방사선을 쬘 때 생기는 방출선을 숨긴다. 아이러니하게도 성간티끌은 별 생성 지역 바로 주변에서 가장 두꺼울 때가 많다(우리는 이때 광학적 깊이optical depth가 가장 깊다고 말한다).

어떤 경우, 적색화 정도가 아주 심해서 은하의 별 생성률star-formation rate, SFR이 너무 작게 추산되기도 한다. 이 문제를 해결할 한 가지 방법은 그 은하가 방출하고 있는 적외선 빛의 양을 측정하는 것이다. 성간티끌은 자외선 광자를 흡수하면 뜨거워진다. 일반적으로 절대 영도 위 몇십 도와 100도 사이의 온도다(은하 안에서 별과 티끌의 상대적 위치에 따라 달라진다). 이상하게 들릴지 모르지만, 절대 영도 위의 온도를 가진 모든 물체는 열에너지를 방출한다. 인간은 약 10마이크론의 파장에서 적외선을 방출한다. 더 차가운 물체는 더 긴 파장에서 적외선을 방출하고 그 역도 마찬가지다. 성간티끌의 경우 열 방출의 절정은 약 100마이크론 파장에서 이뤄진다(하지만 광범위하게 퍼진다). 이는 성간티끌에 가려진 별 생성 지역을 탐지할 수 있는 한 가지 방법이다. 별빛에 의해 성간티끌이 뜨거워지면서 일어나는 적외선 방출을 추적하는 것이다.

우주의 지도를 그리며

분광학은 우리에게 은하를 '분류할' 수 있게 해줄 뿐 아니라, 적색편이를 참고해 은하를 3차원 맥락에 놓을 수 있게 해준다. 은하는 실제로 우주 안에 어떤 식으로 분포되어 있을까? 우리 가까이에 있는 '국부우주 공간local volume'을 좀더 자세히 탐색해보자. 우주에서 정육면체 모양을 떼어내 그 안에 있는 내용물을 샅샅이 살펴볼 수 있다고 상상해보자. 정육면체 정중앙에 우리 은하가 있고 정육면체 각 변의 길이가 2000만 파섹(20메가파섹)이라고 해보자. 이는 우주론적 조건에서 봐도 상당히 큰 덩어리이며 국부우주local universe의 많은 표본을 포함하고 있다. 이 정육면체에는 무엇이 들어 있을까? 좀더 쉽게 상상하기 위해 상자의 각 변을 1미터로 축소시켜보자. 방 안에 가뿐히 넣을 수 있을 정도로 작은 크기다. 이 우주 정육면체가 3차원 모형처럼 당신 눈앞에 있다고 상상해보라(홀로그램 영사기가 있다면 더할 나위 없겠지만, 우선 두 눈을 감고 상상해보라. 도움이 될 것 같으면 이 정도 크기의 종이 상자를 마련해도 좋다).

이 축소 모형에서 상자 정중앙에 있는 우리 은하의 크기는 너비 약 1밀리미터로 간신히 눈에 보일락 말락 할 것이다. 티끌만 한 우리 은하는 여러 왜소은하와 마젤란운, 몇몇 위성 시스템에 둘러싸여 있을 것이고 이 모두는 우리 은하로부터 몇 밀리미터 안에 있을 것이다. 우리 은하와 비슷한 유형 가운데 가장 가까운 이웃인 M31(안드로메다은하)까지의 거리는 약 4센티미터다. 우리 은하로부터 10~15센티미터 반경 안에는 약 50~60개의 다른 은하가 있다. 이들을 국부은하군Local Group이라 부른다. 국부은하군은 우리 은하의 우주 뒤뜰에

○

켄타우루스 A의 또 다른 사진. 서브밀리파(차가운 가스와 티끌을 나타내는 오렌지색 부분) 빛과 X선(매우 뜨거운 가스를 나타내는 파란색 부분) 빛을 포함하고 있다. 은하로부터 두 개의 빛 방출 분사선이 나오는 것을 볼 수 있다. 켄타우루스 A는 매우 강한 전파은하이며(우리 은하와 매우 가까운 전파은하 중 하나다), 이러한 빛 방출을 일으키는 활동적인 은하핵을 가지고 있다. 이 사진은 은하의 다중파장 사진이 필요한 이유를 잘 보여주는 훌륭한 예다. 빛 방출의 본성을 이해하려면 다양한 빛 방출 특징 '모두'를 사진으로 정확하게 포착해야 한다.

해당된다.

켄타우루스자리 방향으로 20센티미터쯤 떨어진 곳에(우리가 우리 은하 안에 앉아서 바깥쪽을 보고 있다고 가정하면) 켄타우루스 A, 줄여서 Cen A라 불리는 커다란 타원은하를 둘러싸고 있는 또 다른 은하군이 있다. 켄타우루스 A는 강력한 전파은하radio galaxy다. 전자기 스펙트럼의 전파 영역으로 촬영하면 켄타우루스 A는 은하의 중심으로부터 두 줄기의 커다란 전파 방출을 분사해 별의 분포를 압도하는 모습을 나타낸다. 켄타우루스 A를 보면 우주의 완전한 그림을 얻기 위해서는 다중파장 사진이 필요하다는 점을 다시 한번 상기하게 된다.

이러한 두 줄기 전파 분사의 형태는 켄타우루스 A의 중심에 있는 것—초대질량 블랙홀Supermassive black hole(이에 대해서는 나중에 논의할 것이다)—과 관계있다. 켄타우루스 A를 둘러싸고 있는 은하군은 켄타우루스 A 부분군Cen A subgroup이라고 부른다. 우주에서는 은하들이 질량이 매우 큰 은하 주변에 모여 있는 모습이 곧잘 관측되는데, 이처럼 질량이 큰 은하 가운데 켄타우루스 A가 한 자리를 차지한다. 또 다른 은하군도 있다. 큰물뱀자리constellation Hydra 방향으로 메시에83이라 불리는(샤를 메시에의 목록에서 한 항목이기도 하다) 커다란 나선은하, 즉 남쪽 바람개비 은하Southern Pinwheel galaxy가 있다. 남쪽 바람개비 은하는 지구에서 볼 때 은하 정면이 보이도록 자리하고 있는 아름다운 나선은하다(원반 위에서 내려다보면 우리 은하도 이와 비슷한 모습일 것이다). 우리의 상자 모형에서 M83은 우리 은하로부터 약 23센티미터 떨어져 있다. 우리의 국부은하군과 마찬가지로, M83 또한 M83 부분군M83 subgroup이라 불리는, 은하들의 작은 그룹에 둘러싸여 있다. 많은 은하는 작은 그룹을 이뤄 모여 있는 경향이 있다. 넓은 면적의 우주 공간에 은하가 거의 없거나 하나도 없는 경우도 자주 볼 수 있다. 이러한 지역은 거시공동voids이라 부른다. 또한 은하들의 거대한 집합체도 볼 수 있는데 이를 은하단clusters이라 부른다.

상자 가장자리 위로 우리 모형의 중앙으로부터 80센티미터 떨어진 곳에 직경 20센티미터쯤 되는 구체 안에 수천 개의 은하가 꽉 들어차 있는 거대한 집합체가 있다. 그 중심부에는 우리 은하나 M31, M83과는 전혀 비슷하게 생기지 않은 아주 큰 은하 몇 개가 있다. 이 은하들은 납작한 원반은하가 아니라 둥글납작하고 좌우 대칭인 타원은하다. 켄타우루스 A와 크게 다르지 않은 모습이다. 이를 처녀자리 은하단Virgo Cluster이라고 부른다(그 이유는 지구의 관측 지점에서 보면, 이 은하단이 처녀자리 방향에 놓여 있기 때문이다). 은하단은 방대한 무리의 은하가 중력에 의해 함께 묶여 있는 것이며 우주에서 질량이 가장 큰 개체다. 다음 장에서 자세히 이야기하겠지만, 은하단과 같은 고밀도 지역에 있는 은하의 구성 요소는 평균 지역에 있는 은하의 구성 요소와는 다르다.

우리 은하와 가까이에 있는 우주 공간에 대한 이러한 묘사는 완전하지 않다. 다만 우주 안에 은하가 어떤 식으로 분포되어 있는지, 상대적 규모는 어떤지 감만 잡을 뿐이다. 상자 안 대부분은 그저 빈 공간에 불과하다. 우리 은하의 직경은 상자 크기의 1퍼센트 중 10분의 1에 불과하다. 우리가 지금까지 만났던 다양한 크기의 은하들 또한(타원은하가 가장 크다) 우주의 전체 공간 중 매우 작은 부분만 점유할 뿐이다. 은하는 우주에 무작위로 분포되어 있지 않고 은하군과 은하단을 이루며 배열해 있는 경향을 띤다. 또한 자세히 살펴보면 이러한 은하군과 은하단 모두 일종의 은하 필라멘트 구조galactic filamentary structure로 연결되어 있다는 사실을 알 수 있다. 이러한 구조는 중력 때문에 형성되며, 그 구조 안에서의 은하 형성과 진화('거대 구조large scale structure' 안에서의 위치에 따라 은하의 구성 요소가 어떻게 변하는지)는 은하 연구 중 매우 활발히 이뤄지는 분야로서 내가 하는 연구에서도 큰 비중을 차지한다.

우리는 우주 안에 있는 은하의 위치와 그 구성 요소를 지도로 그리려고 지속적으로 노력한 끝에 상자 안의 우리 은하 가까이에 있는 내용물을 잘 알게 되었다. 그렇지만 매우 제한된 관측 지점에서만 이런 연구를 진행하고 있다. 우주의 계층 구조에서, 우리 인간은 사실상 2차원적인 막, 즉 지구 표면(과 지구를 둘러싸고 있는 몇백 킬로미터 두께의 우주층, 그리고 외계 궤도를 돌고 있는 몇몇 위성)에 살고 있다. 어쨌든 우리는 그 안에 있는 한 지점으로부터 전체 우주의 구성 요소를 알아내고자 애쓰고 있다. 우리가 관측 지점을 마음대로 바꿀 수 없다는 사실이 일을 훨씬 더 어렵게 만든다. 물리학 법칙은 그러한 사치를 허용

국부우주에서 가장 거대한 구조인 머리털자리 은하단Coma cluster. 수천 개의 은하가 굉장히 높은 밀도로 모여 있다. 은하단은 빅뱅 직후에 우주의 물질 영역에서 가장 고밀도의 요동이 있었던 부분을 나타낸다. 항상 중력의 영향을 받기 때문에 시간이 흐르면서 이러한 섭동perturbation이 점점 커지고 계속 물질을 흡수해 이처럼 거대한 구조로 진화한다. 은하단에는 우주에서 가장 오래되고 거대한 은하(타원은하)의 일부가 살고 있고, 은하단은 시간이 흐르면서 새로운 은하를 포획한다. 새로운 은하는 은하단 환경을 가로지르면서 변형될 수도 있다. 이 사진에서 눈에 띄는 부분은 별을 생성하고 있는, 약간 푸른 나선은하다(붉은색의 죽은 은하인 타원은하 및 렌즈형 은하와 대조된다). 은하단 속에서 일어나는 은하의 진화를 이해하는 것은 최근 연구에서 매우 중요한 영역이다.

하지 않는다.

우주의 지도 제작자로서 우리가 맞닥뜨리는 첫 번째 도전 과제는 구 모양 좌표계 안에서만 은하의 위치를 측정할 수 있다는 점이다. 하늘에서의(구의 표면 안) 위치와 적색편이(혹은 운이 좋다면 시차나 케페우스형 변광성 같은 '적절한' 거리 측정 수단을 이용할 수 있겠지만, 이런 수단은 대개 가까운 거리에서만 효과가 있다)를 이용해 결정해야 한다. 이는 밖으로 향하는 시선 방향으로의 거리radial distance다. 국부은하군의 지도를 그리는 일이 엄청나게 어려운 것은 아니다. 대부분의 은하가 밝고 측정하기 쉽기 때문이다. 그럼에도 불구하고 크기가 작거나 광도가 매우 낮은 인근 은하를 놓칠 가능성이 있고, 그런 까닭에 가끔 국부은하군의 새 구성원(최근까지 탐지하지 못했던 인근 은하)을 새로이 발견하기도 한다.

우주 안으로 점점 더 멀리 탐사할수록 천체의 겉보기 크기가 작아지고 빛이 희미해지기 때문에 관측은 더 힘들어진다. '깊이depth'가 제한되는 탐사(즉 노출 시간이 짧거나 기기의 민감도가 낮거나 해서)는 빛이 너무 희미해서 카메라나 다양한 기기에 의해 감지되지 않는 은하를 놓치기 시작한다. 우리는 이를 조사에서의 '불완전성'이라 일컫는데, 분석 연구를 할 때 잘못된 결론을 내리지 않고 싶다면 항상 이 점을 인지, 의식해야 한다. 가령 1장에서 언덕 위에 서서 멀리 있는 지평선을 보며 먼 도시들의 반짝임을 바라보던 때를 상상해보라. 먼 도시들은 꽤 쉽게 찾아낼 수 있지만 거대한 고층 건물이 없는 소도시나 마을은 눈에 띄지 않을 수 있다. 그러고는 소도시나 마을은 아예 존재하지 않고 바깥쪽 저 먼 곳에는 커다란 대도시만 존재한다고 결론 내릴지도 모른다. 이 결론은 틀릴 가능성이 높다. 멀리 있는 소도시나 마을을 탐지할 수는 없지만 그렇다고 그것이 거기에 존재하지 않는다는 뜻은 아니기 때문이다. 그 대신 당신이 살고 있는 도시 변두리에 소도시가 몇 개 있으므로, 멀리 있는 대도시들(당신의 도시와 비슷한 크기인) 주변에도 거의 같은 수의 소도시가 있으리라 추정하는 게 더 신중한 선택이리라. 우리는 먼 우주를 관측할 때 이와 비슷한 게임을 한다. 아직 볼 수 없는 것들에 대해 추측을 해야만 하며 가설을 확인하거나 반박할 더

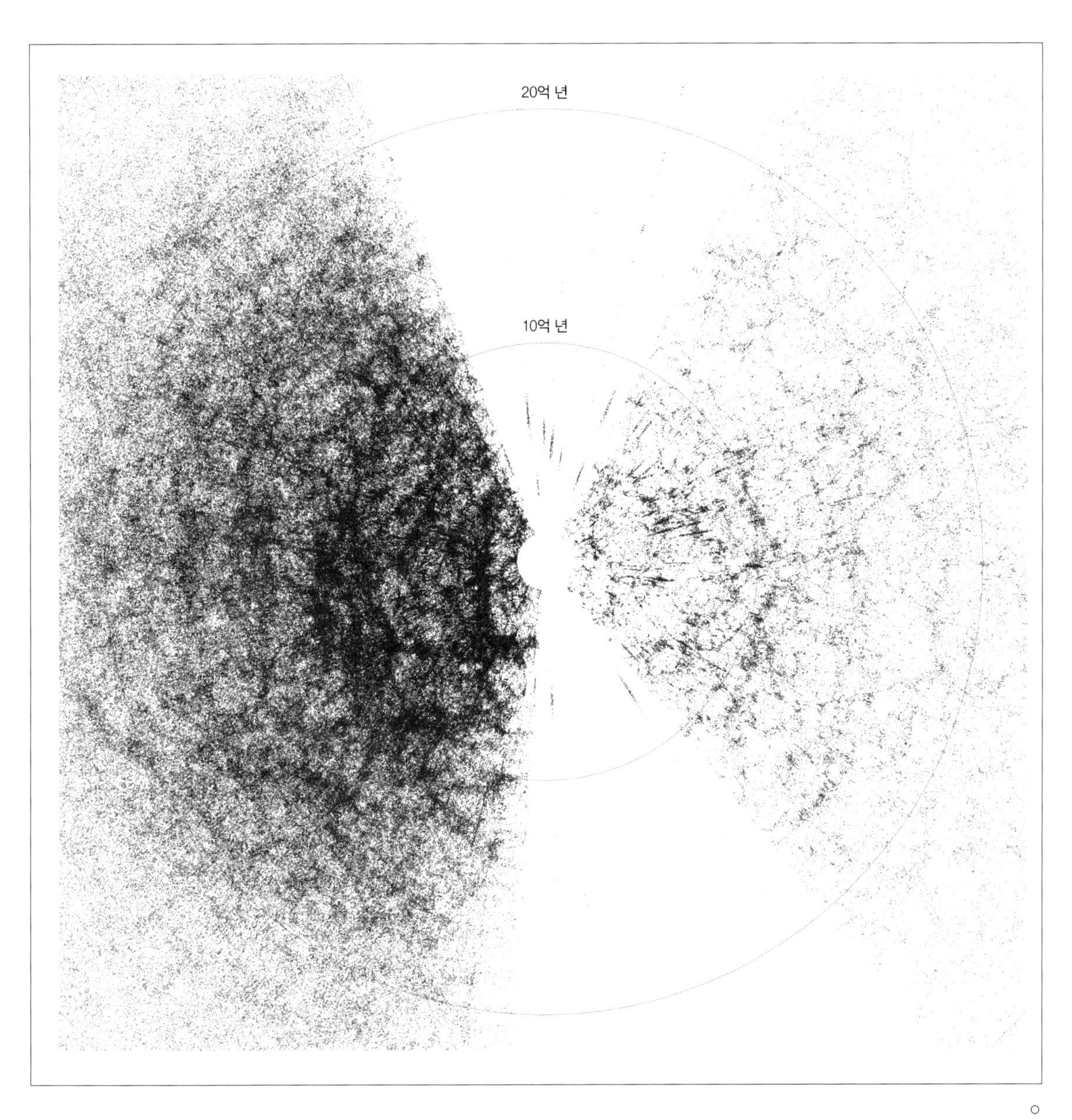

지금까지 분광 적색편이 탐사에서 식별된 은하들의 분포 지도(슬론 디지털 스카이 서베이Sloan Digital Sky Survey의 핵심이다). 지구를 중심에 두고 우주 거리가 방사상으로 증가하도록 설계했다. 두 원은 각각 10억 년과 20억 년의 광행 시간light travel time에 해당된다. 먼 은하를 볼 때 우리는 과거의 모습을 보고 있는 것이다. 그러한 과거의 모습은 우주 역사 초기에 은하의 구성 요소가 어떠했는지 연구하는 수단이 된다. 은하가 거의 없는, 쐐기 모양의 두 지역은 회피대이다. 회피대는 우리 은하의 원반이 너무 두터워서 외부 은하로부터 나오는 빛이 관통할 수 없는 지역이다. 은하들이 어떤 식으로 거품 모양의 필라멘트 구조('물질의 우주 망cosmic web of matter')로 분포되어 있는지 눈여겨보길 바란다.

나은 도구가 나타날 때를 대비해 예측을 해야 한다.

1장에서 이미 논의했듯이, 또 다른 문제는 우리가 외부 은하 우주 공간의 '전체 하늘all sky'을 결코 완전히 볼 수 없다는 점이다. 우리 은하의 원반은 온갖 물질 때문에 너무 두꺼워서 먼 은하로부터 오는 빛이 거의 통과할 수 없다. 하늘을 가로지르는 우리 은하의 띠를 '회피대'라고 부른다. 은하 분포 지도를 보면 일반적으로 쐐기형이다. 멀리 있는 광원은 우리 은하 평면의 위아래에 있는 지역에서만 뚜렷이 보인다는 것이다. 이곳은 별, 티끌, 가스의 밀도가 낮다. 조금 불편하지만 엄청난 재앙이라고 할 것까지는 없다. 그 한 가지 이유는, 우리가 은하의 원반 내부에 자리 잡고 있어 대상을 아주 자세하게 연구할 수 있기 때문이다. 외부 은하에 대해서는 결코 실행할 수 없는 부분이다. 그런 까닭에 은하 천문학자는 우리 은하의 내부 활동을 관측하느라 바쁘고 연구활동의 대부분은 활발히 움직이는 우리 은하의 평면에 초점을 맞추고 있다. 두 번째 이유는 '등방성의 원리principle of isotropy'라 부르는 우주론의 원리에 있다. 커다란 규모로 보면 우주는 모든 방향에서 거의 같은 모습이라는 원리다. 다시 말해 원반 위아래에 있는 충분한 우주 공간을 관측할 수만 있다면, 만약 우리 은하를 관통해서 볼 수 있다 해도 그 방향에 있는 은하는 (통계상으로) 거의 똑같으리라는 사실을 어느 정도 확신할 수 있다는 뜻이다. 간단히 말하면, 우리는 어떤 것도 놓치고 있지 않다. 바꿔 말해보자. 만약 앞서 말한 1평방미터짜리 상자를 우주 아무 곳에나 놓는다면, 은하의 정확한 배치는 다를 수도 있지만, 비슷한 수의 은하, 은하군, 은하단이 있을 것이고 통계적인 구성 요소가 거의 같다는 점을 발견할 것이다.

우주의 지도를 더 큰 규모로 만드는 일은 천천히 시작할 수밖에 없었다. 인간은 선사 시대에 이미 지능을 이용해 별들을 주목하면서 천문학 여정을 시작했지만, 우주에 대한 인간의 지식은 우리 은하 범위에 한정되어 있었다. 아주 오랫동안 별다른 진척이 없었다. 인간의 기술은 크게 발전하지 못했고 인간의 눈으로 할 수 있는 일은 한계가 있었다. 그렇지만 17세기 초 네덜란드의 렌즈 제작자가 망원경을 발명한 이후로 지난 400년 동안 우리는 지평을 확장했고 훨씬 더 멀리까지 탐색할 수 있게 되었다. 망원경과 검출기의 제작 기술이 발전하고 혁신된 덕분에 그렇게 되었다는 데는 이견이 없다. 요즘 이런 진척은 그 어느 때보다 더 빠른 속도로 이뤄지고 있다. 이 책을 쓰고 있는 지금도, 현존하는 가장 큰 가시광선 망원경보다 서너 배 더 큰 주경을 장착한 '극도로 거대한' 망원경을 만들려는 계획이 진행 중이다. 심지어 우리는 우주 공간에 망원경을 띄우고 지구에서 원격 조종을 할 수도 있다. 초기 망원경 개척자들이 이를 보면 어떤 생각을 할지 상상해보라! 마찬가지로, 예전보다 더 민감하거나 더 효율적이거나 더 독창적이거나 기술적으로 더 발전한, 새로운 기기가 매일같이 개발되고 있다. 우리 분야가 늘 신선하고 흥미진진한 이유는 완전히 새로운 발견이 우리를 기다리고 있다는 기대가 항상 있기 때문이다. 또 적절한 기술만 확보한다면 더 멀리 혹은 더 자세히 볼 수 있다는 잠재력이 항상 존재하기 때문이다.

만약 우리가 하늘 일부를 촬영해 하나의 은하를 발견하고 그 은하의 스펙트럼을 측정할 수 있다면, 그 은하의 적색편이를 측정하거나 최소한 적절하게 추측할 수 있고 이에 따라 우주의 3차원 모형에서 그 은하의 위치를 알아낼 수 있다. 하늘에서의 위치는 우리에게 두 개의 좌표를 알려주고 적색편이는 세 번째 좌표를 알려준다. 아주 멀리 있는 (그러므로 매우 희미한) 은하의 경우 이 과정은 더 힘들어진다. 정확한 적색편이를 측정하는 것뿐만 아니라 애초에 은하를 발견할 수 있으려면, 천문학적 신호가 전자 장치나 주변의 열 배경복사 때문에 생기는 무작위적 소음보다 더 크도록 충분한 빛을 모아야 하기 때문이다. 우리가 감지하려는 신호와 관련 없는 무작위적 소음은 모든 전자 검출기 안에 존재한다. 게다가 우리는 해상도에 의한 제약도 받는다. 만약 젖소로 가득 찬 들판에 서 있다면 가까이에 있는 젖소가 멀리 있는 젖소보다 더 커 보일 것이다. 이 젖소들을 디지털 사진으로 찍는다면 더 멀리 있는 젖소가 전경에 있는 젖소보다 더 적은 픽셀을 차지할 것이다. 가까이 있는 젖소는 더 자세히 볼 수 있지만 지평선에 있는 젖소는 기껏해야 간신히 분간될 정도일지도 모른다. 똑같은 원리가 은하에도 적용된다. 가까이에 있는 은하는 하늘에서 크게 보이기 때문에 더 쉽게 발견되고 나선팔, 막대, 팽대부, 개별 성단, 별 생성 지역 같은 내부적 세부 사항을 알아볼 수 있다. 더 멀리 있는 은하는 더 작아 보이고 우리가 보유한 기기는 해상도가 제한되어 있기 때문에(즉 망원경의 크기에 따라 파악 가능한 한계 범위가 정해져 있다), 대부분의 경우 '어떤' 세부 사항도 알아볼 수가 없다. 은하는 사진 안에서 몇 개의 밝은 픽셀의 집합체에 불과하다. 열심히 밀어붙인다면 밝은 픽셀의 집합체(진짜로 먼 은하일지도 모르는)를 무작위적인 잡음으로 오인하지 않도록 크게 신경 써야 하는 한계점에 가까이 다가갈 것이다. 일반적으로 그런 체계의 실제를 확인하거나 반박하기 위해 후속 관측이 필요하다. 만약 잡음이 무작위적이라면 바로 그 위치에서 또 다른 소음을 얻을 가능성은 매우 낮다. 그러므로 은하로 추정되는 희미한 물체를 반복해서 탐지하는 것이 한 번만 촬영하는 것보다 더 설득력 있는 증거가 될 수밖에 없다.

천문학자는 은하 사진이든 스펙트럼의 특징이든 간에 천문학 검출만 신뢰한다. 이때 우리가 보는 신호는 측정상의 잡음(가령 CCD 사진의 전자 잡음) 때문에 일반적인 크기의 무작위 편차보다 최소한 다섯 배 더 크다. 잡음 수준을 '낮추는' 능력(더욱더 민감한 카메라와 검출기를 만듦으로써), 가능한 한 많은 빛을 모으는 능력(멀리 있는 천체로부터 매우 작은 플럭스의 광자를 모을 수 있도록), 하늘의 커다란 영역을 감당하고 다루는 능력(효율적인 방법으로 되도록 하늘의 많은 영역을 조사할 수 있도록) 세 가지는 우주의 지도를 그리기 위한 탐색에서 가장 중요한 것이다. 이 세 가지 능력 모두 기술에 의해 발달한다. 천문학자는 큰 카메라들로 결합된, 그리고 큰 망원경들 위에 탑재된 가장 민감한 검출기를 원한다.

지난 50년 동안 은하 연구에서 관측적 노력의 많은 부분은 하늘 탐사를 중심으로 이루어졌다. 현재 하늘 탐사는 그 어느 때보다 중요하다. 요즘 우리는 은하 연구의 전성기를 누리고 있다고 한다. 다양한 기기를 가지고 극도로 넓은 영역을 대상으로 민감한 하늘 탐사를 진행하기가 더 수월해졌기 때문이다. 하늘 탐사는 우주 안 은하의 위치(앞서 봤듯이 은하의 배치는 무작위적이지 않다)를 지도로 그리는 데 있어 유용할 뿐만 아니라, 다양한 구성 요소를 가진 은하의

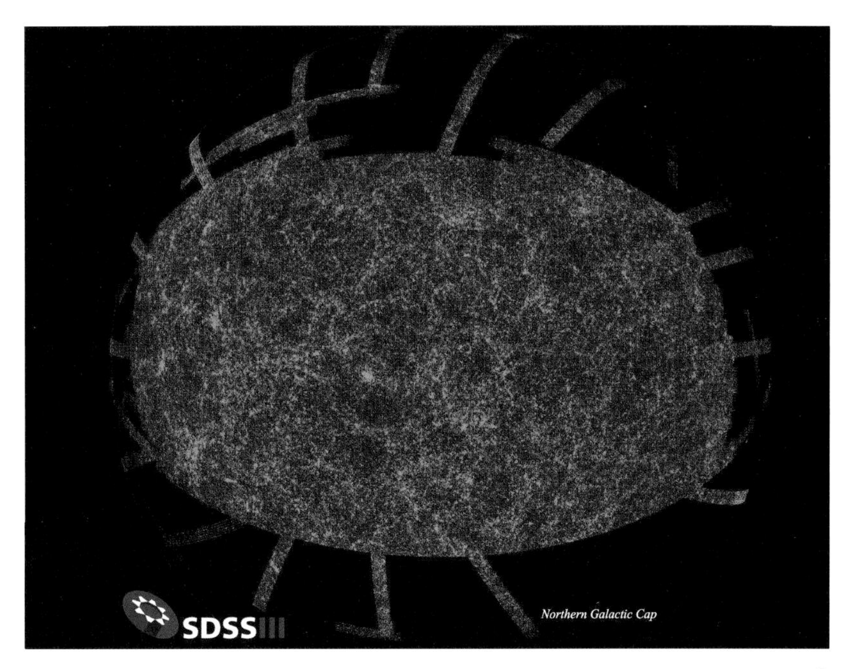

이 사진은 SDSS에 의해 탐지된 은하 모두의 위치를 이용해 만든 것이다. 이 사진은 북쪽 은하 모자 Nothern Galatic Cap라 부르는 넓은 하늘 지역에 있는 은하의 전체적인 밀도를 보여준다. 사진을 통해 은하가 무작위로 분포되어 있지 않다는 점을 알 수 있다. 밀도가 높은 부분(성단), 그리고 뚜렷한 필라멘트 구조가 도처에 망을 형성한 모습이 보인다. 이는 우주의 '거대 구조'다. 이 구조 안에는 오랜 시간에 걸쳐 중력의 힘을 통해 진화한 암흑물질 구조의 보이지 않는 뼈대 안에서 은하들이 형성·진화하는 모습이 담겨 있다.

샘플을 축적하는 데도 유용하다. 가장 중요하게는, 빛이 우주 거리를 이동하는 데 아주 오랜 시간이 걸린다는 사실 덕분에, 우주 역사에서 다양한 시대를 엿볼 수 있다. 충분히 멀리 있는(즉 충분히 희미한) 은하를 보면 빅뱅 바로 직후에 생긴 최초의 은하가 방출한 빛을 볼 수 있다. 이런 방법을 통해 우리는 별의 질량, 모양, 화학 구성 등과 같은 주요한 은하 구성 요소가 오랜 시간에 걸쳐 어떻게 진화했는지를 조사한다.

아마 지금까지 이루어진 가장 성공적인 은하 탐사는 2000년에 운용하기 시작한 '슬론 디지털 스카이 서베이Sloan Digital Sky Survey, SDSS'일 것이다. 뉴멕시코의 아파치 포인트 천문대에서 비교적 작은 2.5미터짜리 망원경을 가지고 실행한 SDSS는 지난 10년 동안 전체 하늘의 약 4분의 1을 촬영했다. 단언컨대 SDSS는 현존하는 가장 훌륭한 국부우주 지도를 만들어냈다. SDSS는 중심부에 커다란 120메가픽셀 CCD 카메라를 가지고 있다. 이 카메라는 1.5제곱각의 하늘을 촬영할 수 있는데 이는 굉장히 큰 면적이다. 보름달의 크기는 0.5제곱각이다. 이러한 넓은 촬영 영역은 SDSS가 탐사 지역을 빠르게 구축할 수 있도록 도와준다. 촬영 기술은 망원경마다 조금씩 다르다. 특정 위치를 목표로 하고 노출 작업을 수행하는 대신 SDSS는 '표류주사drift scanning' 기법을 이용한다. 지구가 자전할 때 별들이 하늘을 가로질러 표류하는 듯 보이는 사실에 착안한 것이다.

망원경을 하늘로 향하게 한 뒤 땅 위에 놓으면, 밤 동안 지구가 자전할 때 하늘의 좁고 긴 조각을 기록할 수 있다. 따라서 SDSS는 하늘을 일련의 조각들로 촬영한다고 할 수 있다. 대형 탐사 연구에서 표류주사 기법이 갖는 한 가지 장점은 '측성astrometric' 눈금 조정에서 얻어지는 정확성(결과 사진에서의 픽셀 위치를 하늘에서의 광원의 실제 위치로 잘 해석하는 능력)이다. SDSS는 매우 넓은 영역의 하늘을 촬영하기 때문에 비교적 '얕은shallow' 탐사다. 오랜 노출을 통해 아주 희미한 은하 플럭스까지 철저히 조사할 수가 없다. 그에 비해 허블우주망원경으로 매우 작은 조각의 하늘을 집중적으로 장기 노출 관측하는 허블 울트라 디프 필드Hubble Ultra Deep Field는 극도로 멀리 있는 은하들을 드러내준다. SDSS에 의해 탐지되는 은하의 대부분은 비교적 우리 은하에 상당히 가까이 있다. 반면 이 탐사의 규모는 SDSS가 조사하는 우주 공간의 크기가 매우 거대하다는 사실을 뜻한다. 그렇기 때문에 SDSS가 매우 유용한 것이다.

다색 사진

SDSS는 u, g, r, i, z라고 부르는 다섯 개의 서로 다른 색깔 필터를 통해 사진을 촬영한다. 이 다섯 필터는 푸른빛에서 붉은빛까지 가시광선 스펙트럼을 완전히 포괄한다. 이 필터들은 우리가 이 장 앞부분에서 논의했던 광대역 필터의 예다. 광대역 필터는 특정 범위의 파장을 가진 빛만 통과하도록 설계한 필터다. 앞서 살펴봤듯이, 이렇게 여러 필터를 이용하는 것이 중요한 이유는 은하들이 다양한 모양의 스펙트럼을 가질 수 있기 때문이다. 다시 한번 말하는데, 스펙트럼은 다양한 파장에서 방출되는 에너지 양과 상응한다. 가령 어떤 은하는 더 푸른빛을 방출하고 이는 u나 g 광대역 필터를 이용해 촬영한 사진에서 더 뚜렷이 나타난다. 이 필터들은 은하 스펙트럼의 푸른빛 부분을 '샘플 추출하기' 때문이다. 이 은하는 z 광대역 필터와 비교해서 이 필터들에서 더 밝아 보일 것이다.

간단히 말해, 서로 다른 은하는 서로 다른 파장을 가진 필터를 통해서 볼 때 서로 다르게 보인다. g 광대역 필터에 비해 r 광대역 필터에서 더 밝아 보이는 은하는 '붉다'고 말한다. 반대로 g 광대역 필터에서 밝고 r 광대역 필터에서 더 희미한 은하는 '푸르다'고 말한다.

이처럼 은하 '색깔'을 이용하는 방법은 단순함이 돋보이는 분류 체계다. 대체로 푸른 은하는 활발하게 별을 생성한다. 앞서 논의했듯이 푸른빛은 최근에 생성된 젊고 질량이 큰 별에서 나오는 빛 방출에 의해 나타나기 때문이다. 젊은 별은 자외선과 푸른빛 파장에서 빛을 발한다. 일단 별 생성 과정이 끝나면 푸른 별은 하나씩 죽어가며 더 나이 많고 성숙한 별이 스펙트럼을 지배하다가 결국 '붉은빛' 은하로 이어진다. 붉은빛 은하는 '비활성' 은하나 '붉은 죽은' 은하라고 불리곤 한다. 하지만 여전히 주의해야 한다. 티끌이 많고 활발하게 별을 생성하는 은하 또한 비활성 은하와 비슷하게 붉은빛으로 보일 수 있기 때문이다. 마찬가지로, 더 멀리 있는 은하도 더 붉게 보인다. 그들의 빛이 더 긴 파장으로 적색편이를 하기 때문이다. 따라서 은하가 비슷한 유형이더라도(가령 나선은하가 두 개 있다고 치자), 서로 다른 적색편이를 하는 은하의 광대역 색깔을 비교할 때는 항상 신중하게 수정하는 것을 잊지 말아야 한다.

각각의 u, g, r, i, z 광대역에서 나오는 빛의 양을 비교하는 방법으로 은하의 적색편이를 추정할 수도 있다. 우리에게 필요한 것은 대강의 스펙트럼을 측정하는 일이기 때문이다. 분광학으로 얻을 수 있는 자세한 스펙트럼이 아니라 전체 모양을 알 수 있을 정도면 충분하다. 이 다섯 개의 SDSS 광대역의 경우, 광대역 필터 각각이 통과시키는 빛의 파장을 이용해 은하가 방출하는 에너지 평균량을 측정할 수 있다. 우리는 스펙트럼 '연속체'의 일반적인 모양을 얻을 수 있지만 (방출선 같은) 미세한 세부 사항은 얻을 수 없다. 광대역 필터 각각에서의 상대적인 플럭스와 이론적인 템플릿, 모델, 스펙트럼을 통한 예상 플럭스를 비교함으로써 우리는 항성종족 유형(평균적으로 늙었는지 젊은지), 별들의 총질량, 그리고 중요하게는 은하의 적색편이 같은 것을 측정할 수 있다. 이러한 '측광학적photometric' 적색편이는 분광학으로 매우 정확하게 측정한 적색편이에 비해 질이 훨씬 떨어지지만 가치가 매우 크다. 스펙트럼을 얻을 때와 비교해 투자해야 하는 관측 시간 면에서 훨씬 더 '저렴하기' 때문이다. 왜 그럴까? 한 은하의 스펙트럼을 측정할 때, 우리는 검출기의 설정된 픽셀에 부딪히는 에너지 양을 어느 정도 약화하거나 오염시키게 된다. 자세히 조사할 수 있도록 빛을 분산해 주파수별로 분리시키기 때문이다. 같은 은하를 광대역 필터를 이용해 2차원 사진을 촬영할 때에 비해 노출 시간이 늘어나는 탓에 상당한 비용이 든다. 반면 광대역 필터는 많은 광자가 통과하게 허용함으로써 검출기 안에 매우 빠르게 신호를 축적한다.

화상 촬영imaging에 비해 분광학의 비용이 크게 비싸긴 하나, 분광학은 SDSS 같은 대형 탐사에서 매우 유용해 천문학자들은 스펙트럼을 효율적으로 수집할 수 있는 여러 방법을 개발했다. SDSS에는 지금까지 5억 개 이상의 천체 목록을 만든, 화상 촬영 구성 요소 외에 분광학 구성 요소 또한 있다. 이 방식은 다천체분광기multi-object spectrograph를 이용한다. 다천체분광기는 많은 은하의 스펙트럼을 동시에 측정할 수 있는 분광사진기다. SDSS 분광사진기는 '광섬유 기반' 장치다. 은하로부터 빛이 나오는 길목에 광학 광섬유를 배치해서 스펙트럼을 얻는다는 뜻이다. SDSS는 스펙트럼을 측정할 목표물을 식별하기 위해 하늘의 한 부분을 우선 촬영한다. 광섬유를 어디에 놓을지 미리 알아야 하기 때문이다. 일단 목표물을 선택하고 나면, 알루미늄 시트 혹은 '건판'을 초점면에 놓는다. 초점면에는 목표물의 위치에 구멍을 뚫는다. 광섬유의 끝부분을 구멍 안에 놓으면 이것이 각 목표물에서 나오는 광자들을 가로채서 빛을 분산기로 내려보내고 이 분산기는 각 목표물로부터 나온 빛을 스펙트럼으로 쪼갠다. SDSS는 600개 이상의 목표물에 대한 스펙트럼을 동시에 측정할 수 있으며, 지금까지 수백만 개 천체 광원의 스펙트럼과 적색편이를 측정했다. 게다가 SDSS에 의해 생산된 데이터는 모두 일반인에게 공개되어 있다. 누구라도 SDSS에 의해 만들어진 사진과 목록을 내려받고 우주를 탐색할 수 있다. 또한 탐사를 진행하는 동시에 정기적으로 데이터를 공개하기도 한다.

SDSS가 스펙트럼을 얻기 위해 많은 시간을 투자한 은하 유형은 퀘이사quasars, 즉 '준항성체quasi-stellar objects, QSOs'다. 퀘이사는 대단히 활동적인 은하 등급으로, 우주에서 가장 밝은 체계에 속한다. 광도가 높기 때문에 아주 먼 우주 거리 너머에서도 알아볼 수 있으며 마치 신호등처럼 밝고 뚜렷한 빛을 내뿜는다. SDSS의 은하 목록은 상당히 국부적인 용적에 한정되어 있지만, SDSS의 퀘이사 목록은 극도로 먼 우주까지 포괄한다.

퀘이사는 본질적으로 은하이지만 우리 은하처럼 일반적인 것과 다른 점은 중심부, 즉 핵 부분에서 방출하는 에너지 양이다. 퀘이사의 핵에서 방출되는 빛은 엄청나서 퀘이사의 나머지 부분은 거기에 다 묻혀버린다. 이 빛은 굉장히 강하고 밀도가 높아 퀘이사는 마치 별처럼, 분해되지 않은 빛의 한 개 점으로 보이기도 한다(퀘이사에서는 공간으로 뻗어나간 외양적 특징을 구별하기 힘들 때가 많다). 그렇기 때문에 이름이 '준항성'이다. 이러한 힘의 동력은 무엇일까? 퀘이사는 중심부에 점점 커지는 초대질량 블랙홀을 가지고 있다. 초대질량 블랙홀이라 불리는 이유는 하나의 별에 의해 만들어지는 블랙홀보다 질량이 훨씬 더 크기 때문이다. 일반적으로 블랙홀은 특정한(질량이 큰) 별의 생명이 끝날 때 생성된다. 한편 초대질량 블랙홀은 태양보다 질량이 몇백만 배 더 크다. 비록 훨씬 더 작게 시작했을지 모르지만, (아마 다른 은하에 있는 중앙의 블랙홀과 합병되는 가운데) 초대질량 블랙홀은 성간가스와 티끌 같은 물질을 집어삼키면서 시간이 흐를수록 퀘이사 안에서 더 커진다. 이러한 물질의 강착accretion이 퀘이사의 동력원이다. 블랙홀은 가스와 티끌을 흡수하면서 밀도가 높은 소형 원반을 형성한다. 엄청난 중력과 동력이 포함되어 있기 때문에, 이 원반은 매우 뜨거워지고 X선, 자외선, 가시광선으로 밝게 빛난다.

퀘이사 안에 있는 이 지역의 또 다른 이름은 '활동은하핵active galactic nucleus, AGN'이다. 때로 천문학자들은 어떤 은하가 완전한 퀘이사로 분류되지 않는데도 불구하고 그 은하를 AGN이라 일컫는다. 전체적으로 봐서 핵의 빛 방출이 그 은하를 지배하고 있을 때 그렇다. 사실 대부분의 은하는 중심부에 초대질량 블랙홀을 가지고 있으며 우리 은하도 예외가 아니다. 초거대 망원경 관측 팀은 몇 년에 걸쳐 우리 은하의 중앙 블랙홀 주변에 있는 별들의 궤도를 추적했다(하늘에서 이들은 궁수자리 쪽에 위치해 있다). 블랙홀 자체와 블랙홀 주변은 눈에 보이지 않지만, 블랙홀 주변에 있는 별들의 궤도 모양은 질량이 큰 암흑 천체가 존재한다는 사실을 보여준다.

우리 은하의 블랙홀은 '활동적이지' 않다. 빠른 속도로 물질을 집어삼키지도, 엄청난 양의 에너지를 방출하지도 않는다. 하지만 때로 특별한 현상이 나타난다. 내가 이 책을 쓰는 동안 우리 은하에서 가스구름이 집어삼켜지고 있는 모습이 관측됐다. 가스가 움직이면서 에너지의 가벼운 방출이 있었을 것이다. 가까운 곳에서 가스가 초대질량 블랙홀로 강착되는 이러한 현상을 관측하도록 망원경들이 준비되어 있다. AGN과 퀘이사에서는 이런 강착 현상이 항상 일어난다. 이 과정의 물리학과 더불어 이 물리학이 은하 진화의 전체 계획에 어떤 식으로 들어맞는지를 알아내는 것이 현재 이뤄지는 연구의 핵심 분야다. 퀘이사는 가시광선 영역 안에서 빛을 발하지만 천문학자들은 X선 망원경을 이용해 은하 속에서 왕성히 커지고 있는 블랙홀을 찾는다. X선 관측은 우주에서만 수행할 수 있다. X선의 고에너지 광자는 지구 대기를 통과할 수 없기 때문이다. 최근의 가장 중요한 X선 관측소 중 하나는 XMM-뉴턴 위성(XMM은 'X선 다중반사경 임무X-ray Multi-mirror Mission'다. 또한 뉴턴의 이름을 따기도 했다)이고, 다른 하나는 찬드라 위성(20세기 천문학에 중요한 기여를 한, 천체물리학자 수브라마니안

○

퀘이사 MC2 1635+119. 허블우주망원경에서 광학 빛 대역으로 촬영한 사진이다. 이 은하의 중심은 별처럼 밝게 빛난다. 이 빛의 대부분은 정중앙의 핵 지역에서 나오는데, 이곳에서는 초대질량 블랙홀(모든 질량이 큰 은하 안에 존재한다)이 활발하게 물질을 흡수하고 그 과정에서 엄청난 양의 에너지를 방출한다. 이러한 활동은 은하와 은하의 합병에 의해 촉발될 수도 있다. 은하와 은하가 합병하면 흡수된 은하의 중앙 지역 쪽으로 가스가 몰리며 이 가스가 높은 밀도로 압축된다. 이는 블랙홀의 팽창에 힘을 더한다. 중심부 주변의 희미하고 흐릿한 빛 방출은 '주인 은하host galaxy'에 있는 별들의 불안정한 상태를 보여준다. 퀘이사는 엄청나게 밝아 아주 먼 우주 거리 너머에서도 보인다. 그런 까닭에 초기 우주를 조사하는 데 큰 도움이 된다. 또한 퀘이사는 질량이 큰 은하가 진화할 때 중요한 역할을 한다. 격렬한 핵 활동이 별 생성 역사에 영향을 미칠 수 있고, 이로써 은하의 미래 운명에까지 영향을 미칠 수 있기 때문이다.

○

활동적인 핵을 가지고 있는 은하인 마카리언 509. 사진 중심에 있는, 밝은 미분해 광원이 눈에 띈다. 핵 활동은 초대질량 블랙홀(태양질량의 몇억 배다)이 물질을 활발히 흡수하기 때문에 일어난다. 물질은 블랙홀 쪽으로 떨어지면서 뜨거운 강착 원반을 형성한다. 강착 원반은 X선, 자외선, 광학 빛 복사로 인해 밝게 빛나고, 때로 은하의 다른 부분보다 더 밝게 빛난다. 질량이 큰 은하는 모두 초대질량 블랙홀을 품고 있다. 이러한 '중앙 심장'의 질량은 그 주위의 항성 팽대부에 있는 별들의 질량과 연관성이 있는 것으로 관측된다. 블랙홀과 팽대부 성장의 관계는 피드백의 규제 메커니즘을 따르는 것으로 추정되며, 이를 천체물리학적으로 이해하려는 것은 주요한 연구 분야다.

○
우리 은하의 한가운데이다. '적응광학'이라 부르는 특별한 기술로 촬영한 사진이다. 적응광학은 지구 대기권 때문에 생기는 번짐 효과를 수정한다. 일반적으로 번짐 효과 때문에 땅에서 찍는 사진의 공간 해상도가 제한되곤 한다(허블우주망원경이 매우 정교한 사진을 찍는 이유 중 하나는 지구 대기권과 씨름할 필요가 없기 때문이다). 이 경우, 적응광학에 의해 탄생한 선명한 사진을 가지고 천문학자들은 16년이란 기간에 걸쳐 별들의 위치를 정확히 찾아내고 추적할 수 있었다. 이 별들은 은하의 중심에 숨어 있는, 눈에 보이지 않는 질량이 큰 고밀도 천체(초대질량 블랙홀)의 궤도를 돌고 있다. 질량이 큰 은하는 모두 초대질량 블랙홀을 가지고 있다. 퀘이사나 활동적인 은하핵 안에서 중앙의 블랙홀은 활발하게 물질을 흡수해 그 지역이 밝게 빛나도록 만든다. 우리 은하의 경우(다수의 은하가 그렇듯이) 중앙 블랙홀이 상대적으로 '조용하다'. 그렇지만 우리 은하의 중앙 블랙홀 역시 그 주위 별들에게 중력의 영향을 미치고 있기 때문에, 천문학자들은 이 사진에 있는 몇몇 별의 궤도를 측정함으로써 블랙홀의 질량을 알아낼 수 있다. 블랙홀의 질량은 대략 태양질량의 100만 배다. 우리 은하의 중심부는 지구로부터 약 8000파섹 떨어져 있다. 만약 지구와 태양 사이의 거리를 1밀리미터로 축소한다면 지구로부터 우리 은하 중심부까지의 거리는 약 1600킬로미터가 될 것이다.

찬드라세카르를 기리며 이름을 붙였다)이다. 이 망원경들은 우주의 가장 높은 에너지 사진을 제공하며 따라서 은하에서 일어나고 있는 가장 중요한 천체물리학에 대한 통찰을 제공한다.

퀘이사와 AGN의 매우 활동적인 핵은 X선을 엄청나게 방출한다. 이곳에서 X선 광도의 수치는 중앙 블랙홀의 강착과 직접적으로 관련 있다. 따라서 XMM-뉴턴 위성이나 찬드라 위성 같은 망원경을 가지고 탐사를 하면 이러한 시스템(특정 시스템으로부터 오직 '한 줌'의 X선 광자만 검출될 때가 많긴 하나)을 발견하고 특징을 묘사할 수 있다. 그렇지만 광학 빛을 연구할 때와 마찬가지로 AGN 또한 두터운 티끌로 뒤덮여 있을 때가 많다. 이 티끌은 X선 방출을 가려버린다. 다행히 티끌에 가려진 별 생성 은하를 적외선으로 식별할 수 있는 것과 마찬가지로, 티끌에 가려진 AGN을 식별할 때도 똑같은 방식을 쓸 수 있다. 이곳에서 티끌의 막은 뜨거운 강착 원반이 방출하는 에너지에 의해 뜨거워지고 특정한 적외선 빛을 발산한다. SDSS는 지금까지 수십만 개의 퀘이사 스펙트럼을 얻었다. 이 스펙트럼들은 우주 가장 먼 곳에 있는 은하의 분포를 알아낼 수 있는 주요한 '추적 장치' 중 하나라고 할 수 있다.

거리의 문제

적색편이를 이용해 우주의 지도를 그리는 방법에는 작은 문제가 있다. 관측된 적색편이가 실제 거리와 똑같지 않기 때문이다. 허블법칙은 적색편이와 거리 사이에 상관관계가 있다는 사실을 알려준다. 적색편이가 더 큰 천체는 지구로부터 더 멀리 떨어져 있는 것이다. 이는 우리에게 실제 거리를 직접 측정할 장치가 없다면, 적색편이가 쉽게 측정 가능한 대용물이 되어준다는 뜻이다. 그렇지만 은하가 우주의 포괄적인 '허블 흐름Hubble flow'에만 몸을 맡기고 있진 않다. 은하는 우주 안에 있는 다른 은하와 물질의 끈질긴 만유인력 때문에 움직이기도 한다. 따라서 은하의 운동에는 우주 팽창으로 인해 우리로부터 멀어지는 상대적 운동 외에도 인근의 중력으로부터 영향받아 일어나는 추가적인 운동 요소가 있다. 이를 '특이운동 속도peculiar velocity'라고 부른다.

어떤 은하의 특이운동 속도는 그 은하 주위에 있는 물질의 분포에 따라 달라진다. 가령 큰 은하단에 있는 은하의 특이운동 속도는 매우 높아서 초속 1000킬로미터에 이른다. 이 은하가 매우 큰 질량집중mass concentration 안이나 혹은 그 가까이에 있기 때문이다. 매우 큰 질량집중은 '중력 퍼텐셜gravitational potential'을 형성하고 은하단 안의 은하를 높은 운동 속도까지 가속시킨다. 은하단의 가장자리에 있는 하나의 은하는 가파른 언덕 꼭대기에 있는 볼링공과 비슷하다. 공을 놓으면 공은 가속도가 붙으며 '퍼텐셜 우물potential well'의 가장 낮은 지점까지 내려갈 것이다. 만약 공이 충분한 에너지를 가지고 있다면 언덕

○

찬드라 X선 관측선이 우주 왕복선에 의해 궤도에 배치되고 있다. 찬드라 X선 관측선은 최근에 등장한 핵심적인 위성 관측선 중 하나로 우주에서 일어나는 가장 활동적인 과정을 관찰하는 창구 역할을 한다. 특히 먼 은하의 블랙홀과 연관된 X선 방출을 관찰하는 데 큰 도움이 된다.

의 다른 면 위로 급등하기 시작할 것이다. 은하단 중심부 주변의 '시선 방향의 radial' 궤도에 있는 은하도 마찬가지다. 은하단 안에 있는 은하들은 항상 이런 일을 반복한다. 벌떼처럼 아주 빨리 쌩하고 움직인다. 공통무게중심의 궤도를 돌고 있기 때문이다. 은하단 안의 은하의 상대적 운동 속도의 분포를 이용해 은하단의 총질량(모든 암흑물질을 포함하여)을 추정할 수 있다. 운동 속도의 범위는 시스템의 총질량과 관계있기 때문이다. 실제로 우리 은하에 대한 모든 은하단 은하의 상대 운동 속도를 측정하는 대신, 이들의 운동 속도를 은하단 안에 있는 모든 은하의 평균 적색편이와 비교하는 방법을 이용한다. 한 은하단 안에 있는 모든 은하의 'Delta V'의 분포를 구성하면 대표적인 종 모양 곡선, 즉 가우스 곡선을 발견할 수 있다. 이 가우스 분포 특유의 넓은 폭을 '속도분산 velocity dispersion'이라 부른다. 만약 은하단의 크기(지름이 1메가파섹에서 몇 메가파섹이다)를 안다면 우리는 그 은하단의 총질량을 추정할 수 있다.

은하단에 있는 은하의 특이운동 속도가 크다는 사실은 은하를 우주의 3차원 모형 안에 놓을 때 왜 정확한 사진을 얻기 힘든지를 잘 설명해준다. 앞서 이야기한, 우리 은하가 중앙에 있는 상자를 다시 떠올려보자. 우리 은하로부터 밖을 내다볼 때, 우리는 단순히 사진을 찍는 방식으로 매우 쉽게 하늘의 은하들 위치를 측정할 수 있다. 문제는 3차원이 필요할 때다. 방사 방향으로 있는 적색편이만 측정할 수 있기 때문이다. 그러므로 처녀자리 은하단 같은 은하단에서 모든 개별 은하의 적색편이는 우주의 팽창에 의한 일반 후퇴 속도 외에도 커다란 추가 성분 속도에 의해 영향을 받는다. 은하단의 중력 퍼텐셜 가속 때문이다. 이는 은하단의 정확히 어느 곳에 은하들이 있는지 알 수 없다는 것을 뜻한다. 우리는 진짜 공간이 아니라 '속도 공간' 안에 있는 은하들을 보고 있는 것이다. 개별적 적색편이 측정치에 따라 은하들의 위치를 구성해보면 이 사실은 더 분명해진다. 길게 늘어진 가는 덩어리처럼 보이는 무언가를 볼 수 있다. 이것은 우리로부터 같은 거리에 떨어져 있는 다른 은하들에 비해 큰 상대 속도 때문에 생긴다. 다른 은하들은 은하단에서 떨어져 있는 까닭에 은하단의 중력 영향을 크게 받지 않는다. 실제로 진짜 3차원 우주 공간에서, 은하단 안의 은하들은 (일반적으로) 대칭적인 구형 헤일로 안에 분포되어 있다. 우리는 이 사실을 하늘에 있는 은하들의 2차원 배치도로부터 쉽게 볼 수 있지만 방사상의 3차원에서는 지형공간정보가 없어진다. 탐사를 통해, 이처럼 길게 늘어진 덩어리는 '신의 손가락Fingers of God'이라고 알려져 있다. 이 영향은 불편하긴 하지만 재앙 수준은 아니다. 천문학자들은 적색편이 탐사를 통해 우주론적 측정을 할 때 이처럼 소위 '적색편이 우주 공간 왜곡redshift space distortions'을 보정할 기발한 방법들을 이용한다.

천체까지의 진짜 거리를 측정하는 것은 천문학에서 가장 어려운 문제다. 더 멀리 보려 할수록 더 어려워진다. 가까이에 있는 천체에 이용하는 수단을 쓸 수 없기 때문이다. 시차 측정은 우리 은하 안에 있는 비교적 작은 우주 공간에만 활용할 수 있다. 지구로부터 단지 몇십 파섹 정도만 가능하다. 케페우스형 변광성을 거리 지표로 이용하는 방법은 개개의 별을 정확히 찾아낼 수 있는 한 문제가 없다. 그렇지만 더 먼 은하를 볼 때 이를 이용하는 것은 점점 더 어려워진다. 은하에서 나오는 모든 별빛이 뒤섞여 그 안에 있는 별을 더 이상 '분해'할 수 없기 때문이다. 이 때문에 케페우스형 변광성 관측은 우리의 국부우주 공간에 있는 은하에만 제한적으로 이용할 수 있다. 앞서 말한 1미터 변의 상자 안에 있는 대부분의 것이다. 그 너머로는 힘들다. 그렇지만 우리가 도달 영역을 확장하기 위해 이용할 수 있는 특별한 환경이 하나 있다. 아주 먼 우주에서도 개개의 별을 표준촉광으로 이용할 수 있을 때가 있다. 바로 별이 초신성으로 폭발할 때다.

초신성은 질량이 큰 별의 격렬한 최후를 특징짓는 사건이다(모든 별이 초신성이 '될 수' 있는 것은 아니다. 초신성이 되려면 특정한 질량 한계점을 넘어서야 한다). 초신성에는 두 가지 주요 유형이 있지만 이 책에서 관심을 두는 초신성은 Ia형(Type Ia)이라 부르는 것이다. Ia형 초신성은 쌍성계(두 별이 서로의 궤도를 도는 것) 안에 있는 별이 삶의 끝에 다다라서 수축해 백색왜성이라 불리는 작은 천체로 될 때 생긴다. 이러한 수축은 중심부의 핵에너지가 더 이상 중력 반대쪽으로 그 별을 밀어낼 수 없을 때 일어난다. 중력은 항상 그 별을 으스러뜨려 흔적도 없이 사라지게 하려 한다. 백색왜성이 완전히 수축하지 않도록 지탱하는 힘은 별의 잔해인 초고밀도 물질 안에 있는 전자들 사이의 양자 효과 때문에 생기는 일종의 압력이다. 이는 파울리의 배타 원리Pauli exclusion principle가 작용하는 것이다. 파울리의 배타 원리는 두 개의 페르미 입자(한 개의 전자는 한 개의 페르미 입자다)가 똑같은 양자 상태를 공유할 수 없다는 원리다. 하지만 백색왜성 위에 동반성으로부터 날아온 새로운 물질이 유입되면서 중심부의 압력이 임계점까지 끌어올려질 수 있다. 백색왜성 위에 새로운 질량이 충분히 유입되고 나면 압력과 온도가 점점 더 높아지다가 결국 한계점을 통과한다. 그에 따라 백색왜성 안에 있는 이산화탄소 핵과 산소 핵이 갑자기 융합한다. 이것이 폭발 반응을 야기하면서 별을 산산조각 낸다. 이러한 폭발이 일어날 때 은하의 나머지 영역을 잠시 환하게 비출 정도의 에너지가 방출되고 어마어마한 우주 거리 너머에서도 이 폭발을 볼 수 있다.

초신성을 탐지하고 싶다면 간단한 방법이 있다. 하늘의 한 부분을 사진으로 촬영하고 나서 잠시, 이를테면 일주일쯤 기다린 다음 똑같은 부분의 사진을 다시 촬영해보라. 이 과정을 원하는 만큼 많이 반복해보라. 사진을 크게 만들수록 유리하다. 더 많은 은하를 포함하기 때문이다. 두 장의 연이은 사진은 동일해 보인다. 하늘 위 모습이 움직이거나 변하지 않은 것처럼 보이기 때문이다. 유일한 차이점은 관측 상태일 것이다(가령 어느 밤은 다른 날 밤보다 약간 흐릴 수 있다. 혹은 태양광선이 위성에 부딪혀 반짝인다거나 비행기의 빛이 사진에 흔적을 남길 수도 있다). 이러한 영향은 쉽게 발견하고 제거할 수 있다. 하지만 이따금 무언가가 달라질 것이다. 한 은하 안이나 혹은 그 근처에 전에는 아무것도 없었던 곳에 밝은 반점이 생길 것이다. 이것은 초신성의 전형적인 흔적이다. 이 책을 쓰는 중에도 초신성 하나가 M95 은하 안에서 폭발했고 천문학자들(전문가와 아마추어 모두)은 극도로 흥분해 망원경을 그쪽으로 돌려 현상을 관찰했다. M95처럼 유명한 은하에서 초신성이 폭발하면 그것이 초신성이라는 사실이 명백하지만 대부분의 은하에서는 그렇지 않다.

일단 폭발하면 초신성은 절정까지 순식간에 밝아졌다가 며칠 혹은 몇 주에 걸쳐 점점 희미해진다. 이를 초신성의 광도곡선light-curve이라 부른다. Ia형 초신성에서 빛이 점점 희미해지는 현상은 처음에는 니켈 원소의 방사성 붕괴 때문에 생긴다. 니켈 원소는 반감기가 약 일주일이다(이는 일주일 안에 니켈의 절반가량이 다른 동위원소로 붕괴한다는 뜻이다). 그다음에는 코발트 원소의 복사붕괴 때문에 생긴다. 코발트 원소는 반감기가 더 길어서 약 11주일이다. 따라서 초신성의 점점 희미해지는 빛은 상당히 오랜 기간 볼 수 있고, 그렇기 때문에 추적 가능하다. 하지만 가능한 한 빛의 밝기가 절정에 가까울 때 초신성을 포착한 후, 규칙적으로 관측하면서 빛이 희미해지는 과정을 추적해 광도곡선 모양을 잘 측정하는 것이 중요하다. 게다가 초신성은 보통의 은하에서 보면 매우 드문 사건이다(최소한 인간의 시간 척도로 보면 그렇다). 평균적으로 은하당 1세기에 한 번쯤 일어난다. 폭발하고 있는 초신성을 포착하는 가장 좋은 방법은 많은 수의 은하를 관측하는 것이다. 가령 100개의 은하를 감시한다면 1년에 하나의 초신성을 탐지할 수 있을 것이다. 100만 개의 은하를 관측한다면 하루에 약 30개의 초신성을 탐지할 수 있을 것이다. 모니터링 알고리즘과 탐지 알고리즘을 세심하게 관리하기만 한다면 말이다(100만 개의 은하는 눈으로 점검하기에는 너무 많다. 그 일을 대신해줄 컴퓨터가 필요하다). 다시 한번 말하는데, 이 분야에는 초대형 탐사가 큰 도움이 된다.

다음 또한 중요한 부분이다. 모든 Ia형 초신성은 절정기에 똑같은 고유 광도를 가진다고 여겨진다. 앞서 살펴봤듯이, 어떤 천체의 고유 광도를 알고 이를 우리가 실제로 탐지하는 광도와 비교하면 그 천체가 우리에게서 얼마나 멀리 떨어져 있는지 알아낼 수 있다. 다시 말해, 초신성(즉 Ia형 초신성)은 케페우스형 변광성과 마찬가지로 표준촉광인 것이다. 따라서 초신성은 환상적으로 쓸모가 많다. 국부우주 공간 훨씬 너머에 있는 먼 은하까지의 거리를 측정하는 것은 물론 이를 통해 허블법칙을 우주론적 거리에 대입할 수 있도록 해주기 때문이다.

지난 10년 동안 솔 펄머터와 브라이언 슈밋이 이끄는 두 천문학 팀은 힘을 모아 먼 은하에 있는 초신성의 많은 샘플을 탐지하고 측정했다. 하지만 거리와 적색편이 사이의 허블법칙에 데이터를 대입했을 때 놀라운 사실이 발견됐다. 멀리 있는 초신성은 우리 은하 가까이의 우주 공간에서처럼 허블법칙의 단순한 선형 외삽법을 이용할 때 예측되는 수준보다 더 희미하게 보였다. 이는 무엇을 의미할까? 멀리 있는 초신성이 희미한 것에 대한 한 가지 설명 방법은 이 초신성이 허블법칙의 단순한 외삽법에 의해 예측되는 것보다 실제로는 더 멀리 있다는 것이다. 초신성 관측 결과는 우주 팽창의 속도가 사실은 가속화하고 있다는 점을 암시했다. 이는 초신성이 특정한 적색편이에서 더 희미하게 보인다는 뜻이다. 이러한 가속화의 근원에 붙여진 이름은 '암흑에너지dark energy'이고 이것의 정확한 특성은 아직 파악되지 않았다. 우리는 여기서 암흑에너지에 대해 깊이 논의하진 않을 것이다. (현재까지 밝혀진 바로는) 암흑에너지가 개별 은하의 진화에 대단히 큰 영향을 미치지는 않기 때문이다. 물론 가속화하는 우주의 발견과 연구는 매우 중요하므로 솔 펄머터와 브라이언 슈밋은 이 발견에 중대한 공헌을 한 애덤 리스와 함께 2011년 노벨 물리학상을 수상했다.

우주론자의 관점에서 보면, 초신성은 우주의 기하학과 팽창의 역사를 이해하는 도구로 이용할 수 있는 매우 유용한 사건이다. 또한 초신성은 은하 진화에서 중요한 역할을 한다. 초신성이 없었더라면 우리는 아마 이 자리에 없을 것이다. 열쇠는 초신성의 폭발력이다. 별은 핵 용광로이며, 그 안에서 빅뱅 직후의 핵합성에서 만들어지지 않은 원소 대부분이 생성된다. 항성 핵합성은 별의 중심부에서 일어나는 핵융합 과정을 통해 발생하는데, 이때 가벼운 원소는 더 무거운 원소 안으로 융합된다. 핵반응은 에너지를 방출하고 이는 우리 눈에 별빛으로 보인다. 우리는 별의 물리학을 흉내 내며 전력원을 얻기 위해 지구 위에서 오랫동안 핵융합을 연구해왔다. 하지만 산업적 규모로 핵융합 연구를 하는 것은 엄청난 기술적 도전이다. 언젠가는 성공하겠지만 아마 향후 몇십 년 안에는 힘들 것이다. 현재로서는 핵융합의 사촌동생 격인 핵분열에 만족할 수밖에 없다.

초신성은 폭발할 때 풍선이 팽창하듯 순식간에 바깥쪽으로 팽창하며 근처에 있는 모든 것과 맞부딪치고 중원소를 다 쓸어 담아 주변의 우주 안으로 분산시킨다. 시간이 흐르면서 다른 초신성의 반복되는 폭발을 통해(특정한 은하 안의 초신성의 폭발 속도는 그 은하가 새로운 별을 생성하는 속도와 관련 있다) 성간물질은 별 안에서 생성되는 새로운 원소('금속metals')로 오염된다. 초신성의 폭발파blast waves는 별의 표면에서 불어오는 바람, 은하 자체의 회전이나 다른 내부 운동과 함께 오염물질이 사방에 뒤섞이도록 만든다. 우리는 이를 '강화enrichment 과정'이라 부른다.

금속으로 강화 과정을 겪은 수소구름은 계속해서 수축하며 새로운 별을 생성할 수 있다. 수소는 원소 함량비가 굉장히 높고 '한 번에' 다 소모되지 않기 때문에 별 생성은 은하 안에서 상당 기간 지속된다. 그러한 구름 안에서 생성되는 별은 이전 세대의 별보다 '금속 함량이 더 높을' 것이다. 게다가 이렇게 새로운 별이 태어날 때 이 별들은 티끌원반을 생성하거나 티끌원반에 둘러싸이기도 한다. 이는 새로운 태양계의 발생을 뜻하며, 이러한 티끌원반 안에서 새로운 행성이 생성된다. 우리 태양계도 똑같은 방식으로 탄생했다. 알다시피 지구 같은 행성은 철과 규소가 주성분이며. 지구는 다른 원소도 많이 포함하고 있다. 인간이 존재하는 데에는 탄소와 산소 같은 원소가 가장 중요하며 이 원소들은 우리가 알고 있는 모습의 삶을 가능케 해준다.

지금으로부터 약 50억 년 후 우리 태양은 최후를 맞으며 자신의 수소 연료를 깡그리 태우겠지만 초신성이 되지는 않을 것이다. 우리 태양은 초신성이 될 만큼 질량이 충분하다. 하지만 우리 태양은 '적색 거성'으로 진화하여 바깥쪽으로 팽창하면서 내행성들을 집어삼키고 태울 것이다. 또한 외부 태양계에 있는 거대 가스 행성을 파괴하거나 최소한 심하게 충격을 가할 가능성이 높다. 결국 죽음의 극심한 고통을 통해 외부 층을 떨쳐버리면서 태양은 100억 년에 걸쳐 만들어온 새로운 세대의 중원소로 태양계를 더 풍요롭게 할 것이고 우리 은하의 금속 함량을 약간 더 높일 것이다. 먼 미래의 어느 날, 이 새로운 물질 가운데 일부는 다른 새로운 태양계 그리고 완전히 새로운 생태계 안으로 들어갈지도 모른다. 인간은 성간 여행의 비밀 혹은 별들 사이에 있는 안전한 지역으로 항해할 능력을 획득함으로써 태양계의 불가피한 운명에서 살아남을지도 모른

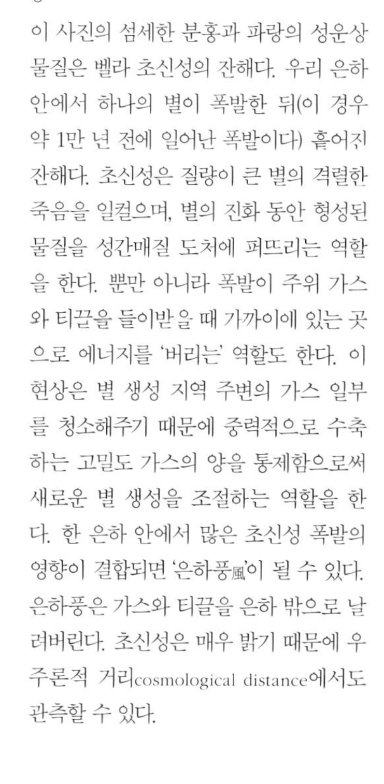

이 사진의 섬세한 분홍과 파랑의 성운상 물질은 벨라 초신성의 잔해다. 우리 은하 안에서 하나의 별이 폭발한 뒤(이 경우 약 1만 년 전에 일어난 폭발이다) 흩어진 잔해다. 초신성은 질량이 큰 별의 격렬한 죽음을 일컬으며, 별의 진화 동안 형성된 물질을 성간매질 도처에 퍼뜨리는 역할을 한다. 뿐만 아니라 폭발이 주위 가스와 티끌을 들이받을 때 가까이에 있는 곳으로 에너지를 '버리는' 역할도 한다. 이 현상은 별 생성 지역 주변의 가스 일부를 청소해주기 때문에 중력적으로 수축하는 고밀도 가스의 양을 통제함으로써 새로운 별 생성을 조절하는 역할을 한다. 한 은하 안에서 많은 초신성 폭발의 영향이 결합되면 '은하풍風'이 될 수 있다. 은하풍은 가스와 티끌을 은하 밖으로 날려버린다. 초신성은 매우 밝기 때문에 우주론적 거리cosmological distance에서도 관측할 수 있다.

○
빛나는 가스 껍질. 초신성 SN0509-67.5의 잔해다. 별 내부에서 생성된 원소들이 어떻게 성간 공간으로 분산되는지를 보여준다.

○
원형에 가까운 이 껍질은 초신성 잔해 SN1006을 전파(빨강), 가시광선(노랑), X선(파랑) 빛으로 촬영한 것이다. 이 사진은 우리 은하에서 별의 폭발에 의해 바깥쪽으로 날아간 뜨거운 가스의 껍질이 팽창하는 것을 보여준다(X선은 가장 뜨거운 가스로부터의 방출을 보여준다). 이 별은 약 10세기 전에 폭발했고 현재는 항성 진화의 산물(중원소, 그리고 폭발 자체에서 만들어진 다른 원소)이 성간매질 안으로 다시 분산되는 중이다. 초신성은 은하의 성간매질을 풍부하게 하는 역할을 한 뒤 새로운 세대의 별로 합병된다(이때 중원소는 행성이나 사람 따위를 만든다). 또한 초신성의 폭발력은 성간매질 안으로 에너지를 축적하고 이러한 피드백은 강력한 '은하풍'을 일으켜 물질이 별 생성 지역으로부터 이동하게 하며 극단적인 경우에는 은하 자체의 원반으로부터 이동하게 만든다(M82를 참고하라).

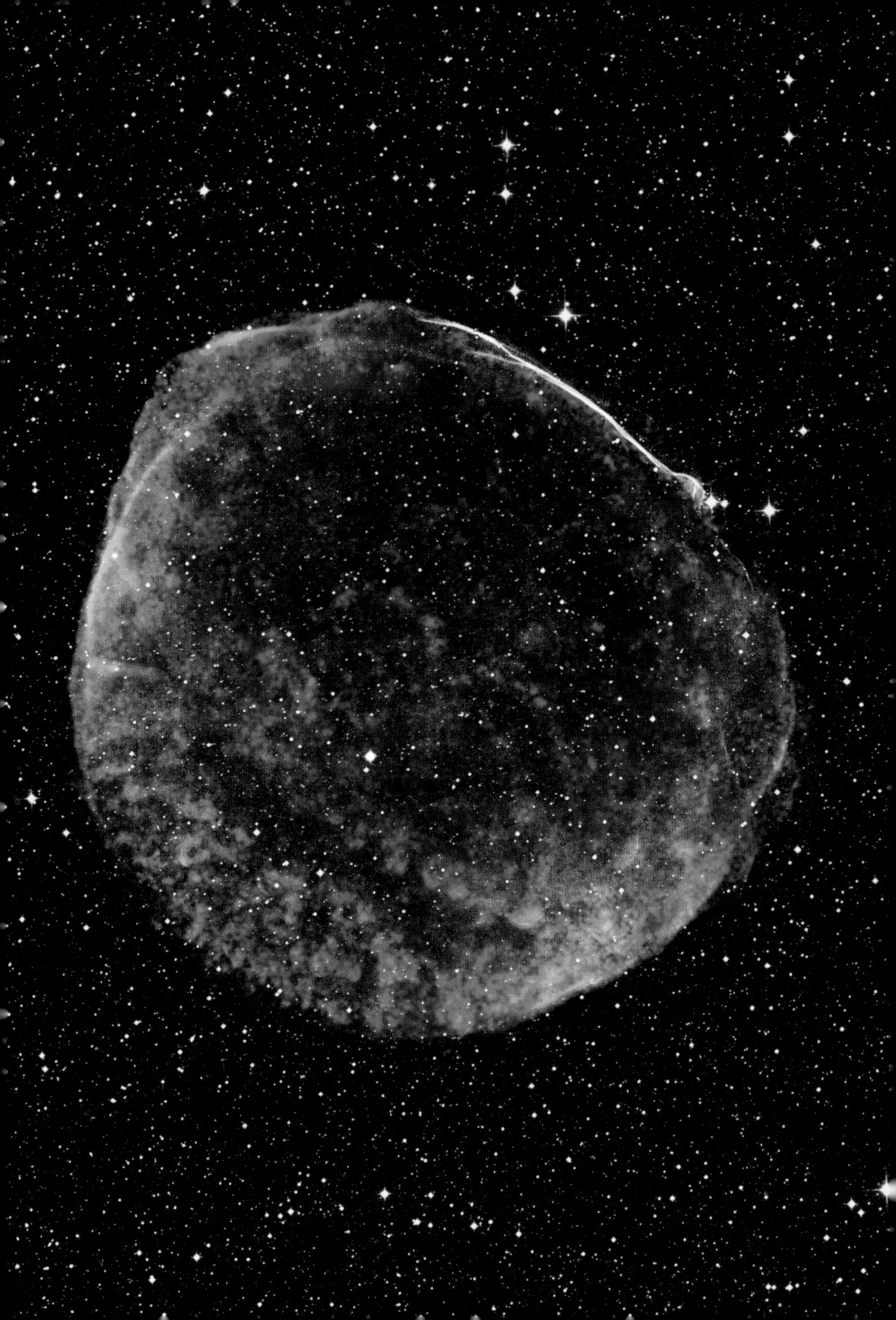

○
별의 최후. 우리 은하 안에 있는 고양이눈 성운Cat's Eye nebula. 극도로 복잡한 이 구조는 별이 항성 진화의 마지막 단계 동안 층을 벗어버리고 남은 잔해다. 그 과정에서 행성상성운planetary nebula이라는 게 생긴 것이다. 별 핵의 잔해인, 고밀도의 백색왜성이 중앙에서 생성되고 있다. 항성 진화의 끝 단계(별의 죽음)는 은하의 전체 진화 과정에서 필수적이다. 별의 생애 동안 내부에서 생성된 중원소가 성간매질 안으로 분산되게 해주기 때문이다. 이러한 중원소, 즉 금속은 성간매질을 '풍부하게' 만들고 새로운 세대의 별과 섞인다. 우리 태양계보다 이를 더 잘 보여주는 예는 없다. 행성과 인간이 존재한다는 점은, 태양이 만들어진 원천인 가스구름이 죽은 별들의 재로 오염됐다는 사실을 알려준다. 고양이눈 성운은 우리 태양이 약 50억 년 뒤에 겪을 운명이라 할 수 있다.

다. 하지만 우리에게는 아직 50억 년이라는 시간이 남아 있다.

가스구름이 연속적으로 수축해 새로운 별을 생성하고 항성 진화를 통해 성간물질이 점진적으로 강화되는 과정은 은하 진화에 있어 핵심적이다. 내 연구는 우리 은하 인근의 국부우주 너머 멀리에서(우리의 1미터 상자 가장자리 너머에서) 커다란 적색편이를 하는 은하를 연구하는 것을 포함한다. 독자에게 내가 전달하고 싶은 핵심 개념 중 하나는 이것이다. 적색편이와 거리 사이의 관계에 대해 앞서 논의했지만, 나는 외부 은하와 우리 은하가 '공간상' 아주 멀리 떨어져 있다고 생각하지 않는다(실제로는 그렇지만). 나는 이 은하들이 '시간상' 멀리 떨어져 있다고 생각한다. 외부 은하는 우리가 살고 있는 은하와 동시대에 있지 않은 것이다. 이렇게 생각하는 이유는 이들 사이의 거리가 어마어마해 '먼' 은하에서 방출되는 것처럼 보이는 빛이 물리적으로는 사실상 아주 오래된 과거(수십억 년 전)에 방출된 것이기 때문이다. 따라서 우리는 우주가 더 어렸을 때 은하의 모습이 어떠했는지를 관측하고 있는 것이다. 먼 은하는 현재는(이 순간에는) 다른 모습이겠지만 우리는 이 은하들이 바로 지금 어떤 모습인지 볼 수 없다. 현재 이들이 발산하고 있는 빛은 아직 우리에게 도달하지 않았기 때문이다.

그렇다고 해도 꺼림칙해할 것은 없다. 과거를 들여다봄으로써 우리는 우주와 그 구성 요소가 어떻게 변화하고 진화했는지를 알 수 있기 때문이다. 더욱더 먼 은하를 들여다봄으로써 우리는 더욱더 먼 과거를 볼 수 있다. 바로 이 점이 내 연구 영역(은하 진화 연구)의 정수다.

여정을 이어나가기 전에 지금까지 이야기한 것을 요약해보자. 우리는 하나의 행성에 갇힌 채로 한 개의 항성 주위를 공전하고 있고, 이 항성 자체도 우리 은하라 불리는 원반 모양의 항성계 주위 궤도를 돌고 있다(수십억 개의 다른 별 그리고 다른 태양계들과 함께). 우리 은하는 별과 가스와 티끌로 가득 차 있고 그 중심부에는 거대한 블랙홀이 있다. 우리는 우리 은하 바깥에 다른 은하들이 있다는 사실을 안다. 어떤 은하는 우리 은하와 비슷하게 생겼고 어떤 은하는 그렇지 않다. 이들은 서로 엄청나게 멀리 떨어져 있고 은하단, 은하군, 필라멘트 구조 같은 거대 구조를 이루고 있다. 이러한 은하 안에서 별이 불탈 때 새로운 원소가 생성된다. 별이 죽을 때는 금속이 은하 곳곳에 분산된다. 은하들 사이의 거리는 아주 멀기 때문에(이를 '우주론적'이라고 일컫는다), 멀리 떨어져 있는 은하와 우리가 가진 검출기 사이의 엄청난 거리를 빛이 가로지르는 데 걸리는 시간은 매우 중요하다. 우리는 은하의 옛 모습을 보고 있다. 먼 은하를 보면서 우주의 과거 모습에 대한 짤막한 정보를 얻고 있는 것이다. 이것이 은하 진화 연구의 기본이다. 지금까지는 순조롭게 잘 여행하고 있다.

제 3 장

자세히 들여다보기

○

오리온성운은 우리 은하에서 새로운 별이 생성되고 있는 지역으로, 사진은 근적외선으로 관측한 것이다. 새로운 별들은 기체와 먼지로 이루어진 자신들의 탄생지를 밝게 비추는데, 오리온은 그 흩어진 별빛과 이온화된 가스로 반짝인다. 천문학자들은 이 지역을 근적외선으로 관측함으로써 성운의 중심에서 태어나는 별들을 감싸주는 차폐 먼지를 투시해볼 수 있다.

별자리와 성단에 속한 별들이 (대부분) 물리적으로 서로 관련이 없는데도 그런 착각을 불러일으키는 이유는, 육안으로는 별이 3차원적으로 분포되어 있는 모습을 볼 수 없기 때문이다. 우리에게 보이는 것은 지구와의 거리가 서로 다른 여러 별이 하늘에 투사된 결과이며, 우연히도 별이 늘어선 모습이 인간이 보기에 흥미롭거나, 혹은 알아볼 수 있는 모습으로 비춰진 것뿐이다. 별들의 패턴을 파악하는 뇌의 능력 덕분에 인간은 천문학이라는 새로운 과학의 한 분야를 열게 되었다. 하늘을 흥미로운 몇 개의 영역으로 구분하며 별의 지도를 그리기 시작한 까닭이다. 이렇게 손쉽게 구별할 수 있는 패턴이 없었다면 어떤 항성이나 행성, 혜성 등을 다시 알아보거나 위치를 파악하기란 매우 어려웠을 것이다.

오리온자리를 볼 기회가 있다면, 시간을 들여 한번 자세히 살펴보길 바란다. 오리온자리는 내가 가장 좋아하는 별자리다. 우리 뇌의 패턴 인식 능력을 순간적으로 촉발시키는, 한번 보면 절대 잊을 수 없는, 허리띠처럼 한 줄로 늘어선 밝은 별들 때문이기도 하고, 이 별자리에 유명한 성운(오리온성운)이 있기 때문이기도 하다. 이 거대한 기체 복합체는 새로운 별을 생성한다.

오리온성운은 크고 밝아서 쌍안경으로도 쉽게 볼 수 있고, 어두운 장소에서는 육안으로도 볼 수 있다. 감히 말하건대 최상의 망원경을 이용해 관찰하는 오리온성운의 모습이야말로 자연세계에서 볼 수 있는 최고의 장관이다. 오리온성운은 이온화된 가스(주성분은 수소이며 붉은빛을 띤다)에서 나오는 빛에, 갓 태어난 별에서 뿜어져 나와 성간기체와 성간티끌에 반사되고 산란된 푸른빛이 더해져 화려하게 불타오른다. 또한 성운 안에 뒤섞여 있는 다른 원소에서 빛이 방출되기도 한다. 영국의 풍경화가 터너의 그림 같은 이 풍경에서 널리 알려진 것은 역시 말머리성운이다. 고밀도 기체를 세공한 듯한 이 성운은 사실 방출된 빛을 흡수한 고밀도 기체가 말의 형상으로 보이는 것이다.

어린 시절 별을 생성하는 이 복합체를 뒷마당에서 굴절 망원경을 통해 눈으로 직접 볼 수 있었던 경험은 천문학자가 되는 데 큰 계기가 됐다. 당시에는 천체물리학에 많은 지식이 없었지만, 책이 아니라 직접 눈으로 볼 수 있다는 사실 자체가(만으로도) 상상력을 자극하기에 충분했다. 은하가 수많은 점으로 보이는 평범한 별들과 그 사이의 암흑으로 이뤄진 것이 아님을 그때 처음 깨달았다. 여기서 굳이 오리온자리를 선택한 이유는 뭘까? 가장 좋아하는 별자리이기도 하지만, 나는 오리온성운을 이용해 우리 머리 위의 별들이 모두 한가지 유형에만 속하지 않는다는 것을 설명하고 싶다. 처음에는 모든 별이 비슷비슷해 보인다. 밝기만 다를 뿐, 모두 하얀빛을 내는 점이다. 하지만 실상은 다르다. 집이나 길에서 벗어나 어두운 장소를 찾은 뒤 잠시 기다리면 어두운 빛에 익숙해질 것이다. 그러면 밝게 빛나는 별 가운데 약간 다른 빛의 별이 있다는 점을 알게 될 것이다.

육안으로 볼 수 있는 별은 한 번에 수천 개(은하에 있는 별들의 빛이 합쳐져서 하나로 보이는 수십억 개의 별을 제외한다면)뿐이다. 보통 우리가 보는 별은 태양계 주위에 있으며, 전체 별의 수에 비하면 빙산의 일각이다. 아니, 넓은 바다 위에 떠다니는 빙산의 일각에 있는 물 분자의 수소 원자라고 할 수 있다. 우주와 인간 사이에 인간의 감각으로는 감지할 수 없는 커다란 단절이 있다 해도, 천문학을 통한다면 생물학적 한계가 허용하는 범위를 훨씬 뛰어넘어 감각을 엄청나게 확장할 수 있다.

고밀도의 가스와 티끌을 세공한 듯한 말머리성운의 우뚝 선 모습이 오리온성운의 이온화된 가스에서 나오는 역광을 받아 빛난다. 가시광선 파장이 말머리성운을 투과하지 못해, 말머리성운의 모습이 배경에 비해 두드러져 보인다.

서로 다른 수많은 별

오리온의 왼쪽 위(어깨)에서 가장 밝게 빛나는 별은 베텔게우스로 적색 초거성이라 불린다. 자세히 살펴보면 붉은빛을 띠고 있음을 알 수 있다. 베텔게우스는 젊고 무거운 별이다. 질량이 태양보다 약 스무 배 크고, 태어난 지 이제 겨우 1000만 년(이에 반해 태양은 스스로 빛을 발하기 시작한 지 50억 년쯤 흘렀다)이지만 벌써 수명이 다되어간다.

별의 질량이 클수록 '진화'는 빠르게 이뤄진다. 즉, 질량이 클수록 수소 기체를 소비하는 속도가 빠르다. 수소 기체를 다 써버리면 별은 죽어가기 시작한다. 별을 수축시켜 찌부러뜨리려는 중력과, 별의 중심부에서 일어나는 핵반응에서 방출된 에너지가 외부로 팽창하려는 압력 사이의 평형을 더는 유지할 수 없기 때문이다. 모든 별은 일생 동안 이런 싸움을 계속한다. 기체의 공급은 한정되어 있고 중력은 인내심이 강하다. 결국 모든 별은 소멸한다. 소멸의 성격은 별의 질량에 따라 달라진다. 앞 장에서 우리는 별의 갑작스런 소멸 현상인 초신성에 대해 이야기했다. 같은 쌍성계 궤도에 있는 동반성으로부터 물질을 얻어 폭발할 수 있는 백색왜성(Ia형 초신성)을 제외하면, 태양보다 질량이 10배가량 큰 항성만이, 중심핵이 더 이상 복사 압력을 견디지 못하고 핵반응에 필요한 질량과 밀도보다 커지면 스스로 초신성으로 폭발할 수 있다. 우리는 이를 II형 초신성이라 부른다. 베텔게우스는 질량이 커서 II형 초신성으로 폭발하게 된다. 폭발하는 순간(이미 표면으로 내부 물질이 흘러나오는데, 항성의 절정기가 다가오는 것을 뜻하는 천문학적 전주곡이다)에는 낮에도 볼 수 있을 만큼 밝을 것이다. 베텔게우스는 태양보다 질량이 무거울 뿐만 아니라 크기도 훨씬 크다. 태양이 있는 자리에 베텔게우스가 있었다면 베텔게우스는 화성 궤도 안쪽에 있는 태양계의 행성들을 모조리 집어삼켜 태워버렸을 것이다. 베텔게우스는 물리적 크기가 태양계의 내행성계 전체만 한 유일한 항성이다. 놀랍지 않은가?

대각선 아래 오리온의 발 쪽에는 또 하나의 밝은 항성인 리겔이 보인다. 리겔 역시 거성으로, 청색 초거성이다. 눈에 익으면 청백색으로 보일 것이다. 태양보다 거의 10만 배 밝고, 지구에서 260파섹 떨어져 있다. 대표적으로 밝은 별로, 차가운 겨울밤에 관측되는 아름다운 별이다. 밤하늘에 있는 다른 별들을 살펴보면 모두 적색, 청색, 황색이 다양한 비율로 섞여 있다.

별의 색이 다른 이유는 뭘까? 천문학에서는 두 가지 측광 필터를 이용해 밝기 차이로 색상을 측정한다. 더 일반적으로 말하면, 서로 다른 두 빛의 파장을 이용해 색상을 측정한다. 항성의 광도 측정과 아울러 색상 측정은 별을 분류하는 수단이 된다. 별의 색은 표면 온도를 반영한다. 청색은 뜨겁고, 적색은 차갑다. 여기에 숨어 있는 원리는 금속 막대기를 용접기로 가열할 때 나타나는 현상과 똑같다. 처음에는 붉게 빛나다가 황색으로 바뀌고, 뜨거워질수록 청백색으로 변한다. 금속 막대기가 뜨거워질수록 쌓이는 열에너지는 점점 커진다. 이 열에너지는 빛의 형태(전자기 복사)로 방출되며, 정확한 온도를 알면 방출되는 빛의 주파수와 색상을 알 수 있다. 같은 원리가 항성에도 적용된다. 기준점이 되는 태양의 표면 온도는 섭씨 6000도다.

항성의 광도와 색상을 그래프로 나타내면 일관된 규칙을 발견할 수 있다. 항성들 사이에는 상당히 공통된 관계가 존재한다. 푸를수록, 즉 뜨거울수록 밝은 항성이고 붉을수록, 즉 차가울수록 어두운 항성이다. 이런 관계를 그래프로 나타낸 것을 '헤르츠스프룽-러셀' 다이어그램이라고 한다. 천문학자 아이나르 헤르츠스프룽과 헨리 노리스 러셀의 이름을 딴 것으로, 이들은 20세기 초 이런 관계를 연구한 선구자들이다. 이 다이어그램에서 항성은 대부분 '주계열main sequence'이라는 곳에 위치하며 어떤 항성이 주계열의 어느 곳에 위치하는지는 질량에 따라 정해진다. 주계열을 따라 항성의 온도가 연속되는 영역이 있다. 이를 몇 개의 영역으로 분류한 것을 '분광형spectral types'이라 부르며 방출(수소와 헬륨)하는 영역과 흡수(금속)하는 영역을 볼 수 있다. 하지만 항성의 색상은 항성의 표면 온도의 1차 근사식으로 나타낼 수 있기에, 분광형으로도 나타낼 수 있다. 항성의 표면 온도와 광도는 모두 질량과 관련 있어 주계열에서의 위치로 질량을 예측할 수 있다.

분광형은 O, B, A, F, G, K, M 등 약어로 (온도가 높은 푸른색에서 온도가 낮은 붉은색 순서로) 표기한다. 현대의 분류법에서는 더 세밀하게 영역을 나누지만, 여기서는 중요하지 않다. 기준점으로 삼는 태양은 G형 항성이다. 리겔은 B형 항성이고 베텔게우스는 M형 항성이다. 태양은 '주계열 항성'이지만, 리겔과 베텔게우스는 주계열이 아닌 '거성 가지giant branches'에 위치한다. 항성은 수소를 연소하는 동안에만 주계열에 머무른다. 수소를 모두 써버리면 다른 핵융합 반응이 시작되면서 주계열에서 벗어난다. 태양 같은 항성은 중심부의 수소를 모두 사용하면서, 수소가 연소할 때 나타나는 부산물 중 하나인 헬륨을 쌓게 된다. 아울러 핵반응이 일어나는 영역이 점점 확장되는데, 이는 남아 있는 수소가 중심부가 아닌 표면에서 연소되기 때문이다. 연소되는 곳이 '중심부'에서 '표면'으로 옮겨간다는 것은, 물리적으로 태양이 적색 거성이 되어간다는 의미다. 태양 중심부의 압력이 증가하여 에너지 방출이 급격하게 늘어나고, 이에 따라 광도가 커지면 내행성계는 모두 불타버릴 것이다. 태양의 수명이 다해 더 이상 핵융합 반응이 일어날 만한 기체가 남지 않으면, 태양은 온도가 상승하면서 대기를 우주 밖으로 뱉어낼 것이다(기억하겠지만, 대기 중에는 태양의 일생 동안 일어났던 융합 과정에서 형성된 새로운 원소들이 풍부하게 존재한다). 그 과정에서 백색왜성이라 불리는 온도가 낮은 소규모 잔여물이 점차 팽창하는, 한때 별이었던 것들의 잔해인 이른바 행성상성운planetary nebular 한복판에 남게 된다. 리겔이나 베텔게우스처럼 질량이 큰 별 대부분은 빨리 진화하며, 결과적으로 주계열의 끝에서 뻗어나간 거성 가지가 생긴다. 질량이 큰 별들은 수명이 짧기 때문에, 이들은 새로운 별들이 활발하게 생성되는 곳(오리온자리처럼)에서 쉽게 찾을 수 있다. 별을 활발히 생성하는 은하가 푸른 것은 O형과 B형에서 나오는 자외선과 푸른빛 때문이다.

주계열에 있는 모든 항성이 대부분의 에너지를 자외선과 가시광선 영역대에서 방출한다는 사실은 중요하다. 하지만 어느 지점에서 방출이 최고조에 이르는지는 분광형에 따라 달라지며, 이는 항성의 색깔과 관련 있다. 과도하게 자외선에 노출되면, 햇볕에 탔을 때 우리가 느끼는 것처럼 생물계에 좋지 않은 영향을 미친다. 지구에는 대기권이 있어서 자외선을 대부분 막아낸다. 반면 가시광선은 대부분 통과한다. 인간을 비롯한 동물의 눈은 물론이고 식물까지도 대체로 가시광선에 민감하게 반응하도록 진화한 것은 우연이 아니다. 흔히 "우리는 우주에서 온 존재"라며 아무 생각 없이 말하지만, 우리가 세상을 볼 때 자외선이나 적외선 등을 제외한 좁은 영역의 광선으로만 보는 것 역시 우연이 아니다. 지구에 사는 생물과 별의 물리학적 현상 사이에는 큰 관련이 있다.

질량이 큰 별들은 수명이 짧다. 질량이 아주 작은 별의 수명은 수조 년에 달할 가능성도 있으며, 이는 현재 측정치가 140억 년인 우주의 나이보다 많다. 우주가 계속해서 팽창하고 우리 은하가 진화하면, 질량이 작은 별만 남고 질량이 큰 별들은 계속 사라져갈 것이다. 고밀도의 분자운이 생성될 원자 연료만 있다면 별은 은하에서 계속 생성될 것이다. 하지만 언젠가 그런 자원마저 고갈되고 말 것이다. 광활한 우주에는 흐릿하고 붉은, 나이 들어가는 별로 구성된 은하의 흔적들만 드문드문 남게 될 것이다. 그리고 먼 미래의 어느 날, 모든 것이 암흑으로 바뀔 것이다. 하지만 다행히 그런 날이 오려면 수십억 년이나 있어야 하고, 아직 우주는 밝기만 하다.

은하의 항성들은 크기, 질량, 나이가 모두 다르며 우리는 색이나 광도를 관찰해 항성을 구별할 수 있다. 그런데 은하에는 왜 여러 유형의 항성이 뒤섞여 있을까? 왜 모든 항성은 동일하게 태어나지 않을까? 일단 전체 은하는 잊어버리고, 별이 생성되는 곳 하나를 생각해보자. 별은 가스구름 안에서 생성된다. 가스구름은 중력의 영향을 받아 생긴다. 원자 수소의 밀도가 낮을수록 분자 수소 구름을 응축할 수 있다. 분자 수소는 중력의 영향으로 더 수축해 한 군데가 아닌 여러 곳에서 밀도가 높은 핵으로 분열한다. 이는 가스가 고르게 분포되어 있지 않기 때문이다. 즉, 다른 곳보다 밀도가 높은 영역이 존재한다. 구름이 형성되면서 그 안에서 나타나는 무질서한 운동의 자연적인 결과다.

구름의 밀도가 높은 영역일수록 먼저 수축하는 경우가 많다. 밀도가 높은 덩어리가 '원시성proto-stellar'의 중심부를 형성한다. 중심부는 가스의 밀도가 높아 핵융합이 일어나기에 적당하다. 중심부의 밀도가 충분한 수준에 이르면, 핵융

○
미지의 암흑성운 '바너드 68'. 에드워드 에머슨 바너드가 작성한 우리 은하의 '암흑성운' 목록에 포함되어 있다. 고밀도의 분자 가스와 티끌로 이루어진 이 성운의 질량은 태양의 두 배이며, 지구와의 거리가 가까워 그 사이에 별이 없다. 바너드 68은 빛이 통과하지 않아 뒤에 있는 별의 모습이 보이지 않는다. 그래서 이 사진처럼 가시광선에서는 완전히 검게 보인다. 바너드 68은 중력의 영향을 받아 수축할 것이며, 새로운 별을 생성할 것이다.

암흑성운 바너드 68의 또 다른 영상. 이번에는 가시광선 촬영과 근적외선 촬영을 합성했다. 근적외선 촬영은 여기서 붉은색으로 나타난다. 가시광선만으로 관측한 영상에서 완전히 검게 보이던 부분이 근적외선에서는 암흑성운 너머에 있는 별까지 잘 나타난다. 이 영상은 밀도가 높고 티끌과 가스가 많은 매질에서 파장이 짧은 가시광선은 쉽게 흡수되어 보이지 않지만, 근적외선은 잘 통과한다는 것을 보여주는 훌륭한 사례다.

○

암흑성운 루푸스 3은 우리 은하 내부에 있는 먼지가 많은 분자운 영역으로 가시광선이 투과하지 못해 뒤편 별의 모습이 보이지 않는다. 밝고 푸른 별은 새롭게 태어난, 젊고 뜨거운 별로 고밀도의 암흑성운에서 생성됐다. 별 주위의 엷은 푸른빛은 마치 안개 낀 밤에 가로등 주위가 흐릿하게 보이는 것처럼 별 주변에 있는 먼지와 가스에 산란되어 보이는 것이다.

고밀도의 가스와 먼지로 이루어진 대형 복합체 황소자리 분자운은 우리 은하에서 별이 생성되는 여러 장소 중 하나다. 가시광선에서 이 부분이 많은 별 사이에서 검게 보이는 이유는 고밀도의 가스와 먼지가 뒤에 있는 별에서 나오는 빛을 가로막으며, 분자운 자체에서도 가시광선 복사를 방출하지 않기 때문이다. 이 사진은 전자기 스펙트럼의 서브밀리파에서 작동하는 망원경에서 관측한 영상을 합성한 것이다. 온도가 낮아진 먼지(절대 온도 0도보다 수십 도는 높은 온도)는 원적외선과 서브밀리파장에서 '열복사를 방출한다. 따라서 이 검은 덩굴 모양의 기체와 먼지는 이들처럼 긴 파장에서 관측하면 밝게 빛나 보인다. 이렇게 가시광선과 서브밀리 파장의 영상을 합성하면 오렌지색으로 열 방출이 나타나, 새로운 별이 태어나는 고밀도의 가스가 있는 지점이 드러난다. 머나먼 곳에서 매우 왕성하게 별을 생성하는 일부 은하는 먼지가 너무 많아서 대부분의 방출이 원적외선과 서브밀리파에서 드러나고 가시광선에서는 거의 보이지 않는다. 그들을 관측하려면 적외선과 서브밀리 파장에만 의존해야 한다.

우리 은하의 위성 은하 대마젤란운의 별 생성 지역인 타란툴라 성운 또는 황새치자리 30. 이런 영역을 에이치 II 영역이라고 한다. 이온화된 원자 수소를 방출하기 때문이다.

합이 일어나 하나의 별이 태어난다. 하나의 구름이 하나의 별이 되지는 않는다. 한 번에 여러 개의 별을 생성하여 성운을 만들 수도 있다. 별은 생성되자마자 움직일 수도 있다. 별이 생성될 때 발생하는 회전 운동량의 일부를 전달받기 때문이다. 이는 새로 탄생한 별이 새가 둥지를 떠나듯 태어난 곳을 떠날 수 있다는 의미다. 무엇보다 중요한 것은 이렇게 수축하는 중심부 질량의 범위가 존재한다는 점이다. 마치 인간이 태어날 때 몸무게가 어느 정도 범위 안에 들어가듯이, 별들이 생성되었을 때의 질량은 특정 분포를 따른다. 이 분포는 '초기질량함수initial mass function', 줄여서 IMF라 부른다. IMF는 질량에 따른 별들의 수를 나타낸다. 다르게 설명하자면, 일종의 확률분포도라고 볼 수 있다. 임의의 별을 하나 고른다면 주계열 어디쯤에 있을 확률이 어느 정도인지를 나타낸다.

우리 은하의 어느 곳에 질량이 크고 젊은 별들이 있다면 이곳은 별이 활발히 생성되는 지역이다. 이들은 최근에 생성되어 아직 수명이 다하지 않은 별이 분명하다. 우리는 같은 방법으로 멀리 떨어진 은하가 활발하게 별을 생성하는지 파악할 수 있다. IMF의 형태를 알아내는 것이 은하를 이해함에 있어 매우 중요한 까닭은 은하 전체의 질량을 예측하는 데 도움이 되기 때문이다. 우리는 실제로 질량을 측정하지 않는다는 것을 잊지 말기 바란다. 그 대신 은하에 존재하는 모든 항성에서 방출하는 빛을 측정한다. IMF를 이용하면 은하 전체 항성의 광도를 측정해 전체 항성의 질량을 구할 수 있다. 일반적인 사람의 몸무게 분포를 예측할 수 있다면, 특정 집단의 사람 수만 알아내도 전체 집단의 총 몸무게를 계산할 수 있는 것과 비슷하다.

IMF가 보편적인 것인지, 시간에 따라 변하지 않는 것인지는 여전히 분명하지 않다. 또한 우리가 알고 있는 일부 IMF의 형태가 정확히 기준점을 나타내는 것인지도 여전히 밝혀지지 않았는데, 이는 현재 은하의 진화 연구에서 주요한 불확실성 중 하나다. 나는 별의 진화에 대해 말을 아끼고 싶다. 그 주제만으로도 책 한 권 분량이다. 여기서 전하고 싶은 것은 은하에는 수명이 각기 다르고 발산하는 에너지 양이 제각각인 수많은 유형의 별이 있다는 사실이다.

○
황새치자리 30을 확대한 영상. 푸른 별 무리가 불꽃놀이를 하듯 밝게 빛난다. 질량이 크고 뜨거운 상태인 이곳의 별들은 최근에 생성됐고, 엄청난 양의 자외선과 가시광선을 방출하며, 성운에 공 모양의 빈 공간을 남긴다. 그 결과 주위를 둘러싼 가스가 이온화하면서 밝게 빛난다. 이 사진은 산소와 수소가 이온화하면서 나오는 빛을 보여주고 있다.

가스, 별을 만드는 설계도

우리는 앞서 하나의 가상의 가스구름이 중력에 의해 수축하여 새로운 별을 만드는 과정을 살펴봤다. 이는 별이 탄생하는 과정을 설명하기 위한 것이었다. 은하 전체에는 별과 가스가 어떻게 분포되어 있을까?

알다시피 은하는 원반 모양으로 생긴 부분과 중앙에 볼록한 부분(어떤 사람들은 달걀의 흰자와 노른자에 비유한다)으로 나눌 수 있다. 은하의 원반 부분은 가스의 밀도가 높고 새롭게 생성된 별들이 있는 곳으로, 거대 분자운Giant Molecular Clouds, GMCs이라 불린다. '거대'라는 말이 붙은 이유는 수백 파섹에 이를 만큼 클 뿐 아니라 (잠재적으로) 수백만 개의 새로운 별을 만들어내기에 충분한 연료를 지니고 있기 때문이다. '분자'라는 표현은 내부의 가스가 기본적으로 (두 개의 양성자가 전자를 공유하는 단순한 공유 결합으로 이뤄진) 수소 분자로 구성되어 있음을 나타낸다. 결합이 일어나려면, 우선 아직 결합하기 전 수소 원자가 포함된 밀도가 낮은 가스의 온도가 '낮아져야' 한다. 온도가 낮아져야 한다고 말한 이유는, 원자가 분자로 결합하려면 그냥 지퍼를 채우듯 결합이 일어나지는 않으며 전자기력이 작용할 정도로 가까이 접근해야 하기 때문이다. 가스의 온도가 높으면 원자의 속도가 빠르고, 에너지도 높은 상태다. 이 에너지를 잃어야 한다. 그렇지 않으면 최소한 감소라도 해야 분자가 (그리고 결과적으로 별이) 형성될 수 있다.

뜨거운 항성이 온도가 낮은 가스에서 생성된다고 생각하면 처음에는 약간 혼란스러울 것이다. 하지만 이것이 실제로 의미하는 바는, 전체적으로 가스구름이 중력의 힘으로 수축하면서 내부 에너지의 일부를 상실해 결국 융합(별의 형성)이 아주 차가운 덩어리 상태에서 일어난다는 것이다. 구름 안에서 항성이 형성되기 시작하면 새로 형성되는 항성 주변의 가스는 복사되는 열과 새로운 항성에서 불어오는 폭풍을 맞기 시작한다. 이러한 역풍은 주변을 감싸고 있는 가스를 이온화시켜 성운(오리온성운 등)을 빛나게 할 뿐 아니라, 항성에서 불어오는 복사열과 폭풍은 거대 분자운 내부에 있는 거품 및 구멍을 날려 보내기 시작해 가스의 분포와 화학반응에 영향을 미친다. 별의 생성과 성간물질이 만나는 영역에서의 천체물리학은 믿을 수 없을 정도로 복잡해 많은 연구가 이뤄져야 한다.

은하의 원반 부분에는 수많은 거대 분자운이 널리 퍼져 있다. 은하수를 위에서 볼 수 있다면, 여러 군데서 이온화된 불그스레한 수소의 모습과 함께, 은하의 나선팔 부분에 드문드문 푸르고 젊은 별들이 모여 있는 모습이 관측될 것이다. 우리는 그런 전망이 좋은 자리에 갈 수는 없다. 하지만 가까운 곳에 있는 나선은하의 정면이 우리에게 비춰지는 모습을 보면 외부에서 우리 은하가 어떻게 보일지 잘 알 수 있다.

은하의 별 생성률SFR은 매년 형성되는 항성을 태양의 질량을 기준 단위로 삼아 측정한다. 우리 은하의 별 생성률은 1년에 수 태양질량 정도로, 그 생성률이 낮다. 하지만 우리 은하가 수십억 년 동안 진화했는데도 아직 모든 가스를 소비하지 못했다는 사실은 매우 중요하다. 비록 우주에 존재하는 여러 극단적인 은하와 비교하면 상대적으로 조용해 보이지만, 여전히 살아 있는 공간이다. 충분히 오랫동안 기다려서 우리 은하가 진화하는 모습을 지켜볼 수 있다면, 은하의 많은 가스가 별로 변하는 모습 및 은하간 공간에서 공급되던 가스가 거의 떨어져 사라져가는 모습을 볼 수 있을 것이다.

수천만 혹은 수억 년이 지나 마지막 별들이 생성되고 나면, 질량이 큰 별들은 수명이 긴 적은 질량의 별들을 뒤로한 채 소멸하고 말 것이다. 원반 부분은 결국 서서히 사라지고, 분광형이 파란색에 가까운 항성이 점차 소멸하면서 푸른색에서 붉은색으로 변할 것이다. 이러한 은하는 '비활성 나선은하'라 불린다. 이들은 별을 생성하지 못하는 전형적인 나선은하로 보인다. 별을 생성하지 못하는 이유는 환경적인 원인에서 비롯되거나, 연료가 바닥나서일 것이다.

반면 우리 은하가 다른 은하와 충돌한다면(실제로 미래에 우리 은하와 M31 은하가 충돌할 가능성이 있다), 별 생성률이 급격히 높아질 수도 있다. 중력에서 비롯된 강력한 조석력으로 인해 두 은하의 원반 부분이 일그러지고 변형이 일어나, 불안정해진 구름에서 별 생성이 폭발적으로 늘어날 수 있다. 중력의 변화

○

VISTA 망원경의 근적외선으로 관측한 외뿔소자리의 별 생성 지역. 이 지역은 우리 은하 안에 있으며 별을 왕성하게 생성한다. 이곳은 거대한 분자운의 일부로, 새로 태어난 별(대부분의 별은 이 사진 중앙부에 밀집해서 모여 있다)에서 나온 빛이 주변에 있는 기체와 먼지에 의해 산란되는 모습이다. VISTA의 넓은 시야는 이런 거대한 광경을 파노라마 영상으로 담기에 최적이다. VISTA는 천체의 굉장히 넓은(몇 도에 이르는) 시야까지 촬영할 수 있다.

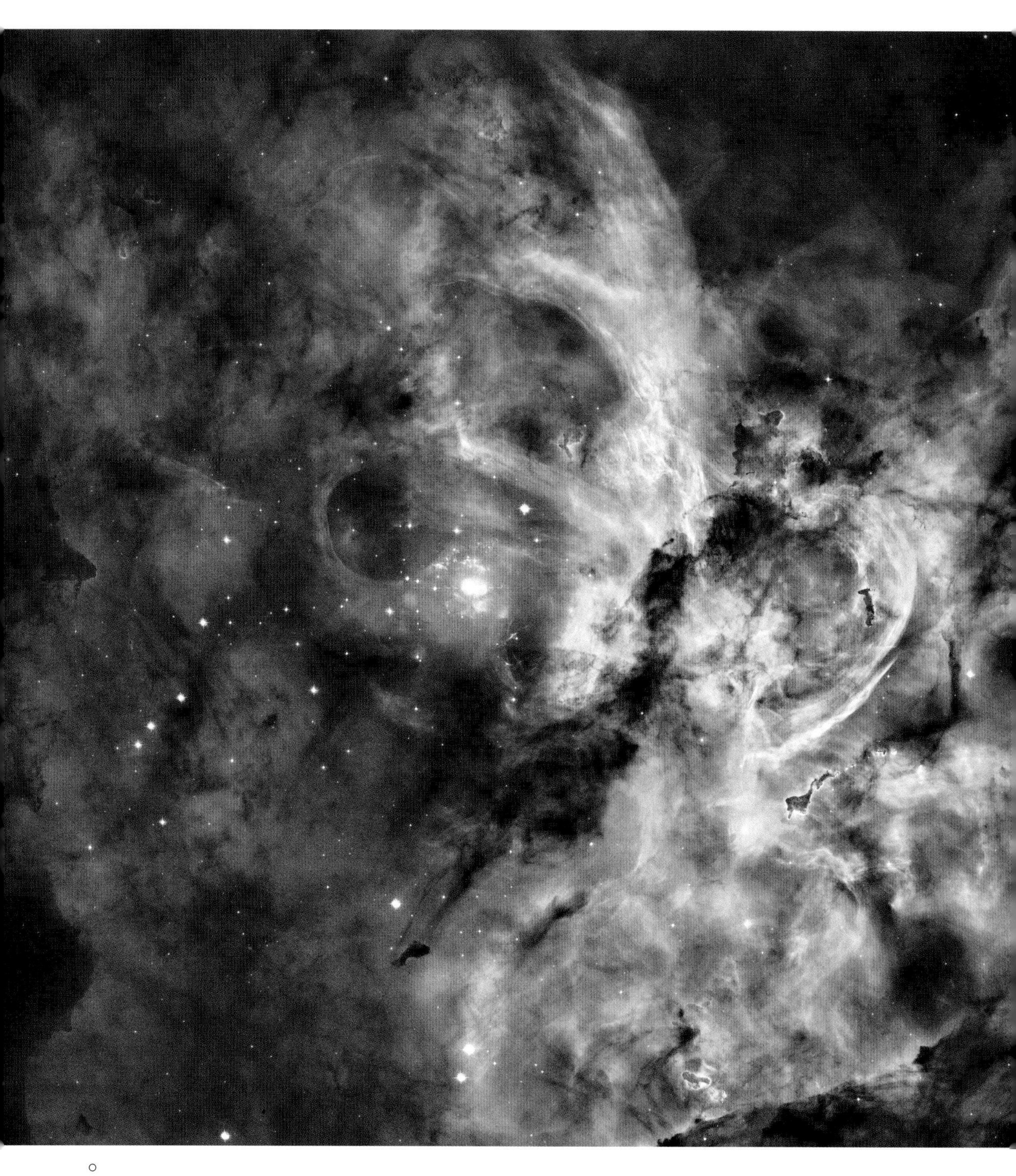

○
우리 은하의 별이 생성되는 장소 중 하나인 용골자리 성운의 진기한 광경(허블우주망원경으로 촬영). 이 사진에서는 새로 생성된 별에서 방출되는 빛의 에너지를 받은 수소와 황, 산소가 빛을 내고 있다. 신생 별들은 표면에서 방출되는 복사와 바람으로 주위 가스와 티끌로 이루어진 구름을 침식하여 성운의 모습을 만들어낸다.

이 성운에 있는 질량이 큰 별들은 대부분 수명이 다하여 태어난 지 수백만 년 만에 곧 사라질 것이다. 초신성 폭발로 사라지면서 별은 에너지와 새로운 원소들을 성간매질에 보낼 것이다. 변화무쌍한 장관을 연출했던 황과 산소 원자는 이런 사실을 말해주는 유언장이나 다름없다. 이들 원소는 지난 세대의 별이 생성한 것이다.

로 구름에서는 수축이 일어날 수밖에 없기 때문이다. 물리적으로 충돌하는 별은 없을 것이다. 별들은 작고 멀리 떨어져 있어서 은하가 충돌했을 때 개별적인 항성이 충돌할 확률은 매우 낮다. 최근 충돌이 있었던 다른 은하에서 이처럼 별 생성이 급격히 늘어나는 것을 관측했다. 항성들이 모여 있던 원반 부분이 기다란 꼬리 모양이 되고, 여러 군데에서 강렬한 자외선과 적외선을 방출하는데, 그 방향은 대개 밀도가 높은 은하 중심을 향한다. 안정되고 나면, 우리 은하는 화학적으로나 역학적 · 구조적으로 변화가 일어날 것이다. 새롭게 생성된 항성들과 그 항성들로 구성된 새로운 태양계에는 멀리 떨어진 은하에서 생성된 아주 오래된 원소들이 풍부할 것이다.

은하의 충돌은 모든 것을 뒤섞어버린다. 새로운 물질이 나타나고 새로운 성장을 촉진한다. 늘 그렇듯 밀도가 높은 가스는 모든 행동이 시작되는 곳이다. 하지만 이런 가스를 찾아내는 것은 놀라울 정도로 어려운 일이다. 분자 형태의 수소는 대부분 직접 관찰할 수 없다. 수소 분자의 구조와 관련된 물리적인 이유로, 정상적인 환경에서는 우리가 감지할 수 있는 방사선을 방출하지 않기 때문이다. 그렇긴 해도 분자 수소는 은하의 기본적인 구성 요소다. 그렇다면 어떻게 해야 별을 형성하는 원재료의 성질을 알아낼 수 있을까?

별이 생성되는 지역 주변에서 이온화된 가스가 빛을 내는 모습은 쉽게 볼 수 있지만 이는 광활한 초원에 있는 나무 한 그루에 불이 붙은 격이다. 거대 분자

○

용골자리 성운에서 별이 생성되는 곳의 세부를 촬영한 사진. 별이 생성되는 가스와 티끌 '기둥'에 초점을 맞췄다. 이 기둥은 거대한 가스구름 내부에서 별을 생성하는 대형 복합체의 일부일 뿐이다. 우리 은하를 비롯해 별을 생성하는 다른 모든 은하에서, 가스가 저장되어 있거나 별을 생성할 조건이 충족되는 어느 곳에서나 하나의 이야기가 펼쳐지기 시작한다. 기둥이 불투명해서 그 내부에 새롭게 생성된 별이 방출하는 강렬한 빛조차 투과하지 못하지만, 기둥 내부에 있는 일부 젊고 무거운 별들이 방출하는 제트는 측면에서 폭발해 기둥을 벗어나고, 전체 영역은 이온화된 가스와 산란된 빛으로 밝게 빛난다. 별 생성은 에너지가 넘치는 활동이다. 질량이 매우 크고 젊은 별에서 방출되는 복사에너지와 바람은 주변 환경을 극적으로 변화시킬 수 있으며, 은하의 성장을 조절하는 피드백 에너지를 일부 형성하기도 한다.

같은 은하의 두 가지 모습. 왼쪽은 M83 은하를 근적외선으로 촬영하고, 오른쪽은 가시광선으로 촬영한 영상이다. 가시광선 영상에서 새로운 항성과 에이치 II 영역의 이온화된 가스는 원반 부분과 나선팔 부분이 분홍빛과 푸른빛으로 보인다. 이들은 근적외선 영상에서는 보이지 않는다. 젊고 질량이 큰 별들은 대부분의 에너지를 자외선과 푸른빛으로 방출하기 때문에 근적외선 영상에서는 거의 관측되지 않는다. 반대로 나이가 많고 수명이 다되어가는 별들은 근적외선으로 많이 볼 수 있어, 중앙의 막대 부분과 팽대부가 왼쪽 사진에서 훨씬 두드러진다. 하지만 별 생성 지역과 관련 있는 적색 거성 무리는 오른편에서 많이 볼 수 있다. 근적외선 영상에서 티끌이 그리 많지 않은 까닭은 쉽게 흡수되는 푸른빛 광자보다 근적외선의 광사가 성간티끌을 훨씬 쉽게 뚫고 지나갈 수 있기 때문이다. 이렇게 상호 보완적인 두 파장으로 은하를 해부하듯 껍질을 하나씩 벗겨가며 관찰하면, 은하 구석구석과 은하 사이의 관계에 대해 알 수 있다.

○

불꽃 성운Flame nebula은 우리 은하의 별 생성 지역 중 하나로 오리온성운과 가까우며, 이 사진 역시 근적외선으로 촬영했다. 근적외선으로 촬영하면 푸른빛을 차단하는 성간티끌에 가려진 젊은 별들의 모습을 볼 수 있다. 고밀도의 가스와 티끌에서 생성된 젊은 별들이 성운을 에워싼 '벽'들을 비추며 밝게 빛나고 있다.

운에 있는 가스가 대부분 활발하게 별을 생성하고 있는 것은 아니다. 그렇다면 분자 가스가 어디에 얼마나 있는지 어떻게 알 수 있을까? 해답은 이전 세대에 존재했던 별이 가스를 어떻게 오염시켰는지를 파악하는 데서 나온다. 은하에서 수소 다음으로 가장 흔한 분자는 일산화탄소다. 가스가 불완전 연소할 때 생기는 물질과 동일하며, 가정에서도 볼 수 있다. 일산화탄소는 수소 기체와 잘 섞이는데, 수소 분자와는 달리 일산화탄소는 에너지가 높은 상태에 이르면 방사선을 방출하기 때문에 매우 유용하다. 이때 에너지는 일산화탄소 분자(하나의 탄소와 산소 원자가 결합한 형태)의 회전운동 형태로 존재한다. 이러한 회전운동은 일산화탄소 분자가 수소 분자와 충돌할 때 일어난다. 앞서 논의했듯이 양자계(분자와 같은)에 에너지 변화가 생기면 똑같은 양의 에너지가 방사선으로 방출된다. 분자 수준에서는 일산화탄소 같은 분자의 회전운동도 양자역학의 법칙을 따른다. 즉, 특정 유형의 회전운동만 일어날 수 있다. 이는 회전운동 에너지가 커지면 일산화탄소가 주파수에 따라 규칙적으로 방사선을 방출한다는 의미다. 서로 다른 주파수로 방출된 방사선의 에너지는 차이가 난다. 일산화탄소가 가장 높은 에너지 상태일 때 가장 높은 주파수로 방출되며, 가장 높은 주파수일 때 가장 높은 에너지 상태다. 이러한 에너지 상태는 가스의 온도와 밀도에 따라 달라진다.

밀도 1제곱센티미터당 입자가 수백 개쯤 되고, 온도가 절대 온도 수십 도는 되어야 최저 에너지의 일산화탄소를 방출할 수 있다. 정황상 이 정도를 방출하는 기체는 대량의 분자를 보유한 가스층이 있다는 것을 나타낸다. 가시광선 영역에서 우리가 논의했던 이온화된 가스의 방출선과는 달리 일산화탄소의 방출은 주파수 크기가 적외선의 끝부분과 전파 주파수 사이인 밀리미터 단위이기 때문에 일반적인 광학 망원경으로는 관찰되지 않는다. 대신 전파(파장이 밀리미터 단위인) 망원경에 해당 주파수의 광자를 감지할 수 있는 수신기를 장착하면 관찰이 가능하다. 일산화탄소가 방출되는 것을 감지할 수만 있으면, 전체적인 빛의 양을 측정해(방출되는 기체가 얼마나 멀리 떨어져 있는지 예측할 수 있다고 가정한다면) 이를 일산화탄소의 광도로 변환할 수 있다. 가스를 방출하는 일산화탄소는 분자 수소와 뒤섞여 있어, 분자 수소가 많을수록 일산화탄소도 많이 존재하기 때문에 우리가 측정한 일산화탄소의 광도를 분자 수소의 덩어리로 변환할 수 있다. 따라서 거대 분자운에서 혹은 은하 전체에서 항성을 형성하는 데 쓰일 가스가 얼마나 남았는지 예측할 수 있다.

에전부터 이처럼 우리 은하보다 부피가 훨씬 큰 은하를 관찰하는 것은 꽤 어려운 도전이었다. 머나먼 은하(퀘이사처럼 극단적으로 밝은 은하는 제외)에서 방출하는 희미한 일산화탄소를 감지하는 기술이 개발되지 않았기 때문이다. 하지만 새로운 망원경, 아니 아타카마 대형 밀리미터파 집합체ALMA라는 망원경의 집합체가 개발되면서 모든 게 바뀌고 있다.

ALMA는 지름이 각각 12미터인 50여 개의 접시형 전파 안테나로 구성되어 있으며, 고도 약 5000미터인 칠레의 차이난토르 고원 아타카마 지역에 널찍하게 자리 잡고 있다. ALMA는 미국, 유럽, 일본 등이 주도한 국제적인 프로젝트다. ALMA처럼 다수의 망원경으로 구성된 망원경 집합체의 놀라운 점은 이들이 전기적으로 연결되어 하나의 거대 망원경처럼 작동한다는 것이다. 접시처럼 생긴 집광부(빛을 모으는 '양동이'라는 개념에서 비롯되었다)를 모두 활용해 매우 높은 공간 분해능을 얻을 수 있다. 이런 기술을 간섭측정interferometry이라 한다. ALMA는 밀리미터와 밀리미터 이하 영역에서 믿을 수 없을 만큼 민감하며, 전체 동력을 가동하는 시점에 도달하면 우리 은하 외부의 은하는 물론, 우주가 시작할 때쯤에도 있었던 오래된 은하의 분자 가스까지 감지해낼 수 있을 것이다. ALMA는 천문학 관련 분야에서 놀라운 발전이며, 은하 탐험의 새로운 시대를 열었다. 이것은 앞으로 수십 년 동안 흥미로운 발견을 쏟아낼 것이다.

우리는 지금까지 별이라는 집을 지을 때 쓰이는 벽돌에 해당되는 분자 가스에 대해 이야기했지만, 은하를 구성하는 다른 주요 기체를 살펴보는 것 또한 중요하다. 그것은 중성(즉 전기적으로 하전되지 않은) 원자 수소HI로, 분자가 되기 전의 상태다. 이 에이치 I 가스는 수소 분자가 아닌 하나의 수소 원자로 구성되어 있다. 분자 수소와는 달리 원자는 훨씬 분산되어 있기 때문에, 밀도가 높은 상태로 원반 모양 구조에 갇혀 있지 않다. 원자 수소는 밀도(그리고 밀도에

○

아타카마 대형 밀리미터파 집합체와 그 위로 솜털 같은 두 개의 구름처럼 보이는 마젤란운이 전방에 있는 우리 은하 원반 부분의 많은 별과 함께 빛나고 있다. 마젤란운은 두 개의 대형 동반 왜성이며, 우리 은하의 위성 은하다. 대형 은하에는 대개 위성 은하가 있지만, 그것이 몇 개이고 어떻게 분포하는지 예측하는 것은 은하 생성 모형을 연구하는 과학자들이 해결할 현안이다.

비례하는 밝기)가 작아지기 시작하는 은하의 원반 외곽 끝부분을 찾아내는 데 크게 유용하다. 원자 수소는 쉽게 발견할 수 있는데, 아주 강한 전파를 방출하기 때문이다. 에이치 I 가스는 정확히 주파수 1.4기가헤르츠, 즉 파장이 21센티미터일 때 빛을 방출한다. 앞서 말했듯이 거대 분자운에서 방출되는 일산화탄소나, 별이 형성되는 지역 주변에서 이온화된 가스의 방출선처럼 원자 수소에서 나오는 파장 21센티미터의 방출 역시 방출선이다. 하지만 방출에 따른 물리학적 원리는 역시 약간 다르다. 이는 두 가지 중요한 사실을 말하고 있다. 첫째, 천체물리학에서는 늘 흥미로운 숫자가 관여한다는 점, 둘째, 양자역학과 천체물리학의 연관성을 잘 설명하는 사례를 하나 더 발견할 수 있다는 점이다.

수소 원자는 하나의 양성자와 하나의 전자로 되어 있다(만들어진다). 양자역학에서는 이들 입자에 '스핀spin'이라는 특성이 있다고 보는데, 이는 고전물리학과는 유사성이 없지만 양자의 각운동량과 어느 정도 비슷하다. 어쨌든 양성자와 전자의 스핀은 각각 위와 아래 방향을 지향한다고 볼 수 있기 때문에, 다수의 수소 원자가 있다고 할 때(가정하면) 양성자와 전자가 같은 방향(평행)의 스핀을 갖는 것이 있고, 반대 방향(역평행)의 스핀을 갖는 것이 있다. 스핀이 평행할 때는 평행하지 않을 때보다 더 많은 에너지를 갖는 양자 상태가 된다. 양자계는 게을러서 가장 낮은 에너지 상태에 머무는 것을 좋아한다. 그래서 평행 스핀인 원자가 전자를 튕겨서 스핀의 방향을 반대로 바꿔 양성자의 스핀과 반대 방향이 되게 하는 메커니즘이 존재한다. 이것을 '초미세 분열'이라 하는데, 그 이유는 평행 및 역평행 상태 사이의 에너지 차가 수소 원자의 전체적인 기저 상태 에너지보다 상대적으로 작기 때문이다.

이런 전이 과정에서 상실하는 에너지가 어디론가 가야 하므로, 모든 스핀에서 평행 상태와 역평행 상태 사이의 에너지 차이에 해당되는 하나의 광자를 내보낸다. 이때 광자 하나에 해당되는 전자파가 방출되는데 파장의 길이가 정확히 21센티미터다. 결론적으로 중성 원자 수소는 파장의 길이가 21센티미터로 복사되는 에너지를 흡수할 수도 있다. 이때 에너지는 원자에 의해 흡수되고, 전자와 광자의 스핀을 맞춰 '저장'된다.

초미세 분열은 '금지된' 전이라고 불리는데, 그 이유는 어떤 하나의 원자도 정상적인 조건에서는 초미세 분열이 일어날 확률이 아주 적기 때문이다. 실제로 가능성이 희박해서 평행 상태의 단일한 수소 원자의 초미세 전이 과정은 평균 1000만 년은 기다려야 한다. 1000만 개의 원자를 관찰한다면 1년에 단 하나의 광자만 나오리라 예측된다. 이를 하나의 신호라고 할 수는 없다. 하지만 천체물리학적 시나리오에서는 원자의 크라우드소싱을 이용할 수 있다. 전파 방출이 매우 밝은 가스구름에는 중성 수소 원자가 굉장히 많이 존재한다. 어느 특정 시점에는 수많은 21센티미터 광자가 초미세 전이를 통해 방출되기 때문이다. 놀라운 일이다. 이것은 단일한 원자에서 하나의 광자를 방출하는 양자역학의 확률론적인 방출이며 지구에서는 일어나지 않는 현상이지만, 천체물리학에서는 실제로 외부 은하에서 관찰하기도 했던, 매우 중요한 관찰 가운데 하나다. 1.4기가헤르츠의 전파를 수신할 수 있는 수신기를 장착한 전파망원경은 우리 은하나 다른 은하에 원자 수소가 어디에 있는지를 보여줄 수 있다.

일산화탄소의 측정도 어려웠지만, 국부은하 바깥에 존재하는 원자 수소를 찾아내는 일 역시 쉽지 않다. 움직이는 대상에서 방출되는 모든 전자기 방사선이 그러하듯, 21센티미터 선은 적색편이의 영향을 받아 파장이 길어진다(즉, 주파수는 작아진다). 정지 좌표계에서 주파수 1.4기가헤르츠는 충분히 낮은 값이다. 주파수를 더 낮추면 더 감지하기 어렵다. 우선 1기가

○
근거리 은하 탐사The HI Nearby Galaxy Survey, THINGS에서 관측한 NGC 628 은하에서 볼 수 있는 중성 원자 수소 가스HI의 사진. 에이치 I 가스는 특정 주파수 1.4기가헤르츠에서 전파를 방출한다. 따라서 여기에 전파망원경의 주파수를 맞추면 은하의 중성 원자 가스를 찾아낼 수 있다. 이 사진은 자외선과 적외선(분홍색/자주색)을 에이치 I 가스가 저장된 곳을 발견한 전파 사진(청록색)과 합성한 것이다. 원자 가스 관측으로 항성들이 모여 있는 원반 너머까지 나선 구조(따라서 에이치 I 관측으로 은하의 가스가 많은 지역까지 파악할 수 있다)가 확장되고, 항성을 생성하는 연료가 어떤 물질인지 알 수 있게 된다. 그러려면 중력의 영향으로 수축하여 밀도가 높은 구름을 형성함으로써 그곳에서 분자 수소가 형성되고 별을 생성할 수 있어야 한다.

○

나선은하 M83의 모습을 담은 이 사진은, 젊고 질량이 큰 별에서 나오는 빛(푸른빛과 분홍빛의 나선)이 두드러져 보이는 갈렉스 위성에서 관측한 자외선 영상과 중성 원자 가스(붉은빛)를 관측한 전파 영상을 합성한 것이다. 중성 수소는 별이 많이 모인 중심부 너머에서도 보이고, 부분적으로 푸른빛의 성단에서도 일부 흔적을 찾을 수 있다. 푸른빛의 성단은 크게 확장된 나선팔에서 별이 생성되고 있다는 것을 말해준다. 중성 원자 수소는 은하를 건설하는 물질이며, 극소수의 별이 존재하는 외부 은하 환경을 추적하는 데에도 유용하다.

헤르츠 아래로 전파 영역대를 낮추면, TV나 라디오, 통신 등에서 상업적으로 이용하는 주파수 영역으로 들어가게 된다. 인간이 만든 무선 주파수 간섭 현상 radio frequency interference, RFI 때문에 천문학적 신호의 세기가 작아져, 이들 주파수 영역대에서는 천문학적 관찰이 거의 불가능해진다. 전파망원경으로 통신에서 사용되는 주파수에 가까운 영역대를 관찰하고 싶다면 전파원에서 멀리 떨어진 곳(이를테면 호주의 서부 외딴 지역)에 설치해 RFI를 최소화해야 한다. 또한 지구의 이온층은 광선이 컵에 든 물에 굴절되는 것과 비슷하게 1기가헤르츠 이하의 전파에도 영향을 미치는데, 이를 보정하는 것은 쉽지 않다. 낮은 주파수의 전파가 까다로운 이유는 여러 기술적인 문제 때문이다. 하지만 숱한 장애물이 이제 대형 안테나 배열과 함께, 스펙트럼의 전파 영역에서 아주 미세한 수준의 천문학적인 신호를 뽑아내 처리할 수 있는 매우 강력한 컴퓨터가 개발되면서 점차 사라지고 있다. 그러한 사례로 전파천문학 연구를 위한 LOFAR(저주파 망원경 배열LOw Frequency ARray)가 있다. LOFAR는 네덜란드의 100킬로미터에 달하는 공간에 연결되어 있는 값싼 안테나 수천 개와(전파망원경 하면 연상되는 포물선 모양의 접시보다는 검정 널빤지처럼 생겼다), 최고 1500킬로미터 떨어진 스웨덴, 독일, 영국, 프랑스 등 유럽 지역에 위치한 스테이션으로 구성되어 있다. 이 망원경은 주파수 10~250메가헤르츠의 전파를 감지하도록 설계되었으며, '저주파 우주'라 불리는 영역을 연구하는 데 적합하다. LOFAR가 일반적인 망원경과 다른 점은 안테나가 전 방향을 감지할 수 있어 천체 전체를 한 번에 기록할 수 있다는 것이다. 따라서 하늘의 특정 지점을 관측하고자 하면, 전체 안테나와 (실제로는 소프트웨어에서 정의되는) 렌즈에서 신호를 수집해 슈퍼컴퓨터를 이용해 빠르게 처리한다. 비록 안테나를 이용해 신호를 수신하지만, LOFAR는 기본적으로 디지털 망원경이라 현대적인 연산 능력(시간이 흐를수록 능력이 커지고 효율성이 향상된다)을 기반으로 작동한다.

ALMA와 마찬가지로, LOFAR는 매우 강력하고 혁신적인 망원경으로 21세기 천문학의 혁명적인 발전에 도움을 줄 것이다. LOFAR의 목표 가운데 하나는 중성 원자 수소의 선이 아주 낮은 주파수로 적색편이 되었던 최초의 별과 은하가 형성되었던 시대에 가까운 중성 원자 수소의 21센티미터 선을 찾는 것이다. 이것은 은하 진화 연구의 마지막 개척지가 될 것이다. LOFAR는 실용적인 목적으로 사용할 수도 있는데, 이를테면 하나의 센서네트워크로 지구물리학 연구나 농업 연구에 쓸 수도 있다.

은하의 역학, 중력에 맞춰 춤을

우리는 은하를 구성하는 물질에 대해, 그리고 다양한 도구와 관찰 기법을 이용하여 서로 다른 구성 요소들을 측정하는 방법에 관해 많은 이야기를 했다. 하지만 은하에는 주목해야 할 중요한 성질이 더 있다. 바로 동역학적 성질이다. 은하는 정적이지 않고, 우주의 팽창과 인력의 영향을 받아 서로 상대적인 운동을 한다. 또한 각 은하 내부에서 일어나는 운동이 있다. 우리 은하와 같은 은하에서는 아마도 원반의 회전이 가장 중요한 운동일 것이다. 태양계는 우리 은하의 중심에서 3분의 2 정도 떨어진 곳에 있으며, 초속 200킬로미터 속도로 공전하고 있다. 이런 속도라면 한 번 공전하는 데(은하의 1년이라고 할 수 있다) 2억 5000년 정도 걸린다. 태양계의 공전 속도는 간단한 물리학 법칙을 따른다. 사실 기본적으로 태양 주위의 행성들이 움직이는 물리학 법칙과 동일하다. 간단히 말해 회전 속도는 궤도 중심과 우리 은하 사이에 존재하는 질량에 따라 달라진다. 바꿔 말하면 우리 은하 중심에서 태양의 반경 사이에 존재하는 질량이 얼마인지 알아야 한다.

태양계만 따로 떼어 생각한다면 아주 간단하다. 태양계의 질량은 대부분 한 점, 즉 태양에만 집중되어 있기 때문이다. 행성이 공전하는 형태는 상호 인력보다는 주로 태양의 인력에 따라 정해진다. 내행성은 외행성보다 태양 주위를 더 빠르게 공전한다. 은하의 질량 분포는 조금 복잡하지만, 원리는 똑같다. 서로 다른 반경에 따른 원반의 회전 속도는 중심과 그 사이에 존재하는 질량과 관련 있다.

우리 은하의 중심에 작은 구가 하나 있다고 상상해보자. 그리고 구 내부의 질량을 모두 직접 더할 수 있다고 해보자. 구의 크기가 커질수록 여기에 포함된 은하도 점점 커질 것이다. 이런 식으로 은하의 질량을 조사한다고 생각해보자. 은하를 관측하면서 질량을 구할 때는 우리가 실제 빛으로 관측할 수 있어야 그 질량을 더할 수 있다. 먼저, 은하는 크고 밝은 별들이 모여 있는 중심부에 대부분의 질량이 집중되어 있는 것으로 보인다. 따라서 가상의 구를 확대할수록 구 내부 영역의 질량은 빠르게 커진다. 그리고 나선 원반이 포함되면 그에 따른 질량이 더해진다. 가상의 구가 원반을 넘어서면 별이나 티끌, 가스가 없기 때문에 질량이 더 이상 커지지 않는다. 은하의 총 관측 질량을 구한 것이다. 우리는 이런 식으로 다른 은하의 질량도 구할 수 있다(사실 다른 은하의 질량을 구하기가 더 쉽다. 그 이유는 우리가 있는 곳이 우리 은하의 원반 안에 포함되어 있어 우리 은하를 관측하기는 어렵지만, 다른 은하는 전체 모습을 볼 수 있기 때문이다). 지금까지 우리는 은하 중심에서의 반경에 따른 함수로 은하의 질량을 계산했다. 하지만 원반 부분의 반경에 따른 회전 속도가 그 안에 포함된 질량에 따라 달라진다면, 나선은하의 총질량을 구하는 더 우아한 방법은 '회전곡선rotation curve'을 이용하는 것이다. 회전곡선은 은하 중심에서의 거리에 따른 공전 속도의 변화를 나타낸 것이다.

이는 전통적인 물리학 법칙을 따르는 것이며, 고전물리학을 배운 이라면 많이 들어봤을 것이다. 여기서는 요하네스 케플러가 17세기에 처음 언급한 천체역학의 법칙들이 적용되고 있다. 구체적으로는 케플러의 제3법칙으로, 공전 주기의 제곱은 타원 궤도의 긴반지름semi-major axis의 세제곱에 비례하고, 인력이 작용하는 별의 질량에 역비례한다는 것이다. 바꿔 말하면, 질량이 고정이라면 궤도 반경이 클수록 속력은 작아진다. 질량이 커지면 궤도의 속력도 커진다. 아이작 뉴턴은 케플러의 법칙을 개선했다. 뉴턴은 궤도의 움직임을 중력의 역제곱으로 거의 정확하게 서술했다. 뉴턴이 기술한 중력에 사실과 다른 부분이 있긴 하지만, 당시에는 정확히 관찰하기가 어려웠다. 20세기 초 아인슈타인의 일반상대성 이론은 이런 상세한 부분까지 완성했고, 현재 중력 이론은 이를 기반으로 한다.

회전 속력을 측정하려면 적색편이 현상의 원인이었던 효과에 다시 의존해야 한다. 광원의 관찰자에 대한 상대적인 속도의 차이가 방출되는 빛의 파장(주파수)에 작은 변화를 일으킨다는 것이다. 따라서 원반이 다른 속력으로 회전한다면, 이미 알려진 방출 주파수를 측정해 이를 추적할 수 있다. 자연에는 이런 측정을 할 수 있는 간편한 방법이 있다. 중성 원자 수소 가스에서 방출된 21센티미터 전파를 이용하면 된다. 원자 수소는 우리 은하와 같은 여러 은하에 풍부하게 존재하며 원반 구석구석까지 퍼져 있어, 은하의 회전을 측정하기가 용이하다. 정지 좌표계에서 관측된 주파수의 변화는 속도의 변화로 나타낼 수 있기 때문에, 우리 은하 전체에 존재하는 에이치 I 구름의 상대 속도를 측정한다면 은하 전체의 회전을 측정할 수 있다. 마찬가지로 별에서 나오는 가시광선이나 이온화된 가스도 주파수 변화를 정확히 측정할 수 있다면 같은 방법을 써서 속도를 구할 수 있다. 단지 에이치 I이 대규모 환경에서 유용하게 이용되는 것뿐이다.

은하의 회전곡선 개념은 너무 당연하게 여겨져 크게 기대하지 않았을 수도 있다. 하지만 실제로 회전곡선을 정확히 측정하자 중요한 사실이 드러났다. 천문학자들은 원반은하의 회전곡선이 케플러의 예측에 따라 눈에 보이는 물질의 질량을 검증할 수 있을 것으로 기대했다. 즉, 회전곡선으로 얻은 질량이 별이나 가스 등 눈에 보이는 물질의 질량의 합과 같을 것이라 짐작했다. 하지만 데이터는 예상 밖이었다. 은하의 질량이 눈에 보이는 물질과 같은 식으로 분포되어 있다면, 우리는 원반의 궤도 속도가 중심부에서 급격히 커지고 가장자리로 갈수록 줄 것이라고 예상할 수 있다. 그러나 관측된 원반은하의 회전 속도는 반경이 커져도 줄지 않았고, 중심에서 벗어났을 때도 꽤 일정한 속도를 유지했다.

이것은 기이한 현상이었다. 이론에 따른 계산과 실제 관측 결과가 일치하지 않았던 것이다. 다행히 해결책까지는 아니지만 가설을 세울 수는 있었다. 그렇게 평평한 회전곡선이 나오려면 은하 내부에 추가적인 구성 요소가 있어서 질량을 차지하고 있다고 생각할 수 있다. 이 요소가 은하 전체에 퍼져 있어 별의 밀도가 낮은 원반의 바깥으로 가더라도 질량의 분포가 일정하게 유지되는 것이다. 평평한 은하 회전곡선은 암흑물질의 존재를 입증하는 주요 단서다. 이 연구는 미국의 천문학자 베라 루빈이 1970년대 말에 처음 착수했다. 루빈은 분광기를 사용해 나선은하들을 정확히 관측함으로써 회전곡선을 얻어냈다. 루빈은 이런 탁월한 성과로 우리 은하를 비롯한 은하들에 기존의 일반적인 물질 외에 암흑물질이 엄청나게 많이 존재한다는 사실을 최초로 밝혀냈다. 실제로 괴짜 천문학자 프리츠 츠비키가 1930년대에 이미 질량이 큰 성단의 운동을 설명하면서 암흑물질이 존재한다고 주장한 바 있다. 하지만 츠비키는 괴팍한 성격 탓에 적이 많았고, 그의 가설은 천문학계에서 주목을 받지 못했다. 하지만 관측 결과 암흑물질이 다른 물질보다 훨씬 많이 존재한다는 단서가 확실해지면서 은하에 대한 우리 이해는 변화하기 시작했다.

암흑물질을 둘러싼 미스터리가 일부 남아 있지만, 이는 단지 우리가 암흑물질을 완전히 이해하지 못했기 때문이다. 회전곡선 같은 단서에서 암흑물질이 미치는 영향을 분명하게 볼 수는 있지만, 아직까지 우리에게 보이지 않는 물질이 무엇인지 직접 관측하지 못했다. 또한 암흑물질이 '일반적인' 물질(양성자와 중성자, 전자로 구성된 물질을 뜻한다)과 중력을 제외하고 서로 영향을 미친다는 유력한 단서는 존재하지 않는다. 천문학자들은 암흑물질이 암흑 상태로 있기를 바라지 않는다. 우리는 그것이 뭔지 알아내려 필사적으로 노력하고 있다. 하지만 암흑물질을 직접 관측할 때까지 (혹은 실험을 통해 밝혀낼 때까지) 암흑물질은 우주의 작동 원리에 대한 모형의 이론적인 구성 요소로만 남아 있을 것이다. 그렇더라도 제법 훌륭한 모형인 것은 사실이다. 지금까지 우리가 확립한 암흑물질에 대한 우주의 모형은 여러 광범위한 현상을 아주 잘 설명해내 암흑물질이 존재한다고 충분히 확신한다. 다만 눈에 보이지 않을 뿐이다.

따라서 우리가 바라보는 우주의 모형은 이렇게 바뀐다. 우주에는 일반적인 '바리온'(비교적 질량이 큰 양성자, 중성자 등의 중입자重粒子—옮긴이) 물질 외에 암흑물질도 존재한다. 현재 모형에 따르면 암흑물질이 일반적인 물질보다 다섯 배 정도 질량이 크다. 따라서 항성과 행성을 형성하는 가스가 되는 일반적인 물질보다 암흑물질이 훨씬 많이 존재한다.

우리는 흔히 은하의 정상 바리온 물질이 암흑물질의 '헤일로'에 분포되어 있다고 묘사한다. 우리 은하와 같은 나선은하의 밝게 빛나는 원반은 전통적인 유리구슬의 알록달록한 중심부처럼 보인다. 암흑물질 헤일로를 포함한 우리 은하의 전체 질량은 태양의 약 1000억 배나 되지만, 우주에서 가장 큰 암흑물질 헤일로(은하 성단을 포함한)의 질량은 그것의 1000배 이상도 될 수 있다. 우리는 어떻게 암흑물질과 정상 바리온 물질이 뒤섞여 은하를 구성한다고 생각하게 되었는지 나중에 살펴볼 것이다. 그 전에 다른 유형의 은하를 자세히 살펴봐야 한다.

은하의 여러 유형과 우주의 거미줄

우리 은하도 나선은하이긴 하지만, 다른 나선은하들을 보면 다양한 '나선 유형'이 존재한다는 것을 알 수 있다. 이를테면 중심에 있는 팽대부 주변에 나선팔이 얼마나 촘촘히 감겨 있는지에 따라, 그리고 팽대부 자체의 크기와 밝기에 따라 여러 유형이 존재한다. 이들은 하나의 분류 체계로 나뉠 수 있다. 즉 Sa, Sb, Sc, Sd 등으로 구분할 수 있는데, 여기서 S는 나선spiral을 뜻하며 a, b, c, d는 나선 부분과 팽대부의 유형을 뜻한다. 나선팔이 촘촘하게 커다란 팽대부를 감싸고 있는 모습(Sa)에서, 팽대부가 그리 크진 않지만 나선팔이 많이 모여 있는(정의가 모호하긴 하나) 모습(Sd)까지 다양하다.

나선은하의 60~70퍼센트는 또 다른 흥미로운 특징을 지니고 있다. 팽대부에서 '막대'가 튀어나와 바퀴살처럼 나선팔의 안쪽 부분과 연결된 것이다. 막대가 없는 나선은하처럼 막대나선은하 역시 SBa, SBb 등의 분류 체계가 있다. 막대나선은하는 흔히 관측되며, 우리 은하도 막대가 있는 것으로 보인다. 막대가 형성되는 것은 역학적으로 불안정하기 때문인데, 원반 부분의 밀도가 일정하지 않아 형성되는 것으로 여겨진다. 막대의 중요한 특징 하나는 별과 가스를 팽대부로 수송하는 역할이다. 어쩌면 막대는 중심에서 별을 생성하고 블랙홀이 성장하는 동력이 되며, 전체적인 은하의 진화에 기여하는 것일 수도 있다.

우리 은하보다 훨씬 작은 은하도 있다. 질량이 작고 특별한 형태 없이 별이 분포되어 있다. 이런 무정형의 불규칙한 은하를 왜소은하라고 한다. 이들은 대개 별을 생성하지만 그 생성률은 상대적으로 높지 않다. 마찬가지로 항성 수도 상대적으로 적기 때문에 대체로 어두우며, 먼 거리에서는 잘 보이지 않는다. 왜소은하는 일반적으로 큰 은하 외곽에 붙어 있다. 우리 은하에도 위성 왜소은하가 몇 개 있다. 가장 유명하고 큰 것은 1장에서 봤던 마젤란운이며, 남반구에서 쉽게 관측된다.

우리 은하 같은 대형 은하에 위성 왜소은하들이 있다는 사실과 우리 은하도 국부은하군의 일부라는 점에서 우리는 우주의 물질이 계층적으로 구성되어 있다는 단서를 얻는다. 대형 구조물은 그보다는 작은 구조물들이 모여서 구성된 것이다. 우리가 보는 물질의 전체적인 분포는 우주 역사가 시작되는 시점(빅뱅이 일어난 직후)에 정해졌고, 줄곧 중력의 영향을 받아왔다. 은하에 '장성walls'이나 '은하 시트sheets'라고 하는 거대한 구조물(성단보다 훨씬 큰)이 존재한다는 사실이 대규모 연구활동에서 밝혀졌다(가장 유명한 것으로는 '슬론 디지털 스카이 서베이'에서 발견한 슬론 장벽이다). 하지만 다수의 은하가 모여 은하 필라멘트를 구성했을 때, 이들 은하 필라멘트 사이에는 거시공동void(완전히 빈, 수백만 파섹이나 벌어진 틈)이 존재한다는 사실도 드러났다.

이러한 거미줄 같은 우주에서 밀도가 높은 지점에는 2장에서 처음 봤던 처녀자리 은하단과 유사한 은하단이 존재한다. 이러한 은하단에는 우주에서 질량이 가장 큰 은하인 타원은하들이 속해 있다. 타원은하는 물리적으로 우리 은하보다 크기가 크고 질량도 100배나 더 나간다. 이름에서 연상할 수 있듯 타원은하는 원반 부분이 평평하지 않고 둥글납작한 모양으로 별이 모여 있다. 축구공을 찌그러뜨려 럭비공처럼 만든다고 생각해보라. 타원은하는 축구공과 럭비공 모양의 중간(축구공 모양에 가까운 것을 회전구면체라고 한다)쯤이다. 타원은하는 찌그러진 정도에 따라 분류한다(타원은하와 같은 모양의 입체를 전문 용어로 단축 회전타원체oblate spheroid라고 한다). 타원은하에는 나선은하와 구별되는 또 다른 주요 특징이 있다. 타원은하는 더 이상 별을 생성하지 않으며, 질량이 큰 반면 가스 보유량은 아주 적다. 이런 은하를 '비활성passive' 은하라고 한다.

타원은하는 별 특징이 없고 별이 골고루 분포되어 있어 형태상 평범하다. 때로 타원은하에 밀집한 성간티끌로 이루어진 긴 띠가 생겨 빛을 차단하는 모습을 볼 수 있다. 이것은 과거 활발하게 활동했던 시기의 잔여물로 별을 형성하고 남은 찌꺼기다. 타원은하는 별을 생성하지 않을 뿐만 아니라 나이가 아주 많은데, 이는 색깔로 분명하게 알 수 있다. 더욱이 타원은하에 있는 모든 별에서 오는 빛은 가시광선의 붉은 부분에 위치한다. 앞서 논의한 것처럼 이는 나중에 형성된 젊고 질량이 큰 별들이 수명이 다해 사라진 지 오래라는 뜻이다. 남아 있는 질량이 작은 별들은 정해진 경로를 따라 진화할 뿐이다. 이렇게 나이가 들면서 은하는 녹이라도 슨 듯 붉은빛을 띤다. 타원은하의 나이를 예측해 보면(즉, 타원은하에 있는 별들의 나이 평균), 대부분의 별이 우주 역사의 극초반부, 즉 100억 년에서 120억 년 전쯤에 형성되었다는 것을 알게 된다. 이를 통해 우리는 고대 우주가, 은하의 성장이라는 관점에서 본다면, 요즘보다 훨씬 활발한 시기였다는 것을 짐작할 수 있다.

타원은하의 역학적 특징은 어떨까? 우리 은하와 비교하면 어떤 차이가 있을까? 타원은하의 별들은 원반 부분에 분포되어 있지 않으며, 정해진 궤도를 따라 중심부를 회전운동하지 않는다. 그 대신 혜성 수백만 개가 밝은 빛 주변에 모여 방사형 궤도를 움직인다. 여기서도 별의 운동은 은하 전체의 질량에 따른 중력으로 결정된다. 그리고 나선은하의 회전곡선을 구할 때처럼, 관측 기법을 이용하여 이런 운동을 측정할 수 있기 때문에 전체 질량도 측정된다.

타원은하는 비활성 은하이기 때문에 대개 밝은 방출선이 스펙트럼에 나타나지 않는다. 그래서 체적운동bulk motion에서 나타나는 도플러 효과의 주파수 변화를 이용할 수 있다. 대신 타원은하에는 흡수선이 많다. 흡수선은 연속적인 별빛의 스펙트럼에서 중간에 이가 빠진 것처럼 검게 보이는 부분을 말한다. 이는 특정 주파수의 에너지를 흡수하는 중원소 때문에 발생한다. 타원은하는 오랜 진화과정을 거친 별이 많기 때문에 금속이 많다. 방출선과 마찬가지로 흡수선 역시 정확한 주파수에서만 발생한다. 은하의 별들이 상대적으로 정지 상태에 있다면 은하의 스펙트럼은 별에 존재하는 원소에 해당되는 일련의 아주 좁은 흡수선을 보일 것이다. 하지만 별들은 상대적으로 정지 상태에 있지 않다. 은하의 중력 퍼텐셜의 영향을 받아 모두 불특정 궤도를 따라 움직인다. 따라서 흡수선은 모두 스펙트럼의 같은 곳에서 나타나지 않고 주파수에 따라 약간씩 옮겨진 곳에 나타나며, 이는 은하의 적색편이의 평균값에 비례한다. 스펙트럼을 측정할 때 우리는 각 흡수선을 쉽게 파악할 수 있지만(이를테면 마그네슘 흡수선), 하나의 별이었을 때보다 흡수선의 너비는 조금 넓어진다.

이렇게 넓어지는 이유는 별이 스펙트럼에 기여하는 상대 속도의 분포 때문이다. 충분한 해상도의 분광사진기를 이용하면 흡수선의 너비(주파수)를 측정할 수 있고 속도의 '분산값'을 예측할 수 있다. 속도의 폭은 (뉴턴 물리학에 따라) 시스템의 전체 질량과 직접적인 관련이 있기 때문에, 타원은하의 질량을 측정할 수 있다. 이는 매우 놀라운 일이다. 이 방법은 거리가 가까울 때는 신호 대잡음비가 아주 큰 스펙트럼을 구하는 게 가능해 상대적으로 손쉬운 방법이라 할 수 있지만, 은하가 먼 거리에 있을 때는 훨씬 어렵다. 방출선을 측정할 때보다 훨씬 어려운데, 그 이유는 스펙트럼에서 아주 밝은 부분이 아닌 빛이 없는 부분을 찾아내야 하기 때문이다.

마지막으로, 적어도 형태학적으로는 타원은하와 나선은하 사이에 들어가는 은하의 유형이 하나 있다. 이들은 렌즈형 은하라고 부르며, 'S0' 은하('에스 제로'라고 읽는다)라고도 한다. 이들 은하 역시 무리지어 분포하곤 하지만, 은하단 외부에 은하가 평균적인 밀도로 존재하는 '장field'이라 일컫는 영역에서도 볼 수 있다. 나선은하와 마찬가지로 S0 은하도 다소 납작한 원반 모양을 하고 있지만 나선팔이 없다(S0는 '나선은하Spiral galaxy+나선팔이 0개'에서 나온 명칭이다). 별은 상당히 고르게 분포되어 있고, 렌즈형 은하 역시 타원은하처럼 비활성이다. 또한 나선은하처럼 중심에 팽대부가 있지만, 일반적인 나선은하보다 훨씬 크며 은하의 상당 부분을 차지한다. 별이 고르게 분포되어 있고 나이를 먹은 별이 많아 균일한 색을 띠는 까닭에 S0 은하가 정면으로 보이면 타원은하와 구분하기 쉽지 않다. 하지만 S0 은하가 측면에서 약간 기울어져 있으면 차이는 분명히 드러난다. 대표적인 예로 용자리에서 볼 수 있는 방추은하Spindle Galaxy가 있는데, 이는 렌즈형 은하로 거의 측면만 보인다. 방추은하에는 밀도가 높은 원반 부분에 별이 진화하고 남은 흔적인 인상적인 먼지띠가 보인다. 이 먼지띠는 폭이 좁고 어두우며, 은하 전반에 퍼져 반대편에서 오는 빛을 차단한다.

에드윈 허블은 은하를 형태에 따라 타원은하, 나선은하, 렌즈형 은하(Sa, Sb, E 등등)로 구분하는 분류법을 제시했다. 이 분류법은 은하가 진화하면서 변형된다는 아이디어에 기초하고 있다. 지금은 이것이 사실과 다른, 적어도 처음 제안된 내용과는 다른 것으로 알려져 있다. 이 분류법에서는 은하의 형태가 나선과 타원 모양인 데 따라 각각 나선은하, 타원은하라는 이름을 붙였고, 이들을 '허블순차Hubble sequence'에 따라 배열했다. 허블순차는 구에 가까운 타원은하(E0)에서 시작해 타원의 형태에 따라 다양한 등급(E1에서 E7까지)으로 구분했다. 그다음에는 약간 애매모호한 S0 등급이 나오는데, (형태상) 타원은하와 나선은하 사이 어딘가에 위치한다. S0 등급 다음에는 두 갈래로 나뉜다. 한 갈래에는 Sa, Sb 등의 나선은하가 있고, 다른 갈래에는 막대나선은하인 SBa, SBb 등이 있다. 이런 분기점 때문에 허블순차는 허블소리굽쇠Hubble Turning Fork라고 불리기도 한다. 이들 유형 사이에 물리적인 관계가 있는 것은 아니지만, 그럼에도 은하의 유형을 분류하기 편리한 까닭에 오늘날까지 사용되고 있다. 만일 천문학자가 어떤 은하에 대해 '여기 Sab 은하가 하나 있는데, 이러저러한 점이 흥미롭다'고 말한다면, 모두 무엇에 대해 이야기하는지 알아들을 것이다. 왜소은하는 이 분류법에 맞지 않으며, 때로 '불규칙' 은하로 분류되어 나선은하의 끝부분에 위치한다. 허블순차는 일반적으로 모든 종류의 질량이 크고 진화된 은하를 포함하지만, 중력의 영향으로 은하 사이에 상호작용을 하거나 결합하는 형태적인 변화를 기술하지는 않는다. 나중에 논의할 텐데, 은하 사이의 상호작용은 일부 은하의 진화사에서 매우 중요한 역할을 한다.

은하의 중심

우리는 지금까지 팽대부에 대해서는 그리 많은 이야기를 하지 않았다. 팽대부는 은하의 중심에 위치한 밀도가 가장 높은 부분이다. 우리 은하의 팽대부는 별과 티끌의 밀도가 높아서 가시광선으로 직접 볼 수는 없다. 근적외선을 이용하면 가로막고 있는 티끌을 투과할 수 있는데, 이는 티끌에 흡수되는 빛이 줄어들기 때문이다. 근적외선을 이용하면 수많은 별을 볼 수 있다. 은하 심층부 영상들에서 우리는 우리 은하의 중심에 엄청나게 많은 별이 있다는 것을 알 수 있다. 어떤 측면에서 보면, 팽대부는 무작위 궤도운동을 하는 오래된 별로 구성된 작은 타원은하라고 할 수 있다. 하지만 팽대부의 활동이 정지한 것은 아니다. 우리 은하와 같은 나선은하의 팽대부 중심에서는 여전히 활동을 하고 있다. 나선은하들의 핵 부분의 공통된 특징은 가스와 티끌의 밀도가 높은 원반이라는 점이다. 원반 부분에서는 굉장히 빠른 속도로 별을 형성할 수 있다. 일부 은하는 별 생성 속도가 지나치게 높은데, 그 이유는 대부분 나선에 존재하는 가스가 막대 부분을 통해 중심으로 이동하며 그곳에 축적된 가스의 밀도가 높아지곤 하기 때문이다. 우리 은하를 막대나선은하라고 하지만, 중심핵 부분의 활동으로만 보면 완전히 막대나선은하라고는 할 수 없다. 그럼에도 어쨌든 은하의 중심부는 흥미로운 천체물리학적 공간이다.

팽대부가 아주 큰 은하는 모두 중심부에 초대질량 블랙홀이 있다. 우리는 2장에서 퀘이사와 일부 은하에서 초대질량 블랙홀이 주위 물질을 끌어들이면서 활발히 성장해 엄청난 에너지를 방출하며, 이는 은하에서 방출하는 에너지의 대부분을 차지한다는 사실을 알게 되었다. 하지만 대부분의 은하에서 초대질량 블랙홀은 자리만 차지할 뿐 휴면 상태로 아무런 활동도 하지 않는다. 타원은하는 새로운 별을 생성하진 않지만, 중심부에 활성화 상태의 블랙홀이 있는 경우가 있다. 이런 블랙홀은 에너지가 충만한 입자(이를테면 전자 등)를 광속에 가까운 속도로 외부로 보내기도 한다. 이처럼 빠른 속도로 움직이는 입자가 은하의 자기장이나 다른 가스와 상호작용하면 전파가 방출된다. 가끔 전파 제

○

하늘에 보이는 은하의 방향은 제각각(일부 환경에서는 중력이 은하의 방향에 영향을 미치기도 한다)이며, 옆면, 정면 혹은 그 중간 모습이 보인다. 사자자리 세쌍둥이 은하를 보면 쉽게 이해할 수 있다. 사자자리 세쌍둥이 은하는 나선은하로 사자자리의 일부다. 천문학에서는 대개 발견된 별자리(안드로메다은하처럼)를 따서 이름을 붙인다. 사실 은하가 별보다 훨씬 멀리 떨어져 있지만, 별자리는 쉽게 알아볼 수 있어 특정 대상이 하늘 어디에 있는지에 대해 소통할 때 편리하다.

○
머리털자리 은하단 중심부 깊은 곳에 있는 나선은하 NGC 4911의 모습. 중심부의 밝은 나선 주위에 길게 뻗어나간 나선팔에서 방출되는 흐릿한 항성의 빛이 보인다. 중심부의 밝은 나선은 젊은 별과 에이치 II 영역에서 방출되는 빛으로 푸른빛과 분홍빛을 띠며, 티끌의 흔적이 보인다. 바깥 부분의 나선팔은 주변 은하의 중력으로 뒤틀려 있다. 은하단 내부의 혼잡한 환경에서 은하 사이의 중력의 상호작용은 흔히 일어날 수 있다. 이로써 별 생성의 역사가 바뀌거나, 다음 세대 항성을 생성하는 재료인 가스 저장소가 없어지는 것은 물론이고, 원반부의 형태가 바뀌기도 한다.

○

티끌이 자욱한 타원은하. NGC 1316은 상대적으로 가까운 거리에 있는 화로자리 은하단에 속해 있다. 나선은하들이 합쳐져 만들어진 이 은하의 티끌은 그 잔해로 추정된다.

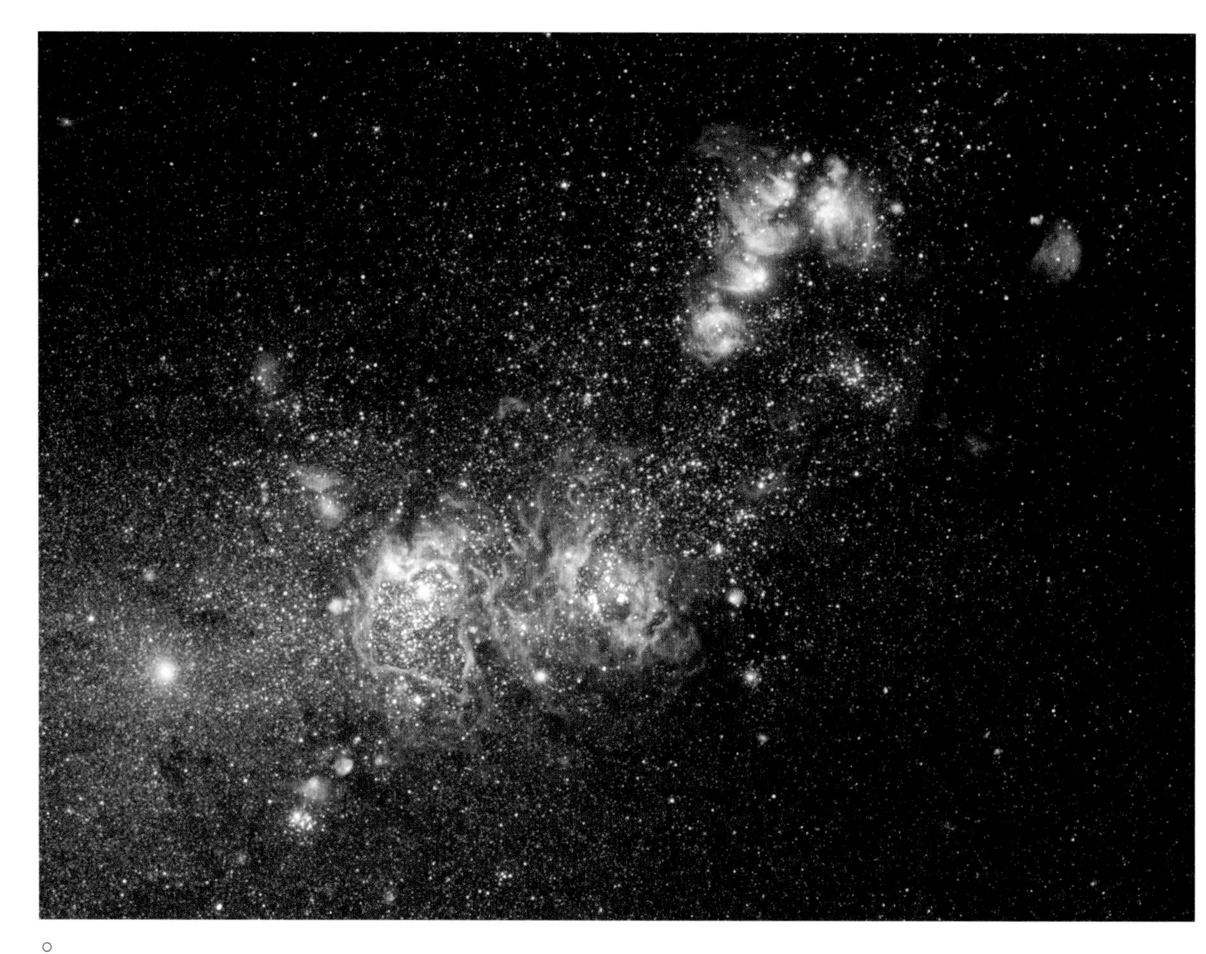

○

'불규칙' 왜소은하의 하나인 NGC 4214가 폭발적 항성 생성을 하고 있다. 왜소은하는 우주에서 질량이 가장 작은 은하이지만, 새로운 별을 많이 생성하며 대부분 형태가 일관되진 않다. 이 사진에서는 젊고 푸른빛의 항성과 별 생성 지역에서 빛나는 이온화 수소가 두드러져 보인다. 새롭게 태어난 성단은 항성풍과 복사압을 이용해 생성한 가스구름을 제자리로 돌려놓고 있다. 그 모습을 이 사진에서 볼 수 있다. 왼쪽 하단의 밝게 빛나는 성단에서 에이치 II 성운에 둘러싸인 동공이 형성되고 있다.

○

NGC 5011B와 NGC 5011C. 은하의 유형이 매우 다양하다는 것을 보여주는 사례들이다. 한쪽에는 수십억 개의 항성이 밝게 빛나는 렌즈형 은하의 측면이, 원반과 팽대부의 모습과 함께 뚜렷이 보인다. 다른 쪽에는 '표면 온도가 상당히 낮은' 푸른빛 항성들이 상대적으로 밀도가 낮은 형태로 둥글게 모여 있다. 이 두 은하는 하늘에서는 가까운 곳에 있는 것 같지만 엄청나게 멀리 떨어져 있다. 왼쪽의 왜소은하는 지구와 상당히 가까운 곳에 있는 반면, 다른 쪽에 있는 은하는 켄타우루스 은하단에 있으며, 5000만 파섹 정도 떨어져 있다.

ㅇ
불규칙 왜소은하인 버나드 은하. 국부은하군에 속해 있다. 우리 은하의 이웃 은하다. 왜소은하는 우리 은하보다 질량이 훨씬 작으며, 대개 특별한 형태 없이 별과 가스가 모여 있다. 어떤 것은 질량이 큰 은하에 붙어 있기도 하다. 수소 가스가 빛을 내는 모습이 여러 송이의 장미꽃 같다. 왕성하게 별을 생성하는 지역의 특징이다.

○
별이 많이 모여 있는 곳은 화로자리 왜소은하라는 곳이다. 우리 은하의 위성 은하로 질량이 작다. 왜소은하는 대부분 불규칙 은하이지만, 이 은하는 구형 왜소은하로 분류된다. 별이 모여 있는 형태가 구에 가깝고 일정하기 때문이다.

트(가늘고 강력하면서 평행한 광선)를 볼 수 있는데, 은하에서 은하 외부 공간으로 튀어나오며 장관을 이룬다.

내가 예로 들기 가장 좋아하는 것은, 1세제곱미터 정육면체 모형에서 봤던 켄타우루스자리 A 은하다. 가시광선으로 촬영한 이 은하의 모습은 평범한 타원은하 같다(은하 전체를 가로지르는 먼지띠가 꽤 인상적이다). 하지만 전파망원경으로 촬영하면 완전히 다른 그림이 나온다. 별은 하나도 보이지 않지만(별은 강력한 전파를 방출하지 않기 때문이다), 대신 핵에서 한 쌍의 전파제트가 뿜어져 나와, 은하 사이의 압력이 낮은 공간에 들어가면 거대한 돌출부lobe로 성장하는 모습을 볼 수 있다. 찬드라 관측선을 이용하여 X선 관측을 한 결과, 제트는 고에너지 방출과 연관 있다는 사실 또한 밝혀졌다. 특히 제트가 성간물질 및 은하 주위의 물질과 부딪치면서 뜨거워진 기체가 두드러져 보인다. 켄타우루스자리 A 은하를 다른 파장에서 관찰하지 않았다면, 특히 전파로 관찰하지 않았다면 중심부의 초대질량 블랙홀과 관련된 천체물리학적 법칙을 발견하지 못했을 것이다.

전파 주파수로 하는 대규모 천체 관측은 자주 있는데, 우주를 다른 시각으로 보게 해준다. 켄타우루스자리 A 은하처럼 전파제트를 방출하는 은하들이 그리 희귀한 것은 아니며(켄타우루스자리 A가 꽤 가까운 곳에 있어 세부까지 촬영하기 편리해서일 뿐이다), 다른 많은 은하도 전파 방출을 이용해서 찾아낼 수 있다. 핵융합이 활발한 은하 외에도 왕성하게 별을 형성하는 은하들은 아주 강한 전파를 방출하곤 한다. 전파를 방출하는 원인은 하전된 전하의 가속과 자기장(모든 은하에는 자기장이 존재한다)의 상호작용 때문이다. 별을 형성하는 은하에서 가속도가 발생하는 것은 블랙홀이 아니라 초신성의 폭발이 일어날 때다. 이때 전자들은 광속과 그리 차이 나지 않는 속도까지 가속되어 성간물질을 가로지른다. 초신성의 파편에서 나온 전자들은 은하의 자기장과 만나 나선운동을 하며, 싱크로트론synchrotron 방출이라 불리는 일종의 연속 복사를 배출한다. 따라서 왕성하게 성장하는 은하를 찾으려면 전파를 방출하는 은하를 찾으면 된다. 이 방법이 좋은 이유는, 전파 방출은 가시광선과는 달리 성간티끌 흡수에 영향을 받지 않는 까닭에 왕성하게 활동하지만 티끌에 가려 전통적인 방법으로는 관측하지 못했던 은하를 발견할 수 있기 때문이다.

은하 중심부에 있는 초대질량 블랙홀 중에는 활성화 상태인 것도 있고 아닌 것도 있다. 어쨌든 이들은 모두 블랙홀이 되었으며, 블랙홀이 되기 위한 성장 단계를 거쳤다. 천문학자들은 블랙홀의 성질과 블랙홀이 자리하고 있는 '주인' 은하가 어떤 관계를 맺고 있는지를 연구해 흥미로운 점을 발견했다. 블랙홀은 은하가 어떻게 형성되었는지에 대한 단서 한 조각을 가지고 있었다. 천문학자들은 중심부에 있는 블랙홀의 질량을 알아내려 했다. 팽대부를 감싸고 있는 별에 속도 분산 기법을 적용해 분광기로 질량을 측정할 수 있었다. 그러자 어떤 추세가 분명하게 드러났다. 팽대부가 클수록 블랙홀도 크다는 것이었다.

이는 그리 놀라운 사실이 아니다. '큰 것은 다 크다big things are big'라는 표현은 천문학에서 흔히 듣는 말이다. 그렇다면 이 관계가 왜 흥미로울까? 여기서 놀라운 점은 물리적인 크기의 규모가 다르다는 것이다. 초대질량 블랙홀과 이들이 영향력을 미치는 범위는 초대질량 블랙홀을 둘러싸고 있는 팽대부의 크기보다 수백만 배는 작다. 마치 성당에 파리가 있는 것과 같다. 거칠게 표현하자면, 팽대부가 크다고 해서 중심부에 있는 블랙홀이 자신이 커져야 한다는 것을 어떻게 '알 수 있단' 말인가? 중심부 블랙홀의 성장과 팽대부의 성장이 물리적으로 어떻게든 관련 있다면, 어떤 과정을 거쳐 블랙홀과 팽대부가 나란히 성장하는 것일까? 그런 과정이 존재한다면, 이는 은하의 진화에서 핵심적인 역할을 할 것이다.

가장 설득력 있는 이론은 중심부 블랙홀과 팽대부의 별이 성장하는 것은 거의 같은 시점에 일어나며 그들 사이는 피드백이라는 메커니즘과 관련 있다는 것이다. 별과 중심부 블랙홀은 모두 어떤 물질을 만들기 위한 기본적인 재료인 가스를 필요로 한다. 가스는 중력의 영향을 받아 수축하여 은하와 밀집성(거대 분자운, 별 등)을 형성한다. 하지만 은하가 성장하는 데 중력만 역할하는 것은 아니다. 우리는 어떻게 블랙홀이 물질을 끌어들이고, 그 결과 강력한 전자기 방사와 은하를 관통하는 제트 형태로 에너지를 배출하는지 알고 있다. 이 에너

전파 관측 덕분에 놀라운 광경을 볼 수 있게 되었다. 전파(자주색)와 가시광선의 영상을 합성한 이 사진은 전파은하 헤르쿨레스 A의 아름다운 모습을 보여준다. 타원은하의 중심부에는 '활성화' 상태의 초대질량 블랙홀이 있으며, 새로운 물질(가스와 티끌, 항성들)을 끌어들여 먹잇감으로 삼는다. 이런 활동의 결과 강력한 전파를 방출하는 제트가 생성되어, 은하를 뚫고 바깥 공간으로 빠져나간다. 마치 연기가 피어오르듯, 방출된 전파는 아주 먼 거리까지 퍼져나간다. 이런 강력한 전파원들은 은하의 진화에서 매우 중요한 역할을 한다. 전파원이 수인 은하와 주변 은하 환경에 축적한 에너지는 은하들의 별 생성 역사를 바꿀 수 있기 때문이며, 이 과정을 피드백이라고 한다.

지는 은하 외부의 공간으로 사라지지 않는다. 어떤 것이든 마주치는 것과 상호작용을 한다. 중심부의 블랙홀은 은하 깊은 곳에 있어 핵 복사에 필요한 물질을 많이 가지고 있고, 제트나 유출물 등과 상호작용을 한다.

중심부 블랙홀의 에너지가 주변 물질에 방출되면서 결과적으로 나타나는 현상으로 크게 두 가지가 있다. 충격파와 이온화 방사선을 이용해 성간 기체를 가열하는 것과, 블랙홀의 크기가 커지면서 나오는 유출물 때문에 기체와 티끌이 사라지는 것이다(켄타우루스자리 A 은하의 빛줄기를 보라. 그들이 어떻게 성간 물질에 영향을 미치지 않고 은하 사이를 헤치고 지나갈 수 있겠는가). 결과는 어떻게 될까? 블랙홀이 커지면서 방출된 에너지로 가열된 은하의 가스는 새로운 별을 생성할 수 없다. 왜냐하면 핵융합을 시작하는 데 필요한 밀도가 큰 원시성의 중심부를 형성하기 위한 수축을 할 수 없기 때문이다(그러려면 추가적인 에너지를 더 방출해야 한다). 혹은 더 심한 경우 주위에 있는 가스가 완전히 없어지기도 한다. 따라서 블랙홀의 성장은 주위에 있는 별의 성장에 영향을 미치며, 결과적으로 팽대부의 크기를 조절한다.

같은 이유로 블랙홀도 이러한 공격을 무한정 계속할 수는 없다. 결국 성장하는 데 필요한 물질이 사라질 것이다. 블랙홀이 물질을 끌어들이지 않으면 피드백 에너지는 더 이상 공급되지 않는다. 하지만 시간이 많이 지나면 주위 기체는 냉각되기 시작해 다시 수축할 것이다(잊지 말 것은, 중력은 인내심이 강하다는 점이다. 즉 언제나 '가동 중'이다). 결과적으로 블랙홀과 팽대부의 질량은 남아 있는 물질의 질량을 더한 값이 될 것이다. 하지만 블랙홀의 성장과 그 주변에서 벌어지는 새로운 별이 생성되는 것 사이의 상호작용은 중심부 블랙홀과 팽대부 안에 있는 별의 질량 사이의 상관관계로 나타나는 것으로 보인다. 이 부분은 이론적으로나 관측활동 면에서나 연구가 활발히 진행되고 있다. 은하의 중심은 들여다보기 어려워 정확한 천체물리학적 지식을 구축하기는 쉽지 않다. 하지만 관측 기술이 발전하면서 은하 중심부의 성장에 대한 세밀한 지식이 점점 쌓이고 있다.

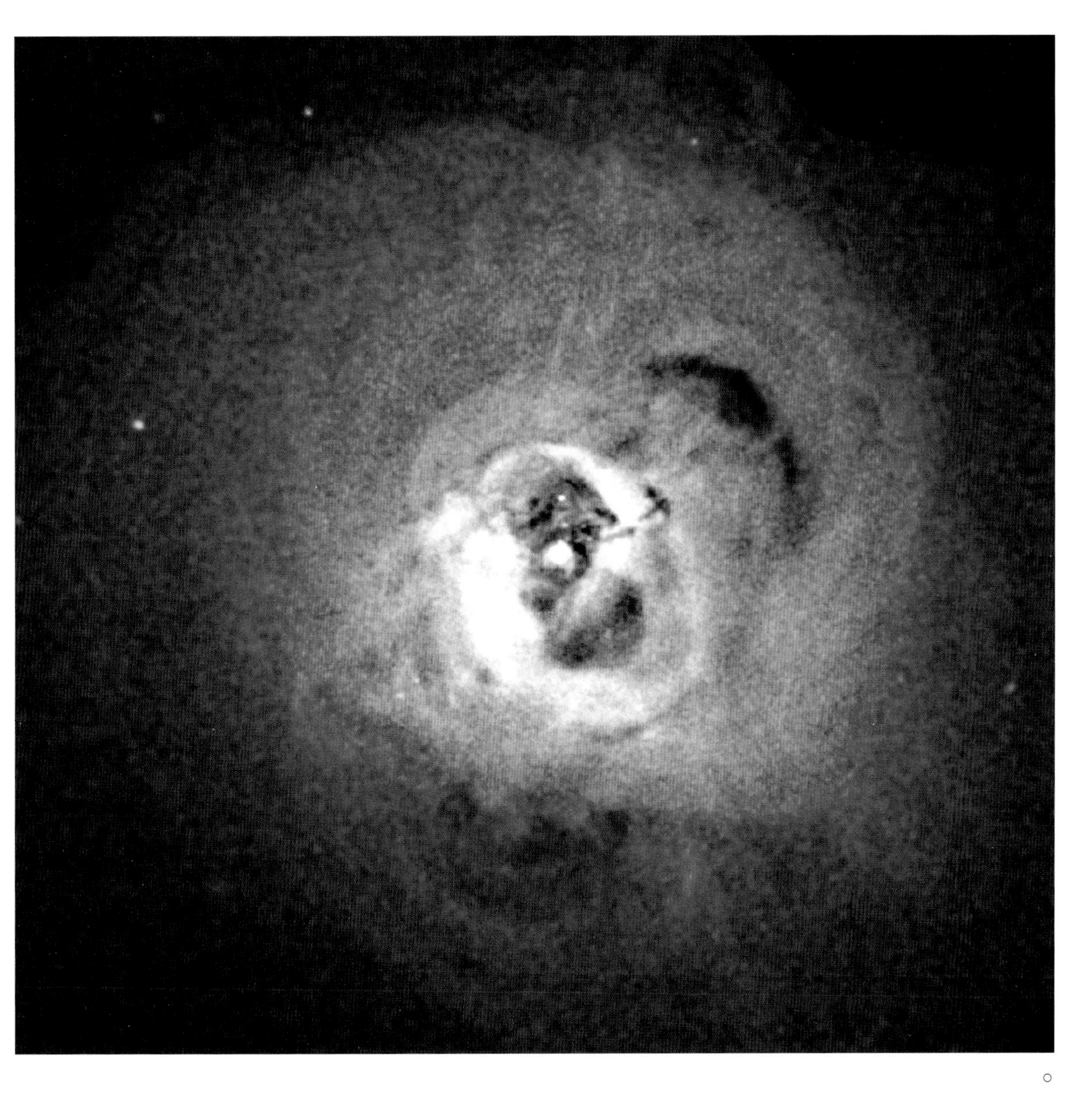

○

페르세우스자리 은하단 중앙에 있는 은하를 X선으로 촬영한 영상. 조개껍질처럼 생긴 구조물들은 중심부에서 왕성하게 물질들을 끌어들이는 초대질량 블랙홀에서 흘러나온 유출물로 은하의 피드백 현상이 일어나고 있음을 나타낸다. 유출물은 은하 주위를 둘러싸고 있는 고온의 가스를 밀어내며(이것은 X선 방출로 알 수 있다), 외부로 퍼져나가는 가스 버블과 껍질의 크기를 부풀린다. 이러한 유형의 피드백은 질량이 큰 은하의 성장을 조절하는 역할을 한다. 지나치게 많은 가스가 은하 중심부에 더해지는 것을 막아줘 질량을 조절하기 때문이다.

가스 바다의 섬들

피드백 메커니즘은 은하 성장에 대한 현재 모형에서 매우 중요한 부분이다. (구조 형성 모형을 구현할 수 있는) 컴퓨터의 도움을 받아 가상의 우주에서 은하의 성장을 시뮬레이션하면 피드백이 없는 모형은 은하의 질량이 지나치게 커져 현실과는 달라진다. 본질적으로 중력에 저항하는 것이 존재하지 않는 까닭에 은하가 너무 커진다. 피드백은 은하의 성장을 자연스럽게 조절한다. 하지만 피드백은 복잡한 영역이다. 천체물리학의 다양한 측면을 포함하고 있으며, 여전히 많은 것이 미지의 영역으로 남아 있다. 요즘에는 피드백 과정이 일어나는 것을 관측하는 데 많은 노력을 기울이고 있다. 단지 블랙홀만 중요한 역할을 하는 게 아니라, 초신성의 폭발이나 항성풍, 혹은 별 자체에서 나오는 복사 등 성간매질에 에너지를 더할 수 있는 것이라면 뭐든 피드백에 영향을 미친다.

피드백의 메커니즘은 단지 은하의 성장 속도에만 영향을 미치는 것이 아니다. 성간매질 주위에 존재하는 별에서 만들어진 금속이 분포하고 뒤섞이는 데에도 중요한 역할을 한다. 어떤 경우에는 금속이 은하 외부 공간까지 퍼지기도 한다. 이런 현상을 관찰하기 위한 한 가지 방법은 멀리 떨어진 퀘이사와 (하늘에서 보기에) 가까운 은하를 찾아보는 것이다. 반드시 일렬로 있지 않아도 되지만 퀘이사가 은하보다 훨씬 멀리 떨어져 있어야 한다. 후방에 보이는 퀘이사의 스펙트럼을 촬영하여 조사해보면, 전방에 보이는 은하의 외부 은하에서 나온 금속 흡수선을 발견할 수 있다. 여기서 사용되는 공통된 원자는 이온화된 마그네슘으로, 가시광선에서 보이는 흡수선이 있어 관측하기는 꽤 쉽다.

정리하자면, 먼 곳에 있는 퀘이사에서 온 밝은 빛(여기서는 이해를 돕기 위해 배경 조명 역할을 하고 있다)이 전방에 보이는 은하에서 분출된 가스를 통과한 것이다. 퀘이사에서 발생한 빛 중 일부는 흡수되어, 퀘이사의 스펙트럼에 고유한 흔적을 남긴다. 이는 은하 사이의 공간이, 저 별 너머가 비어 있지 않다는 사실을 멋지게 설명한다. 또한 은하풍 때문에 날려간, 별이 진화하면서 남긴 산물까지 그 공간에 포함하고 있다. 이 물질의 일부는 되돌아와 원반의 중력에 의해 재강착됨으로써 원반 부분의 물질을 풍부하게 한다. 가스가 중력에 '붙잡혀' 돌아오지 못할 만큼 빠른 속도로 방출된다면 은하에 돌아오지 못할 수도 있다. 마치 지구에서 중력을 벗어나 탈출 가능한 속도에 도달한 로켓처럼 말이다. 여기서 여러분에게 도움이 될 만한 통찰이 있다면, 은하 진화 이야기의 핵심은 결국 은하 내부에서 은하 외부 공간으로 유입 · 유출되는 가스의 흐름이라는 것이다.

우주의 거대 구조에서는 은하가 모여 필라멘트와 은하군, 은하단의 네트워크를 구성하며, 전체적으로 우주의 연결망cosmic web을 이룬다. 별에 의해 생성된 후 은하 밖으로 분출되어 은하를 둘러싼 가스 외에도, 빅뱅이 일어났을 때 생성되었지만 은하에서는 한 번도 생성된 적이 없는 가스도 많이 존재한다. 이런 은하간 가스의 온도와 밀도는 계속 바뀌지만, 보통 은하의 원반 부분이 되어버린 가스와 비교하면 매우 뜨겁다. 따라서 은하는 어떤 면으로 보면 빛의 섬이 아니라 출렁이는 바다의 하얀 파도처럼, 가스의 바다에서 밝게 빛나는 일부라고 할 수 있다. 일부 환경에서는 이런 은하간매질이 뚜렷이 구별된다. 은하단 같은 것이 그렇다. 은하단은 우주의 연결망의 한 점을 구성하는 은하로 가득한 거대한 암흑물질 헤일로이며, 극도로 뜨거운 가스(본질적으로 플라스마다)에 둘러싸여 있다. 이 플라스마는 최초의 은하간 가스가 암흑물질 헤일로에 흘러들어가면서 형성되었고, 수백만 도의 온도로 가열되었다. 이런 가열 현상을 물리학적으로 정확하게 설명하긴 어렵지만, 간단히 말해 은하단 내부의 가스 에너지가 은하단의 전체 중력 퍼텐셜(총질량으로 정해지는)에 따라 증가한다는 말이다. 은하단 내의 은하가 가속을 받으면 속도가 높아지듯, 기체 역시 열을 받으면 들뜬 상태가 된다.

은하단 내부의 가스는 너무 뜨거워서 X선 복사가 일어난다. 찬드라나 XMM-뉴턴 망원경처럼 X선을 감지할 수 있는 망원경은 이런 복사를 관측할 수 있다. 그리고 이들 망원경으로 보이는 은하단은 은하가 많이 모여 있는 모습이 아니라, X선 방출로 하늘에 커다랗고 밝은 동그라미가 있는 모습으로 보

○

초기 우주(지구에서 약 70억 광년 떨어져 있다. 우리가 보고 있는 빛이 이 은하단을 출발했을 때, 지구와 태양계는 아직 만들어지지 않았다)에서 관측된, 질량이 매우 큰 은하단의 영상. '엘고르도El Gordo'라고 하며, '거인'이라는 뜻이다. 푸른 안개처럼 보이는 것은 '은하단내부매질intracluster medium'을 채우고 있는 고온의 가스에서 방출된 X선이다. 원시 기체 및 은하간 가스가 이곳에 존재하는 거대한 암흑물질 헤일로의 전체 중력 퍼텐셜에 이끌리면서 은하단 내부 매질이 형성된다. 볼링공이 언덕 위에서 내려오듯 은하 사이의 가스는 중력 퍼텐셜 쪽으로 움직이며 가속을 받고, 고온으로(수천만 도) 가열되어 X선을 방출할 수 있게 되지만, 너무 뜨거워서 은하 내부에 머물지 못한다. 엘고르도는 사실 결합 중인 두 은하단이다. 두 은하가 결합하듯, 은하단처럼 질량이 큰 구조체들 역시 중력의 영향을 받아 결합할 수 있다. 은하와 은하가 포함되어 있는 구조물의 성장 모형에서 주요한 측면 하나는 '계층적 성장hierarchical growth'이라는 개념이다. 이는 대형 구조물들은 작은 구조물들이 결합해서 성장한다는 개념이다.

아벨 2744 은하단의 은하(자주색) 사이에 존재하는 고온의 기체에서 X선이 방출되고 있다. 중력렌즈 분석으로 암흑물질(파란색)의 분포가 드러났다. 막대한 질량의 성단(대부분 암흑물질로 이루어진)은 뒤편에 존재하는 은하의 영상을 왜곡한다. 이렇게 왜곡되는 현상으로 암흑물질의 위치를 파악할 수 있다.

인다. 은하단을 채우고 있는 고온의 가스가 은하 내부에 있는 가스보다 오히려 은하에 더 큰 영향을 미친다. 그중 두드러지는 것으로, 램압(충차압衝車壓) 벗기기ram-pressure stripping가 있다. 촛불을 불어서 끄는 것을 은하에서 한다고 생각하면 된다. 우리 은하 같은 은하가 밀도가 높은 은하단으로 날아간다고 생각해보자. 은하는 은하단을 지나면서 가속되어 초속 수백 킬로미터 혹은 1000킬로미터의 높은 속도에 이른다. 하지만 은하가 지나가는 공간은 비어 있지 않다. 밀도가 높고 온도가 높은 매질을 뚫고 지나간다. 이때 은하의 원반 부분에 압력이 가해져 은하 내부의 가스가 불안정해진다. 이 압력이 너무 세면 은하의 원반 부분에 느슨하게 결합되어 있던 가스가 분리되어 혜성의 꼬리처럼 은하를 따라간다. 램압이 점점 증가해 은하단 중심에 가까워질수록, 더 많은 가스가 양파 껍질이 벗겨지듯 은하에서 분리된다. 원반 부분에 차가운 가스가 없으면 더 이상 별이 생성되지 않는다. 따라서 극단적인 경우에는 램압 벗기기로 인해 가스가 풍부한 은하가 별을 생성하지 못할 수도 있다. 중력 때문에 은하단에 끌려들어가 적대적인 환경에 처한다면 말이다.

램압 벗기기만이 은하단 은하의 별 생성에 영향을 미치는 것은 아니다. 뜨거운 은하단의 대기 또한 새로운 은하간 기체가 은하로 되는 것을 막는 요인이다. 따라서 기체가 '고갈'되어 내부의 가스가 보충되지 않으면 결국 별 생성을 중단한다. 은하단 은하는 대개 별을 생성하지 못하는 은하가 되며, 노쇠한 은하들이 그러하듯 붉게 변한다. 따라서 은하단 중심에서는 '적색렬red sequence'이라 불리는 은하를 볼 수 있다. 이곳의 별은 질량이 작은 것부터 큰 것까지 다양하지만 모두 적색을 띠며, 이는 노쇠하여 더 이상 별을 생성하지 않는 단계에 이르렀음을 뜻한다. 이들 은하는 수백억 년 동안 그곳에 자리를 잡고, 은하단의 중력 퍼텐셜 안에서 벗어나지 않으면서 이리저리 옮겨다니는 정도일 것이다. 그게 아니라면 아무 일도 일어나지 않는 평화로운 일생을 살아갈 것이다. 이들 은하 대부분의 '좋은 시절'(맞는 표현인지는 모르겠으나)은 다 지나갔다.

은하의 진화를 이해하려면 과거를 돌아봐야 한다. 우리가 요즘 은하라고 생

○

아벨 S0740 은하단 사진에서는 여러 은하의 유형을 잘 볼 수 있다. 가장 눈에 띄는 것은 크고 밝은 타원은하이며, 이는 사실상 커다란 별들이 모여 있는 것이다. 타원은하 주위에는 나선은하와 렌즈형 은하를 비롯해 수많은 은하가 있다. 타원은하는 나선은하에 견주어 별다른 특징이 없다. 별들이 완만하게 분포되어 있고, 티끌이 모여 있는 부분이 보이지 않으며, 별의 색도 모두 동일하다. 타원은하는 대체로 '죽은' 은하라서 남아 있는 가스도 거의 없어 새로운 별을 생성하지 못하기 때문이다. 별의 색이 모두 붉은색인 것은 나이가 많다는 의미다. 이 은하의 진화에는 대부분 과거 은하의 결합과 상호작용이 중요한 역할을 했다. 은하의 합병은 회전하는 원반을 파괴해 별의 궤도가 사라져 무작위로 운동하게 되고, 압력을 받아 형태가 둥글납작해진다.

○

수많은 은하가 속해 있는 은하단의 중심부. 빨강과 노랑의 타원은하와 렌즈형 은하가 눈에 띄게 많다. 사진 오른편에 가장 큰 타원은하 옆에 보이는 한 줄기 빛은 같은 방향에 보이는 은하보다 멀리 떨어진 은하다. 이 은하의 빛은 이 은하단을 통과해야 우리에게 도달할 수 있다. 그 과정에서 막대한 질량의 은하단(이 사진에서 보이는 항성물질과, 은하와 은하가 살고 있는 암흑물질 '헤일로'를 감싸고 있는 은하단 내부 가스)의 영향을 받아 시공간이 휘어, 배경에 있는 은하의 빛을 왜곡하고 확대한다. 중력렌즈의 영향을 받은 것이다. 왼쪽 윗부분을 보면 모양이 뒤틀려 있는 은하가 있다. 파란 얼룩과 빛줄기가 혜성처럼 뿜어져 나온다. 이것이 램압 벗기기 현상이다. 어느 은하가 이처럼 은하가 많이 모인 은하단을 관통해서 지나간다면, 고온의 가스로 이루어진 대기, 즉 플라스마를 만나게 된다. 이런 대기가 이 사진에서 보이지 않는 이유는 대기에서는 가시광선을 방출하지 않기 때문이다. X선을 이용할 때 가장 잘 보이는데, 어쨌든 대기가 은하에 미치는 영향은 볼 수 있다. 강한 바람에 우산이 뒤집히듯, 고온의 플라스마는 은하의 원반에 압력을 가해 뒤따르는 가스를 벗겨낸다. 대기가 불안정해지면 가스의 밀도가 높아지는 부분이 생기고 가스가 수축하여 별을 생성한다. 그 증거로 파란색 빛줄기를 들 수 있다. 타원은하에는 대개 가스가 별로 없어 결과적으로 램압의 영향은 거의 없다. 이는 환경이 은하의 진화에 미치는 영향 가운데 하나다.

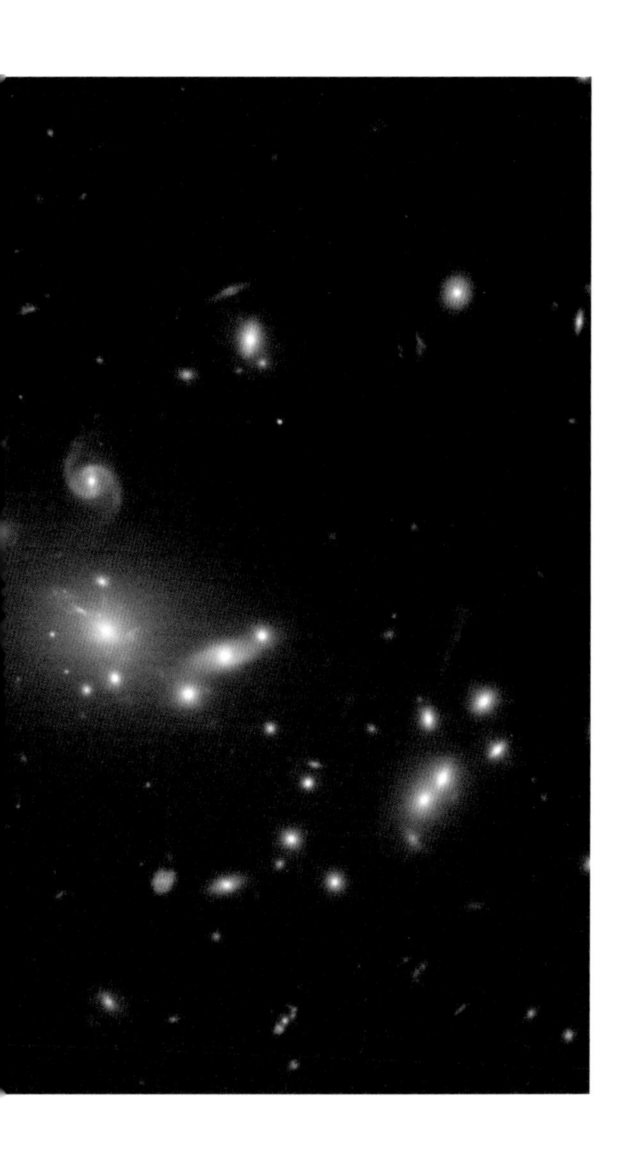

각하는 형태로 늘 은하가 우주에 속해 있었던 것은 아니다. 우리가 은하라고 알고 있는 구조물(암흑물질, 별, 가스와 티끌 등 서로 다른 물질이 중력으로 묶여 있는)이 형성되어 시간이 흘러 진화해야 했다. 은하는 우주 탄생 직후 뜨겁고 거의 단일한 물질이 혼합된 구조물에서 매우 복잡한 구조물로 변화했다. 은하를 형성하려면 고온 상태의 최초 혼합물이 필요하다. 그리고 기본적 원소인 수소와 헬륨(그리고 가벼운 원소인 듀테륨과 리튬 소량)이 포함된 혼합물이 온도가 낮아지면서 밀도가 높은 무리를 형성해야 한다. 이러한 메커니즘이 없다면 단일 수소 원자가 구름으로 합쳐지지 않아 분자구름으로 결합할 수 없게 되고, 핵융합이 일어나지 않아 별을 형성하지 못한다. 간단히 말해 은하가 형성되지 못한다는 뜻이다. 하지만 은하는 그 같은 초기의 대혼란에서도 생성되었다. 빅뱅 이후 이러한 최초의 생성에서 현재까지 시간이 흐르면서 은하의 성질은 변화해왔고, 이러한 변화를 추적하는 것이 외부은하천문학의 목표이기도 하다. 그처럼 주요한 변화 중에는 별 생성률로 알 수 있는 은하의 성장 속도가 있다. 이것이 다음 장에서 할 이야기다.

제 4 장

은하의 진화

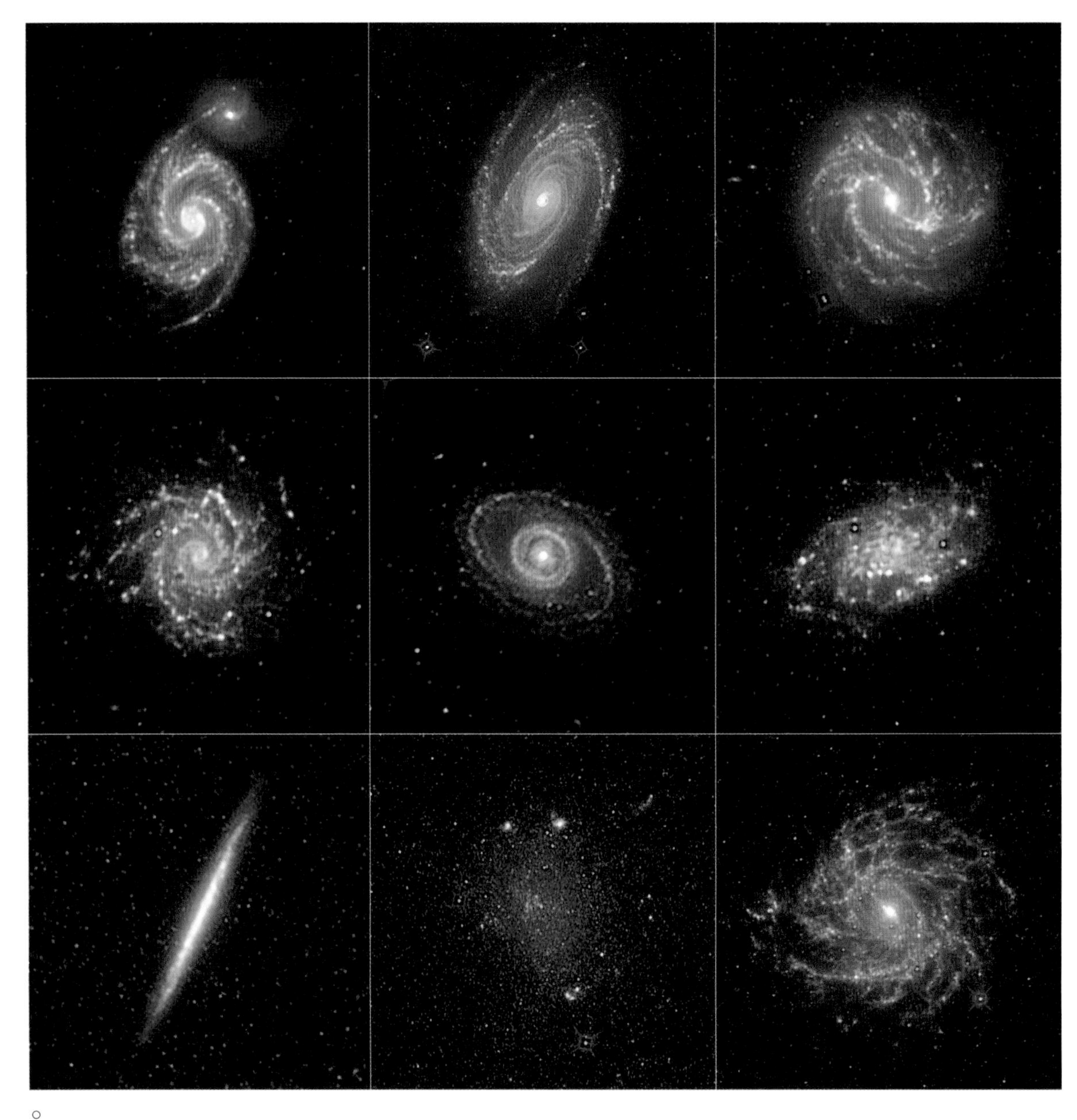

○

광역적외선탐사Wide-field Infrared Survey Explore, WISE 위성에서 적외선 영역으로 관측한 다양한 은하들. 광역적외선탐사 위성에서는 3.4, 4.6, 12, 22마이크론 파장으로 전체 천체를 관측했다.

할레포하쿠는 태평양의 해수면에서 약 4킬로미터 높이의 마우나케아산 정상에 설치된 망원경을 이용하러 온 천문학자들이 묵는 숙소다. 마우나케아산은 근방에 있는 마우나로아산과 함께 거대한 하와이섬에서 가장 눈에 띄는 큰 산이다. 할레포하쿠(줄여서 HP라고도 한다)는 고도 2700미터로, 정상보다는 조금 낮은 곳에 있다. 망원경에서 일하지 않을 때 먹고 자면서 휴식하기 좋은 곳으로, 극심한 고산병을 일으키는 '위험 지역'보다 아래에 위치해 있다. 가끔 해수면에서도 하얀 반구가 반짝이는 모습을 볼 수 있지만, 대개 따뜻하고 습기 많은 태평양의 공기가 산 위로 올라가면서 생성된 짙은 구름에 둘러싸여 있다. 마우나케아산 기슭에서는 분명 탁했던 공기가, 산 위로 올라갈수록 맑아지면서 하늘이 갠다. 별에 4킬로미터 정도 가까워진 것이다.

마우나케아에서 내가 사용하는 망원경은 제임스 클러크 맥스웰 망원경James Clerk Maxwell Telescop, JCMT이다. 주로 2세대 서브밀리상용자볼로미터어레이Sub-millimeter Common User Bolometer Array, SCUBA를 장착해서 사용한다. 최초의 SCUBA는 몇 년 전부터 사용하지 않으며, SCUBA-2가 천문학에서 상당한 기술적 진보를 보여준다. SCUBA-2는 서브밀리(1밀리미터 이하의) 파장, 즉 약 0.45밀리미터와 0.85밀리미터 파장의 빛을 감지하도록 설계되었다. 이들 특정한 파장은 임의로 선택한 것이 아니다. 우리가 볼 수 있는 서브밀리 파장을 결정하는 것은 지구의 대기다. 대기는 대부분 적외선부와 서브밀리 파장을 잘 흡수하기 때문이다. 하지만 특정 주파수의 광자가 통과할 수 있는 매우 좁은 영역이 존재하며, SCUBA-2가 선택한 두 주파수가 바로 그 영역이다. 공기 중에 습기가 거의 없을 때 전송이 가장 잘되며, 이런 조건을 만족시키는 최고의 장소는 마우나케아산과 칠레의 아타카마다.

티끌에 가려진 극단적인 은하

서브밀리 파장의 빛은 전자기 스펙트럼에서 적외선과 전파 영역 사이에 위치한다. JCMT는 광학 망원경과는 달리 전통적인 전파 안테나처럼 생겼다. 직경 15미터의 접시 부분은 유리가 아닌 알루미늄 276조각으로 구성되어 있으며, 1밀리미터 이하의 광자를 완벽하게 수신한다. 이렇게 수신된 광자는 더 작은 2차 거울로, 그리고 다시 검파기로 전달된다(여기서는 SCUBA-2의 경우를 말하고 있지만, JCMT는 다른 장비도 가지고 있다). JCMT 역시 다른 망원경처럼, 망원경 및 이를 뒷받침하는 기반시설(컴퓨터, 전자기기, 극저온 장비 등), 제어실 등을 보호하는 반구형 건물 안에 설치된다. 반구 모양의 건물은 개폐식이며, 접시 부분으로 하늘을 직접 관측할 수 있고, 전체 건물이 회전하여 천구의 여러 부분을 볼 수 있다. 반구 부분이 열렸을 때 접시와 하늘 사이를 가로막고 있는 마지막 물리적 장벽은 세계에서 가장 큰 고어텍스 조각이다. 고어텍스는 한층 뛰어난 방어막 역할을 하면서도, 1밀리미터 이하의 광자가 97퍼센트 투과할 수 있다. 우리 눈이 1밀리미터 이하의 광자를 감지할 수 있었다면, 이 회색의 불투명한 고어텍스 조각은 유리창처럼 보였을 것이다.

현재 SCUBA-2는 비교적 최신 장비로, 몇 년 전만 해도 불가능했던 연구를 훌륭하게 수행하고 있다. 새로 더해진 감지기의 감지 능력 덕분이다. 1밀리미터 이하의 광자를 훨씬 효율적으로 기록할 수 있을 뿐 아니라 카메라 크기도 예전보다 훨씬 커져서 관측 가능한 천체가 더 많아졌다. 이는 관측활동에서 필수다. 불행히도 우리가 관측하려는 광자는 머나먼 은하에서 출발해 요동치는 무수한 복사선과 뒤섞여 있다. 대기에서 방출하는 복사선이나 망원경 자체에서 나오는 열선들도 카메라에서는 상당히 큰 비중을 차지한다. 어떤 천문학적 신호라도 이처럼 무수한 신호와 뒤섞여 있으면 작은 영상 신호로 보일 뿐이어서, 불필요한 요소를 제거해야만 과학적으로 유의미한 영상이 얻어진다. 다행히 SCUBA-2가 촬영한 영상에서 불필요한 신호를 매우 강력한 소프트웨어가 대부분 걸러낸다. 그렇다면 우리가 다른 파장이 아닌 서브밀리 파장의 광자를 관측하는 이유는 뭘까?

우리는 은하가 어떻게 새로운 별을 왕성하게 생성하게 되는지 살펴봤다. 그리고 이런 활동은 (질량이 큰 샛별에서 직접 방출되는) 자외선과 가시광선으로 관찰할 수 있었고, 또한 별 주변의 이온화된 가스에서 나오는 방출선을 통해서도 볼 수 있었다. 우리가 측정하는 자외선 영역의 빛의 양은 은하의 별 생성률로 변환할 수 있다. 그런 젊은 별에서 방출하는 자외선 영역의 광자의 수를 알고 있기 때문이다. 이와 비슷하게, 이를테면 함께 존재하는 에이치 II 영역의 이온화된 가스에서 방출된 에이치알파 광자의 총합은 새롭게 생성된 별에서 방출된 자외선 광자의 수와도 직접적인 관계가 있다. 그러나 우리는 성간티끌이 이 빛을 차단해서 별 생성률의 예측치가 부정확해지는 것을 살펴본 바 있다. 이런 효과를 소광消光, extinction이라고 한다. 그 이유는 빛을 측정하는 데 부정적인 영향을 미치기 때문이다. 왕성하게 별을 생성하는 은하에는 대개 티끌이 많다. 은하 전체는 아니더라도, 별이 생성되는 지역에는 티끌이 많다. 따라서 새롭게 생성된 별에서 방출되는 빛은 대부분 티끌에 흡수되거나 산란된다. 이는 은하의 별 생성률이 은하의 유형이나 시간에 따라 어떻게 달라지는지 이해하는 데 장애물이 될 수 있다.

'티끌'이란 정확히 무엇일까? 이는 크기가 1000분의 1밀리미터 이하의 입자로, 주로 탄소와 규소로 이루어져 있으며, 담배 연기의 입자와 크기가 비슷하지만 밀도는 훨씬 낮다. 이 물질은 별의 진화 마지막 단계에서 대기와 별 사이의 공간에서 자연적으로 생성된다. 그리고 별이 수명을 다하면 점차 성간 공간으로 퍼져나간다. 신성의 경우는 대기층으로 방출되면서, 초신성에서는 훨씬 격

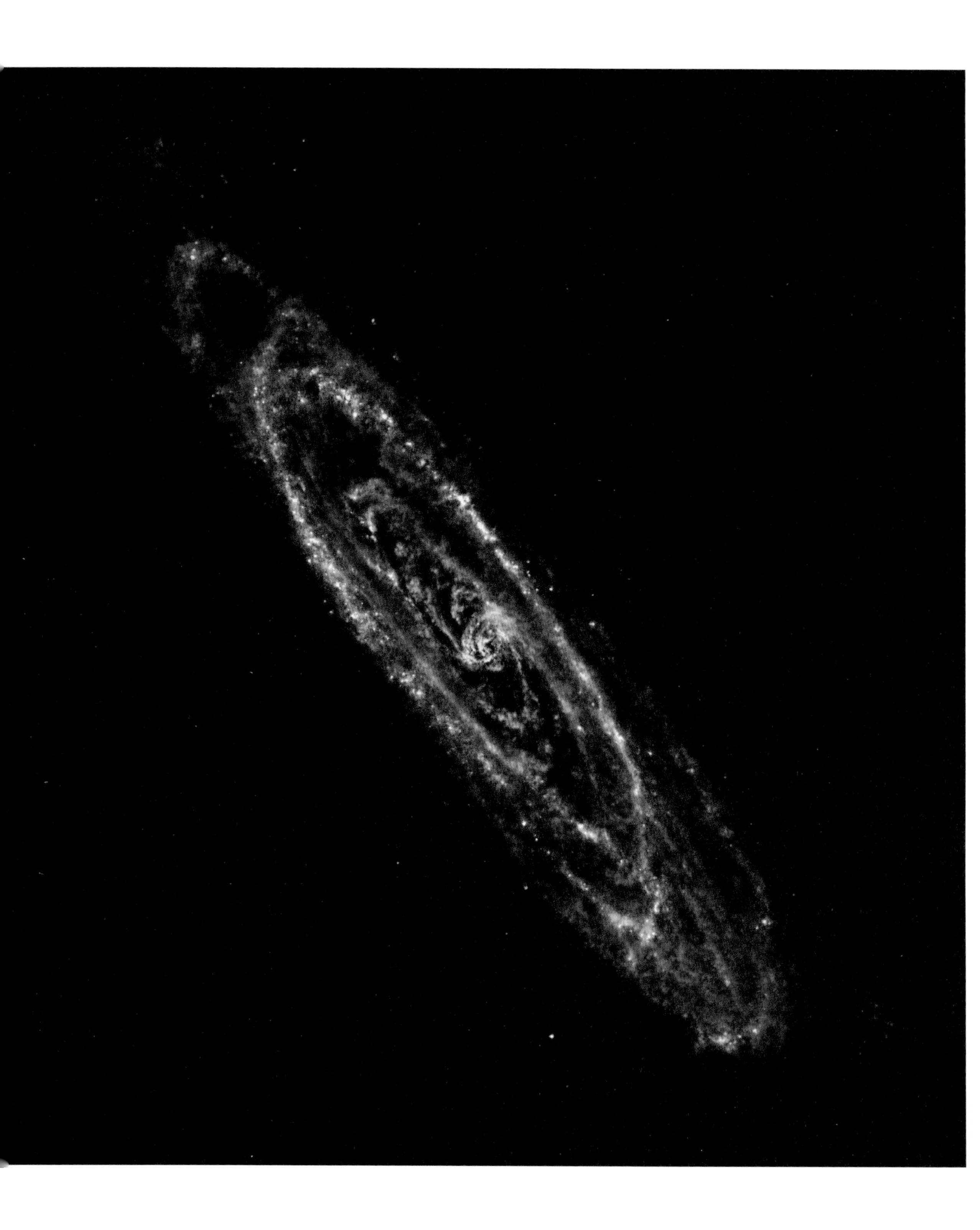

광역적외선탐사 위성

허셜우주망원경으로 촬영한 안드로메다은하의 원적외선 사진. 원적외선은 온도가 낮은 티끌을 잘 보여준다. M31(안드로메다) 같은 은하에서 온도가 낮은 티끌은 나선팔에 모여 있으며, 이 사진에서 확연히 드러난다. 밝게 빛나는 점들은 밀도가 높은 별 생성 지역을 나타낸다. 별 생성 지역에서는 새로운 항성이 생성되는 가스구름을 가리고 있는 티끌이 밝게 빛난다.

렬하게 성간 공간으로 퍼져간다. 이런 이유로 티끌은 보통 새로운 별이 생성되는 지역(바로 우리가 별 생성률을 측정하려는) 근처나 내부에 밀집해서 모여 있다. 하지만 이 문제에 대한 해결책은 있다. 새롭게 생성된 별의 빛을 흡수해 온도가 높아지면 전자기 스펙트럼 일부에서 티끌을 직접 감지할 수 있기 때문이다.

티끌의 입자가 자외선 광자를 흡수하면, 가열이 시작되고 원자가 진동하는 형태로 열에너지를 흡수한다. 마치 미세한 석탄 입자가 붉은빛을 내듯, 자외선 광자의 복사를 받은 티끌 입자는 열에너지를 다시 방출하면서 전자기 스펙트럼의 적외선 영역에서 볼 수 있게 된다. 재방출된 에너지 양은 젊은 별에서 나오는 입사 방사선 양에 비례하기 때문에, 티끌이 자욱하게 덮인 은하의 별 생성률을 측정하는 방법을 찾을 수 있다. 이를 계기로 천문학자들이 이러한 적외선 방출을 감지하거나 발견할 수 있는 망원경을 비롯한 기구를 개발하는 것이 활발해졌다.

대다수의 성간티끌에서 방출되는 복사 스펙트럼은 물리학에서 '흑체black body'라고 부르는 것과 유사하다. 흑체는 전자기 에너지(광자)를 모두 흡수하는 물체로, 온도가 변하지 않는 상태('평형' 상태라고 부른다)에 있다면 플랑크 함수(양자역학의 선구자였던 막스 플랑크의 이름을 땄다)의 특징을 지닌 주파수 영역으로 에너지를 재방출하기 시작한다. 흑체 스펙트럼은 특정한 주

○
스피처 우주망원경의 전자기 스펙트럼 중적외선 영역대에서 파장 3~8마이크론으로 관측한 나선은하 M100의 모습. 중적외선 영역은 별 생성 지역과 관련 있는 가열된 티끌을 볼 수 있다. 가시광선으로 볼 때는 항성에서 나오는 빛이 티끌에 가로막히지만, 적외선에서는 티끌 자체에서 나오는 빛(이 사진에서는 붉은색)을 볼 수 있고, 별빛은 훨씬 희미하게(여기서는 옅은 파랑) 보인다. 이 은하의 중심부의 밝게 빛나는 반지 모양의 지역에서는 별들이 왕성하게 생성된다. 밀도가 높은 나선팔에서는 활발히 활동하는 밝은 '매듭'들이 눈에 띈다. 적외선 관측 덕분에 전에는 볼 수 없었던 은하가 관측된다. 성간티끌이 여기저기 퍼져 있는 것을 생각하면 적외선 관측은 필수다.

파수(파장)에서 해당 온도의 최고점을 나타낸다(별의 색상을 볼 때 접했던 원리와 같은 것이다. 이 또한 흑체로 볼 수 있다). 성간티끌의 일반적인 온도는 우리 기준으로 보면 매우 낮다. 겨우 절대 온도 몇십 도다. 이 온도는 스펙트럼에서 적외선 방향으로 끝부분(100에서 200마이크론)의 복사에 해당된다.

불운하게도 천문학적 물체에서 방출되는 대부분의 적외선은 위에서 언급한, 이를테면 SCUBA-2가 작동하는 서브밀리파 대역처럼 굉장히 좁은 '영역'만 제외하고 모두 지구 대기에 의해 차단된다. 따라서 적외선 관측은 우주 공간에서 수행하는 것이 가장 좋다. 현재 최고의 적외선 망원경은 스피처 우주 망원경(천문학자 라이먼 스피처의 이름을 딴 것이다)이며, 미국 항공우주국의 대형 우주 탐사 계획 가운데 하나다. 스피처는 4마이크론에서 160마이크론의 복사까지 감지할 수 있으며, 몇몇 뛰어난 연구 결과를 내놓기도 했다. 한 예로 스피처 적외선 은하 연구Spitzer Infrared Nearby Galaxies Survey, SINGS 프로젝트가 있다. 이름에서 알 수 있듯이, 스피처는 이 프로젝트에서 적외선을 이용해 국부은하의 모습을 영상으로 기록하고 성간매질의 분포 및 별 생성의 본질을 찾아내 비교적

중적외선으로 관측한 또 다른 광경. 솜브레로 은하의 모습을 이번에도 스피처 우주망원경을 이용해 중적외선 영역(3~8마이크론)으로 촬영했다. 솜브레로 은하는 측면에서 약간 기울어져 있다. 가장 큰 특징은 원반 부분으로, 크기가 크고 티끌이 많으며, 타원형에 가깝게 분포된 상대적으로 나이 많은 별들을 반지 모양으로 감싸고 있다. 적외선으로 바라본 이 사진에서는 반지 모양의 티끌이 별빛으로 가열된 것처럼 붉게 빛나고 있다.

연구가 많이 되어 있는 국부은하를 이전보다 훨씬 상세하게 파악하도록 도움을 주는 임무를 맡았다. SINGS에서 찍은 나선은하의 영상을 보면서 적외선과 비교해보면, 어떻게 티끌(빛을 차단해 어두운 공간으로 보인다)이 적외선에서 보이고 별이 생성되는 영역을 추적할 수 있는지 명확히 드러난다.

모든 적외선 탐지기는 냉각제를 이용해 낮은 온도에서 보관해야 한다. 그리고 스피처는 우주망원경(스피처는 지구 주위를 공전하는 것이 아니라, 지구의 뒤를

○
스피처 우주망원경을 이용해 중적외선으로 촬영한 해바라기은하 M63의 모습. 가열된 티끌을 통해 복잡한 나선팔의 모습이 드러난다. (가시광선보다) 상대적으로 긴 파장을 이용하는 데다, 망원경의 구경(1미터 이하)이 작아 허블망원경보다 해상도가 떨어진다. 그럼에도 스피처 우주망원경은 지난 10여 년 동안 은하의 특성, 생성과 진화의 여러 측면에 관한 매우 중요한 데이터를 제공해왔다.

스피처 망원경의 중적외선으로 바라본 Arp 77 은하의 모습. Arp 77 은하는 나선은하이며, 중심부를 관통해 나선팔과 이어지는 막대 모양의 구조물이 튀어나와 있다. 은하 중심부에서 적외선을 방출하며 밝게 빛나는 고리 모양을 주목하라. 이것은 활성화된 중심부 블랙홀 주위에서 생성된 별이 고리 모양을 이루면서 방출한 고온의 티끌이다. 막대 구조물은 이러한 핵융합 활동에 부분적으로 관련되어 있다. 원반 부분에 있는 가스와 별들을 은하 중심부로 이동시키는 데 도움을 준다.

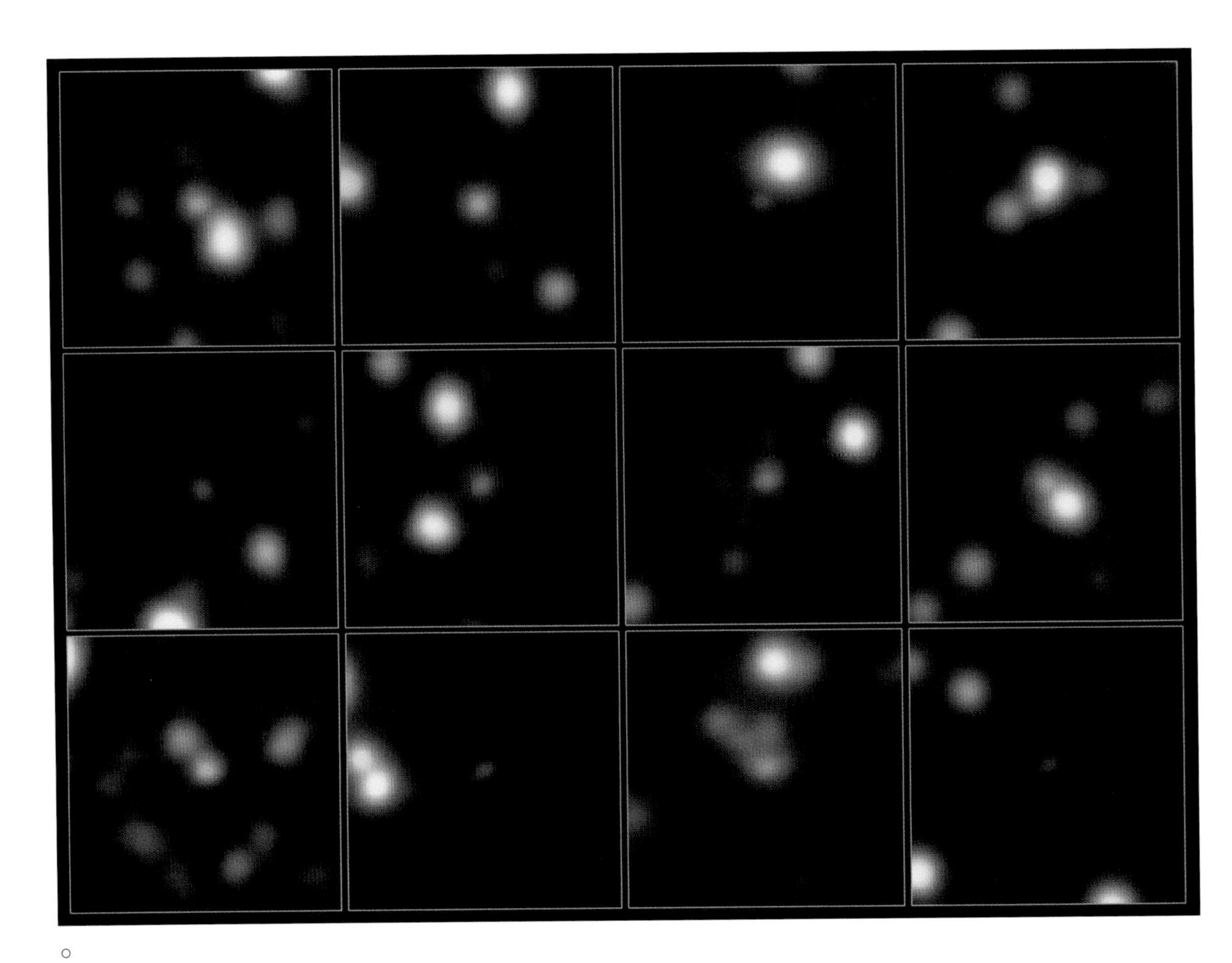

○
각 사각형의 중심에 있는 붉은색, 오렌지색 동그라미들은 아주 먼 거리에 있는 은하로, 대부분 전자기 스펙트럼의 서브밀리파를 방출한다. 은하 진화 연구에서 주요 업적 가운데 하나는 평균 별 생성률에서 알 수 있는 전체 은하의 성장률이 과거보다 더 빨라졌다는 사실을 발견한 것이다. 일부 초창기 은하는 놀라울 만큼 빠른 속도로 별을 생성했다. 우리 은하가 새로운 별을 생성하는 속도보다 수백 배는 빨랐다. 폭발적으로 왕성하게 별을 생성하고 있는 은하에는 티끌이 많아 별에서 나오는 대부분의 가시광선을 가로막았다. 대신 티끌은 별빛을 흡수해 별의 복사장에 열을 더했다. 이 에너지는 전자기파 스펙트럼의 원적외선 부분에 '재복사re-radiated'되고, 적색편이 효과(우주가 팽창하면서 멀리 떨어진 은하에서 관찰한 빛의 파장이 증가하는 현상)에 따라 '서브밀리파 영역'에서 쉽게 찾을 수 있다. 이러한 범주에 속하는 은하를 서브밀리파 은하SMGs라고 한다. 여기에 속하는 은하가 흥미로운 것은 왜일까? 한 가지 가설은 서브밀리파 은하가 오늘날 거대한 타원은하의 조상이라는 것이다. 서브밀리파 은하가 별들을 생성하는 모습을 볼 수 있다면, 초기 서브밀리파 은하를 연구해 질량이 큰 은하에 작용하는 물리 법칙을 발견할 단서를 제공할 수도 있을 것이다.

쫓아 태양 주위를 공전한다)의 특성상 냉각제만 가득 보관할 수는 없다. 냉각제가 다 떨어지면 냉각을 해야 하는 장비들은 모두 가동을 멈춘다. 지금 이 글을 쓰고 있는 시점에서 작동하는 장비는 적외선 어레이 카메라InfraRed Array Camera, IRAC 중에서 가장 짧은 파장(3.6마이크론과 4.5마이크론)을 촬영하는 카메라 두 대뿐이다. 이 카메라들도 곧 작동을 멈추고, 스피처는 임무 수행을 마칠 것이다. 2009년과 2013년 사이에, 조금 더 긴 파장(50마이크론에서 500마이크론)에서 작동했던 허셜 우주망원경은 냉각 헬륨이 다 떨어져 임무를 마쳤다. 허셜 망원경의 위대한 성과는 광대한 지역을 조사해, 원적외선과 서브밀리 파장에서 밝게 빛나는 은하 수천 개를 발견한 것 외에, 국부은하의 세부까지 상세하게 연구해 스피처 망원경이 이전에 수행했던 연구를 보완했다는 점이다.

재복사된 적외선은 은하가 방출하는 에너지의 매우 중요한 원천이기 때문에, 평균적으로 별을 생성할 때 발생하는 광자 두 개 중 하나는 적외선으로 방출된다. 이는 은하 외부 전체 에너지의 큰 부분을 차지한다.

이런 사실이 의미하는 것은 우주에서 별을 생성하는 활동의 절반가량을, 별이나 가스에서 방출하는 자외선이나 광학적 빛으로 직접 관찰하기보다는 실제로 적외선을 방출하는 티끌을 이용해 관찰한다는 점이다. 대부분의 은하가 그렇다. 개별 은하를 살펴보면 대부분의 극단적인 시스템(이를테면 별을 가장 왕성하게 생성하는 은하)은 적외선이 주를 이루며, 가시광선 영역에서는 거의 보이지 않는다. 서브밀리파 영역이 중요한 까닭은 이 영역을 이용하면 은하의 원적외선 스펙트럼의 일부를 최고점에 충분히 가까운 파장에서 측정할 수 있기 때문에 이를 이용하면 총 적외선 광도를 측정할 수 있다. 따라서 별 생성률을 측정하는 데에도 도움을 준다. 때로는 적외선이나 서브밀리 파장을 이용해 은하를 연구하는 분야를 우주의 '티끌' 연구라고 부르기도 한다.

실제로 이 분야의 연구는 1983년 우주에 머물면서 관측하는 적외선 천문 위성Infrared Astronomical Satellite, IRAS이 발사되면서 본격적으로 시작됐다. 적외선 천문 위성은 적외선 파장(더 정확히 말하면 12, 25, 60, 100마이크론의 파장)으로 천체 전부를 관측한 최초의 망원경으로, 10개월 동안 과학 탐사 업무를 하면서 이전에는 거의 탐사가 불가능했던 전자기 스펙트럼 영역에 접근할 수 있게 해 주었고, 결과적으로 우주 탐사의 새로운 장을 열었다. IRAS는 은하 진화 연구의 새로운 길을 열었고, 30년이 흐른 뒤에도 여전히 활발한 연구가 진행되고 있다. 실제로 내 연구에서도 중요한 부분을 차지한다.

IRAS가 올린 가장 중요한 성과는 아마도 전에는 발견하지 못했던 은하 수천 개를 발견한 일일 것이다. 이것이 가능했던 이유는 가시광선으로는 희미하게 보여 이전 연구에서 미처 발견 못 하고 넘어갔던 은하들이 적외선 파장에서는 밝고 명확하게 드러났기 때문이다. IRAS는 또한 우리 은하의 성간티끌의 대규모 분포도를 만들기도 했다. 또 다른 주요 발견으로는 어떤 방향으로든 거의 모든 방향에 희미하게 적외선이 방출되고 있다는 사실을 알아낸 것이다. 이는 지구의 높은 상공에서 볼 수 있는 구름과 같은 새털구름cirrus이라 부른다. 물론 이 경우에는 물이 증발하여 생긴 구름은 아니다. IRAS가 관측한 것은 과거 우리 은하가 별을 생성해 오염된, 즉 이전 세대의 별을 생성하고 남은 찌꺼기다.

은하의 새털구름은 자외선과 가시광선 주파수를 이용한 외부 은하 연구에 하나의 문제를 던진다. 머나먼 외부 은하에서 온 자외선과 가시광선이 지구의 대기(물분자를 비롯한 여러 분자 때문에 대기를 지나가는 광자가 파괴될 수 있다)에 흡수되는 문제 이전에, 우리 은하부터 먼저 통과해야 하는 문제가 있기 때문이다. 먼 은하에서 온 광자 역시 우리 은하의 티끌과 만나 흡수될 수 있다. 이는 은하의 소광이라고 하며, 외부 은하의 빛을 관측할 때는 이처럼 빛의 강도가 약해지고 붉은색으로 변화하는 현상을 감안해서 보정해야 한다.

소광 현상을 보정하려면 은하의 티끌이 어디에 있는지, 얼마나 많이 모여 있는지 상세히 알고 있어야 한다(이를테면 적외선 파장을 이용해 작성한 천체의 지도를 이용하면 된다). 빛의 파장에 따라 흡수가 얼마나 일어나는지를 나타내는 공식('적색화의 법칙'이라고 부른다)을 이용해 은하의 티끌 때문에 줄어든 방출량을 보정할 수 있다. 방향에 따라서 은하의 원반처럼 소광 현상이 극심하게 일어나는 부분에서는 외부 은하의 빛이 통과하지 못하기도 한다. 따라서 먼 우주를 관찰할 때 가장 이상적인 경우는 사이를 가로막는 새털구름이 적어 은하의 소광 현상이 최소화되었을 때 은하의 원반 부분을 관찰하는 것이다. 이는 어느 은하에 사는 외부 은하의 천문학자가 겪는 또 하나의 단점이다. 하지만 다른 은하에 있는 천문학자가 사는 곳에 따라서, 즉 (팽대부에 가까운) 밀도가 높은 곳에 살거나, 은하 바깥쪽에 사는지에 따라 (혹은 마젤란운에 산다 하더라도) 은하 외부 우주를 다양하게 관측할 수 있으리라고 생각하는 것은 기이한 일이다.

IRAS의 다른 주요한 성취로는 어마어마한 양(태양 광도의 1조 배가 넘는)의 적외선 복사를 방출하는 은하들을 발견한 것이다. 이들 은하는 초발광적외선 은하Ultra Luminous Infrared Galaxy, ULIRG라고 부른다. 퀘이사와 함께 이들 은하는 우주에서 가장 밝은 물체다. 그중 일부는 이전 가시광선을 이용한 탐사에서 알려지긴 했지만, 그리 특별하게 여겨지지는 않았다. IRAS 덕분에 엄청난 적외선 방출이 밝혀진 뒤에야 사람들이 인지하기 시작한 것이다.

무엇이 이들 은하에 이처럼 강렬한 활력을 주는 것일까? 이들이 우리 은하 혹은 가까이 있는 M31에 견주어 극단적으로 강한 에너지를 발산하는 이유는 무엇일까?

난폭한 은하들

자세히 조사해보면, 사실상 우주의 모든 초발광적외선은하는 형태가 일정하지 않고, 어지럽게 흐트러진 모습이거나, 중력의 영향을 받아 은하의 결합이 일어나는 과정에 있었다. 은하는 고정된 구조물이 아니다. 은하는 유체처럼 중력의 영향을 받아 짓눌리고 찌그러진다. 은하와 은하가 충돌하는 과정에서 두(혹은 그 이상의) 은하 사이에 존재하는 인력 때문에 가스와 별에 가해진 강력한 조석력은 각각 은하의 모습을 심하게 왜곡한다. 예를 들어 나선은하 둘이 충돌한다면, 두 은하가 접근하여 함께 움직이면 대개 별과 가스가 있는 나선팔 부분이 빠져나와 길게 뻗은 필라멘트가 된다. 이런 과정이 상대 속도에 따라 대여섯

번 반복될 수도 있다. 이 과정은 중력이 빚어내는 춤이자 은하 결합의 절정이라고도 할 수 있다. 두 은하가 서로 엇갈리며 늘 별과 가스, 티끌만 교환하는 것은 아니다. 정면으로 충돌해 은하의 엄청나게 많은 물질이 재분배되는 장관을 연출하기도 한다. 예를 들어 '고리은하'가 생성될 때 이 모습을 볼 수 있다. 결합의 마지막 단계에 두 은하는 공통 퍼텐셜 우물potential well까지 에너지가 떨어진다. 이는 은하가 포함된 암흑물질 헤일로의 결합을 나타낸다.

구슬이나 공처럼 생긴 물건, 커다란 그릇 등을 이용하면 부엌에서 은하 결합의 역학에 대한 모형을 간단히 만들 수 있다. 구슬 두 개를 커다란 그릇 옆에서 구르게 하면 구슬이 움직이는 경로는 두 은하가 결합하는 패턴과 비슷하게 나타난다. 움직임은 초기 속도(구슬 하나는 더 빠른 속도로 흘러내리게 해 그 결과를 관찰해보자)와 중력 퍼텐셜의 형태 및 강도(그릇의 깊이가 얼마나 깊은지, 모양이 어떠한지)에 크게 좌우된다.

은하의 결합이 일어나는 과정에서, 은하 원반의 가스가 불안정해지고 압축되는 현상이 일어난다. 이 때문에 거대 분자구름의 수축이 나타나고, 충격파와 난류가 전파되면서 가스에서 밀도 섭동이 일어난다. 이는 새로운 별 생성의 완벽한 조건이다. 이러한 밀도 섭동이 국지적 중력(중력은 모든 규모에서 영향을 미친다. 결합하는 은하의 움직임은 물론, 가스와 별의 움직임에도 영향을 미친다)의 영향을 받아 빠르게 커지고, 결국 별 생성이 시작된다. 은하의 결합이 마지막을 향해 가면서, 은하 원반 부분에 있던 가스 중 많은 부분이 결합된 은하의 핵 부분에 모이고, 수천 파섹에 이르는 공간에 밀도 높은 분자 복합체가 형성된다. 고밀도의 분자 복합체, 방대한 연료 저장고 등과 함께, 분자 가스는 매우 빠른 속도(1년에 수백 수천 태양질량)로 별을 생성할 수 있다. 이를 '폭발적 항성

○
이른바 갈고리Meathook 은하라 불리는 은하의 나선팔의 세부다. 갈고리라는 이름은 나선 구조가 찌그러져 있는 모습에서 유래했다. 과거에 지나가던 다른 은하의 중력으로부터 영향을 받은 결과인 듯하다. 파도가 칠 때 이는 거품처럼, 나선팔 부근은 젊은 푸른 별들로 넘쳐난다.

생성starburst'이라 한다.

수백만 년이 지나지 않아, 그동안 생성되었던 질량이 크고 젊은 별들은 초신성이 되어 사라지기 시작하며, 은하에 티끌(은하마다 이미 형성되어 있는 성간 티끌은 물론이고)이 크게 늘어난다. 결과적으로 별을 왕성하게 생성하는 은하는 짙은 티끌에 가려 거의 보이지 않게 된다. 대개 티끌은 별이 생성되는 곳에 존재하므로, 질량이 큰 별은 다른 곳으로 이동하기 전에 별이 생성되는 곳으로부터 멀지 않은 데서 사라진다. 그러므로 초발광적외선은하 같은 은하들은 별을 맹렬히 생성하는 시기가 되면 별이 많이 모이지만, 이런 활동은 티끌에 가려 대부분 보이지 않는다. 이들을 가리고 있는 티끌로 인해 온도가 높아지고, 원적외선 복사가 방출되며, 이 때문에 IRAS가 이들을 관측할 수 있게 된다.

현재진행형인 은하 결합의 대표적인 (그리고 내가 가장 좋아하는) 사례는, 이름도 잘 어울리는 더듬이 은하Antennae Galaxies다. 국부은하의 1미터 상자 모형(108쪽 참조)에서 더듬이 은하는 우리 은하에서 70센티미터 떨어진 곳에 있으며, 이는 실제로 14메가파섹 떨어져 있다는 뜻이다. 이전 두 개의 평범한 나선은하로 나뉘어 있을 때의 모습이 남아 있긴 하지만, 두 은하가 충돌하면서 전체적으로 모습이 많이 바뀌었다. 맞물린 두 개의 원반은 이제 서로 뒤섞여 별과 가스, 티끌로 구성된 밀도 높은 두 개의 무리를 형성하고, 이곳에 새로운 별을 생성하는 에이치 II 영역에서 나오는 밝은 빛(가스구름에 가해지는 조석력의 영향을 받아 발생했을 가능성이 높다)이 쏟아진다. 결합 초기 단계에 두 은하의 중심부가 서로를 가까운 거리에서 지나치면서, 여러 항성이 두 줄기(더듬이)를 이뤄 은하의 원반 부분에서 떨어져 뻗어나온다. 두 은하는 중력의 춤을 추면서 하나가 된다. 이 과정은 아마 수십억 년 동안 지속될 것이다. 우리는 더듬이 은하를 비롯한 여러 은하가 결합하면서 춤을 추는 천체물리학적 현상을 단계별로 '현장in the act'에서 볼 수 있다.

질량이 비슷한 두 천체의 충돌(이를테면 미래에 있을 M31 은하와 우리 은하와의 충돌, 현재 일어나고 있는 더듬이 은하의 충돌 등)을 '주major결합'이라고 한다. 주결합은 은하의 진화에 큰 영향을 미친다. 질량이 증가하는 것은 물론이고,

새로운 별을 생성하는 능력이 생기며, 블랙홀이 커진다(중심부에 주입된 가스는 자연스레 중심부의 블랙홀이 성장하는 연료가 되기 때문이다). 결과적으로 형태가 바뀔 뿐 아니라 성간매질이 많아지고 뒤섞이며, 중원소가 여기저기 퍼져나간다. 반면 큰 은하가 그보다는 훨씬 작은 구조물과 결합하는 '부minor결합'은 흔히 일어난다. 그 이유는 질량이 작은 은하가 큰 은하보다 훨씬 많기 때문이기도 하고(질량에 따른 은하의 분포는 질량함수 혹은 광도함수라고 한다), 질량이 작은 은하가 주로 질량이 큰 은하 주변에 위성처럼 존재해서 결합할 기회가 많기 때문이기도 하다. 우리 은하는 이번에도 훌륭한 예제 역할을 해준다. 우리는 가장 큰 위성 은하인 대마젤란운과 소마젤란운에 대해서 이야기한 적이 있지만, 우리 은하 주위에는 그 외에도 질량이 작은 왜소은하가 10파섹에서 수십만 파섹 사이에 최소한 수십 개 존재할 가능성이 있다. 이들 왜소은하의 이름은 속해 있는 별자리(다시 한번 말하지만 별자리는 투영 현상에 불과하다. 별자리에서 보이는 위성 은하가 실제로는 별보다 훨씬 먼 곳에 있다)로 정해진다. 그래서 궁수자리 왜소은하, 용자리 왜소은하, 사자자리 왜소은하 같은 이름이 붙는다. 그리고 몇 년 단위로 새로운 왜소은하가 발견되고 있다. 왜소은하가 있는 곳이 멀지 않은데도 찾아내기 쉽지 않은 이유는 질량이 작고(따라서 표면이 밝게 보이지 않는다), 넓은 공간에 퍼져 있기 때문이다.

우리 은하를 공전하던 왜소은하가 우리 은하 중심부에 가까워지면서 우리 은하에서 빠져나와 길게 펼쳐진 조류에 휩쓸리기도 한다. 실제로 궁수자리 왜소은하는 우리 은하의 원반 부분을 둘러싸고 있는, 별과 가스로 이루어진 긴 리본을 연상시킨다. 우리 은하의 원반 부분은 한때 위성 은하에 있다가 떨어져 나온 부분이 우리 은하 주위를 돌면서 중심부를 관통하는 과정에서 껌처럼 길게 늘어난 것이다. 우리 은하 주변에 있는 위성 은하의 정확한 움직임은 주로 원반 부분을 포함하고 있는 암흑물질 헤일로의 구조에 영향을 받는 것으로 추정된다. 따라서 왜소은하와 관련된 위성 은하의 운동을 나타내는 성류星流, stellar stream 등의 패턴을 연구하면, 암흑 구조물(눈에 보이는 물질luminous matter의 요소까지 포함하고 있다) 내부의 질량 분포에 대해 알 수 있다.

○
두 은하가 춤을 추고 있다. Arp 273은 중력의 영향을 받아 한곳에 모인 나선은하 한 쌍이다. 중력의 상호작용으로 조석력이 별과 가스, 티끌에 가해지고, 각 은하의 구조를 일그러뜨린다. 마침내 한 쌍의 은하가 결합하여 새로운 은하가 탄생하며, 그 과정에서 별과 가스는 재배치된다. 그 영향으로 은하의 원반 부분에 있는 가스구름이 수축해 새로운 별 생성이 시작된다.

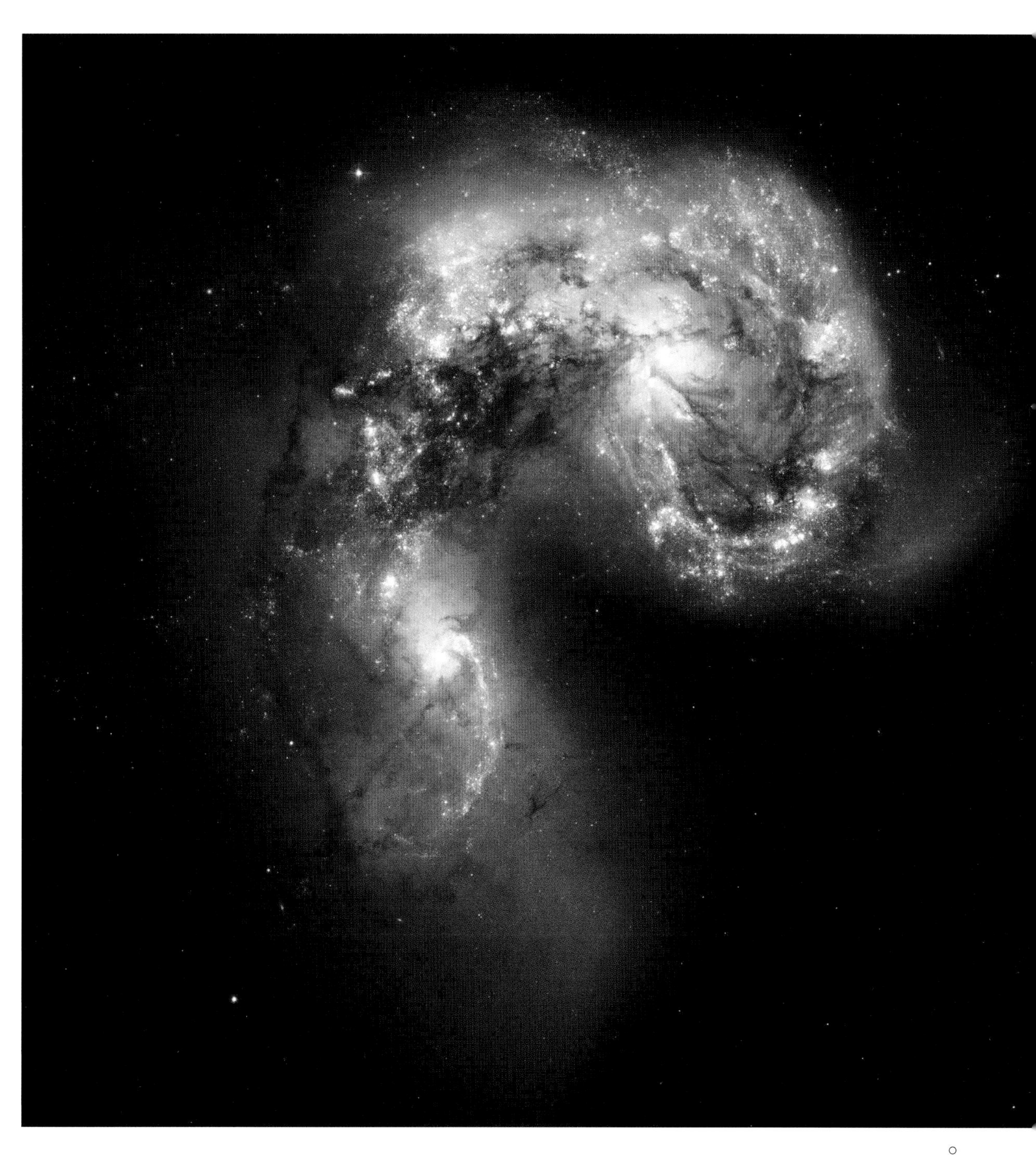

○

잘 알려진 또 하나의 상호작용 은하인 더듬이 은하. 이 사진에서는 주로 곧 결합하게 될 두 은하의 핵이 보인다. 붉은빛은 이온화된 수소가 존재함을 나타낸다. 이온화된 수소는 새로운 별이 태어나는 것과 관련 있다. 중력의 상호작용으로 원래 두 은하의 원반 부분에 있던 차가운 가스에 반응이 일어나고 압축되어 새로운 별을 생성한다. 수많은 샛별은 푸른빛을 띠지만, 늘 그렇듯 성간티끌이 가시광선의 일부를 가려 검게 보인다. 특히 별 생성이 가장 왕성하게 일어나는 지역은 성간티끌에 가려 잘 보이지 않는다.

○

결합하는 한 쌍의 더듬이 은하 중심부의 또 다른 모습. 서브밀리파와 밀리미터파에서 작동하는 아타카마 대형 밀리미터파 집합체에서 얻은 데이터를 통합한 것이다. 붉은 얼룩은 고밀도의 분자 가스를 나타내며, 가시광선으로 촬영한 영상과 합성한 것이다. 주목할 만한 것은 분자 가스가 있는 곳이 별빛을 가로막고 있는 대량의 성간티끌이 있는 곳이라는 점이다. 티끌과 가스는 은하의 성간매질에서 밀도가 가장 높은 부분에 뒤섞여 있을 때가 많다. 이런 경우 은하가 결합하는 동안 가스구름이 중력으로부터 영향을 받아 끌려와 압축되고, 그로 인해 폭발적인 별 생성이 일어난다.

ㅇ

한 쌍의 상호작용 은하인 '생쥐' 은하. 미래에 하나로 합쳐질 운명이다. 가장 눈에 띄는 것은 조석력의 영향을 받아 생성된 푸른빛의 기다란 꼬리다. 두 은하가 상호작용하는 동안 조석력의 영향을 받아 원반 부분에서 떨어져 나온 것이다. 별을 방출하는 노랑과 오렌지색의 두 동그라미 부분은 두 은하의 중심 팽대부를 나타낸다. 두 은하가 결합하고 있지만, 팽대부는 원래 자기 모습을 많이 간직하고 있다. 한편 외곽의 별들은 점차 뒤섞이기 시작한다.

Arp 116은 처녀자리 은하단에 속한 한 쌍의 상호작용 은하다. 타원은하 하나와 나선은하 하나로 구성되어 있다. 중력의 상호작용이 시작된 지는 얼마 안 된 것 같다. 하지만 은하의 형태적 특성을 대조적으로 잘 보여주고 있다. 타원은하는 거대하고, 나이 많은 별들이 모여 구를 형성하며, 보통 새로운 별을 생성하지는 않는다. 나선은하는 하나의 원반 안에 배열(사진에 나온 나선은하는 둥근 면이 거의 정면으로 지구 쪽을 향해 있다)되며, 활발하게 새로운 별을 생성한다.

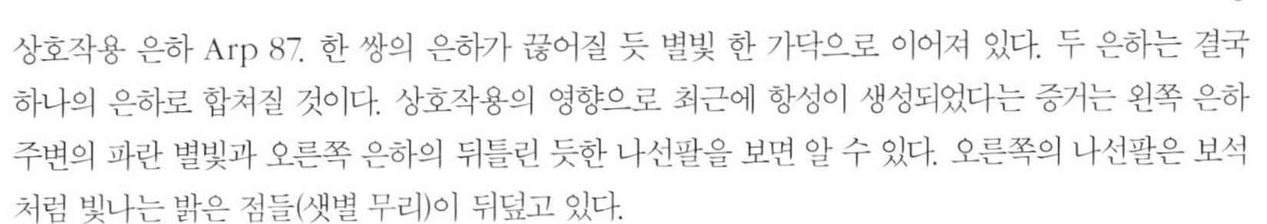

상호작용 은하 Arp 87. 한 쌍의 은하가 끊어질 듯 별빛 한 가닥으로 이어져 있다. 두 은하는 결국 하나의 은하로 합쳐질 것이다. 상호작용의 영향으로 최근에 항성이 생성되었다는 증거는 왼쪽 은하 주변의 파란 별빛과 오른쪽 은하의 뒤틀린 듯한 나선팔을 보면 알 수 있다. 오른쪽의 나선팔은 보석처럼 빛나는 밝은 점들(샛별 무리)이 뒤덮고 있다.

○

기조력의 영향을 받아 불연속적인 모습을 한 이 은하는, 누구라도 알 법한 '올챙이 은하'라는 이름을 가지고 있다. 올챙이 은하의 경우는, 어떤 작은 은하가 큰 나선은하를 들이받아, 그 흔적으로 남은 별들이 길게 이어졌고, 기조력의 영향으로 별들이 가지런히 늘어선 것이다. 그 줄기 내부에 질량이 큰 파란 성단 몇 개가 꼬리 부분(여기에는 온도가 낮은 가스도 있는데, 이 파장에서는 보이지 않는다)에 보이는데, 이는 별이 활발히 생성되는 지역을 나타낸다. 이들 성단의 일부는 구형 성단이 될 것이다. 그리고 마침내 은하 본체에 다가가 은하를 둘러쌀 수도 있다. 배경에는 머나먼 곳에 있는 수천 개의 은하가 보인다.

우리 은하는 꽤 많이 진화한 상태이고, 위성 은하가 더해진다고 해서 급격한 변화가 일어나진 않을 게 틀림없다. 왜소은하의 질량이 우리 은하보다 훨씬 작기 때문이다. 하지만 질량이 작은 은하가 합쳐져서 질량이 큰 은하로 발전했다는 개념은 현재 은하의 형성과 진화 모형(특히 초기 우주에서)의 주요한 측면이다. 이것이 계층적 패러다임으로 불리는 데는 두 가지 이유가 있다. 첫째, 은하가 다양한 크기의 '계층적' 구조물에 속한다고 생각할 수 있기 때문이다. 이를테면 왜소위성 은하에 둘러싸인 어느 원반은하는 필라멘트의 일부로 구성된 작은 은하 집단에 속하는 동시에 수천 개의 은하가 모인 은하단에도 속할 수 있다. 둘째, 현재 은하의 성장에 관한 간단한 모형 중 하나는 소규모 은하가 합쳐져 대형 은하를 생성하는 '상향식bottom-up' 과정을 거친다는 것이다. 초기 은하 생성과 성장의 상세한 과정은 이보다 훨씬 복잡했을 것이다. 한 가지 이유를 들자면, 관측을 통해 나타나는 결과에서 질량이 가장 큰 은하를 구성하는 별이 질량이 작은 은하의 별보다 나이가 많다는 것이다. 단순하게 상향식 과정을 거친다고 생각하면, 질량이 가장 큰 은하는 작은 은하가 모여 구성된 것이므로 가장 늦게 형성되어야 할 것이기 때문이다. 초기 우주에서 은하가 생성되는 상세한 과정은 단순한 상향식보다는 훨씬 복잡한 것으로 드러났고, 현재 주요 연구 분야 중 하나는 가스와 암흑물질이 정확히 어떻게 생성되고 구조물 사이로 유입되었는지(암흑물질 헤일로)에 관한 것이다. 이러한 과정에는 여러 물리학 법칙이 복잡하게 혼재되어 있다.

그럼에도 불구하고 명백한 것은 우주 역사가 시작된 이래 은하의 결합이 은하 생성에 중요한 역할을 했다는 점이다. 은하의 상당수가 어느 시점에서는 결합하는 과정을 거치기 때문이다. 주결합이 나선은하를 난장판으로 만들어, 누가 봐도 은하를 딴판으로 바꿔버리는 반면, 중력의 영향을 받아 다가오는 위성과의 상호작용 같은 부결합의 영향은 아주 미미해서 감지하기조차 쉽지 않다. 실제로 중력 섭동 현상으로 약간의 왜곡이 원반 부분에서 일어나거나, 새로운 가스가 원반 부분에 더해지면서 별 생성이 약간 늘어날 뿐이다. 그러나 궁수자리 성류의 예에서 볼 수 있듯이, 왜소은하 스스로 파괴적인 영향을 미쳐 주은하에서 완전히 떨어져 나와 소멸되는 경우도 많다. 멀리 떨어진 나선은하의 모습이 처음에는 '정상'적이고 평범해 보일지 모르지만, 심층적으로 관측해 많은 빛을 모으고 매우 낮은 밝기의 표면을 조사하면 대개 빛을 가두고 있는 우리처럼 은하 주위를 에워싼 널리 퍼져 있는 성류에서 희미한 빛이 발견된다. 이들은 은하의 진화가 계속되고 있음을 반영하며, 또한 은하가 정적이고 변치 않는 곳이라기보다는 얼마나 복잡하고 역동적인 환경인지를 다시 한번 설명해준다.

여러 초발광적외선은하에는 적외선 천문 위성이 발견하여 붙인 것과 같은 '폭발적 항성 생성 은하starburst galaxy'라는 명칭이 붙었다. 이런 은하들은 우리 은하보다 별을 생성하는 속도가 수백 배나 빠르다(사실 일부 초발광적외선은하의 적외선은 별을 생성할 때 나오는 것이 아니라 활동은하핵, 그중에서도 성장 중인 초대질량 블랙홀에서 나온다고 한다). 폭발적 항성 생성 은하는 은하의 분류법에서 매우 중요한 역할을 한다. 국부은하에서 가장 유명한 폭발적 항성 생성 은하는, 모양 때문에 시가 은하Cigar Galaxy라고 불리는 M82이다. M82는 3.5메가파섹 떨어진 곳에 있으며, 1미터 상자 모형에서는 우리 은하에서 18센티미터 떨어져 있다. 그리고 나선은하 M81과 작은 은하 NGC 3077 및 NGC 2976(NGC는 '신판일반목록New General Catalogue'를 줄인 말로, 다시 말해 '성운 및 성단에 관한 신판일반목록'이다[19세기 말 천문학자 존 루이스 에밀 드레이어가 편찬한 심원 천체의 목록을 말한다—옮긴이])이 속한 은하 소집단의 일부이기도 하다). M82는 폭발적 항성 생성 은하의 전형이다. 적외선 영역은 물론이고 가시광선으로도 잘 보이며, 1년에 수십 태양질량의 항성을 생성한다. 이는 우리 은하보다 열 배는 많은 수치다. M82는 거리가 가까운 터라 연구하기가 용이해 먼 우주에 있는 비슷한 은하를 연구하는 분야에서 하나의 원형으로 삼아 비교 대상으로 이용되곤 한다. 한 가지 놀라운 사실은 M82 본체에서 은하 외부로 '초강풍superwind'이 발산된다는 점이다.

가시광선에서 M82의 모습은 불규칙 은하 같지만 보는 위치에 따라 원반은하 같기도 하다. 흐릿한 오렌지색과 푸른색이 뒤섞인 별들 사이에 어두운 고랑처럼 보이는 티끌이 더해져 있지만, 실제로 대부분의 움직임은 은하 중심부 가

중력의 춤에 의해 헤어졌다가 결합하는 은하. 상호작용 은하 ESO 77-14.

상호작용 은하 IC 883은 마치 폭발이라도 일어난 듯 밝고 무질서한 별과 가스, 티끌이 은하가 충돌해 폭발했을 때, 별의 파편과 기조력의 흔적들을 통해 그 결과를 보여준다. 이렇게 충돌이 일어나면 폭발적인 별 생성이 촉발되며, 이는 은하가 결합할 때 흔히 볼 수 있다. 이러한 충돌 과정은 은하의 삶에서 중요한 사건이다. 많은 은하가 상호작용과 결합을 경험하며, 왕성하게 별 생성 활동을 하는 은하 가운데 일부는 결합으로 생성된 것이다.

○

스테팡의 퀸텟Stephan's Quintet은 에두아르 스테팡이 19세기에 발견한 은하군이다. 왼쪽 하단에 보이는 파란색 은하는 물리적으로 관련이 없지만, 붉은 세 은하는 상호작용 과정에 있다. 이런 상호작용으로 가스와 별은 흐트러지고 그 자리에 새로운 별이 생성되기 시작하면서, 은하의 형태가 변형된다. 이는 가운데 붉은 은하의 상단 좌측에 펼쳐진 별을 보면 알 수 있다. 붉은색과 파란색은 이온화된 가스(에이치 II 영역)를 나타내고, 은하의 원반 부분에서 배출된 가스가 수축하면서 흐트러진 구름 안에서 젊고 푸른 별이 생성되는 것을 볼 수 있다.

○

1980년대 초 캐나다의 천문학자 폴 힉슨은 '밀집 은하군compact groups' 목록을 만들었다. 우주의 구조물에는 계층적 관계가 존재하며, 고립된 은하로 구성된 밀도가 낮은 환경에서, 고밀도의 은하단에 떼 지어 모여 있는 밀도가 높은 환경까지 집단의 유형은 다양하다. 이 사진은 '힉슨 밀집 은하군 90'이다. 두 타원은하 사이에서 아마도 (과거에) 나선은하였을 또 하나의 은하가 조석력의 영향을 받아 찢겨 분리된 것이 분명하다. 이런 사례처럼 은하는 집단적인 환경에서 급격한 진화를 경험할 수도 있다(스테판 컨텟을 보라).

폭발적 항성 생성을 하는 불규칙 은하인 시가 은하 82. 대표적인 폭발적 항성 생성 은하다. 파랑과 노랑 원반 부분 고밀도의 가스 저장소에서 별 생성이 왕성하게 일어나는 모습이 보인다. 원반 위아래에 있는 섬유질 모양의 붉은색은 이온화된 수소기체에서 나오는 빛이다. 사진에 보이는 것은 갑자기 나타난 '초강풍'이다. 은하 깊은 곳 별 생성 지역에서 방출된 에너지(성간풍, 복사압력, 초신성에서 방출된 에너지)에 의해 가스와 티끌이 말 그대로 은하 밖으로 날아간 것이다. 높은 속도로 항성을 생성하는 많은(전부는 아닐지라도) 은하가 이런 강풍을 발산한다. 이는 별을 생성하는 가스 양을 제어해 은하의 성장을 조절하는 역할을 하기도 한다. 방출된 물질 일부는 나중에 중력의 영향을 받아 '비'가 되어 은하에 내리며 금속을 고르게 분포하도록 분배하는 역할을 한다. 하지만 극단적인 경우, 은하 밖으로 나간 가스는 지구의 궤도를 벗어난 로켓처럼 다시 돌아오지 못한다. 은하의 바람과 방출을 천체물리학적으로 이해하는 것은 현재 외부 은하 천문학 연구의 주요한 분야다.

까이에서 일어나고 있다. 그러나 에이치알파선(이온화된 수소 가스를 감지)과 X선(고온의 플라스마를 감지)으로 영상을 찍어보면, 고온의 가스가 거대한 원뿔처럼 생긴 돌출부 두 곳의 원반 양쪽에서 뿜어져 나오는 모습을 볼 수 있다. 이것은 새롭게 나타난 초강풍이라고 한다. 가스가 은하에서 폭발적으로 분출되어 성운 주위의 매질 속으로 진입한다. 다른 파장에서 관측한 결과는 그 안에 온도가 낮은 가스와 티끌이 온도가 높은 물질과 혼합되어 있으며, 시속 수백만 킬로미터의 속도로 M82 외부를 향해 부는 바람에 모두 휩쓸려갔다는 사실을 알려주고 있다.

이러한 바람을 일으키는 것은 은하 깊숙한 곳의 작은 가스 저장소에서 일어나는 왕성한 별 생성 활동이다. 별 생성률이 높으면 초신성 폭발률도 높아진다. 초신성이 폭발할 때 유리되는 많은 양의 에너지는 운동에너지다. 이 에너지는 주위를 둘러싼 매질에 압력을 가하며, 마치 바람이 부는 것처럼 가스나 티끌 등 걸리적거리는 모든 것을 날려버린다. 수많은 초신성이 어우러져 성간물질에 엄청난 양의 에너지가 주입된다. 여기에 개별적인 항성에서 불어온 항성풍이 더해지면, 결과적으로 은하를 관통하는 강풍이 된다. 이런 강풍이 가스나 티끌 같은 다른 물질과 충돌하면 충격파를 생성할 수 있고, 결과적으로 온도가 급상승할 수 있다(X선 방출과 이온화된 가스로 알 수 있다). 바람의 세기가 충분히 크다면 M82처럼 성간물질을 은하 사이의 공간으로 보내 은하를 벗어날 수 있다.

요즘 M82 같은 은하는 보기 어렵다. 사실 모든 은하에서 현재 생성하는 별의 수는 그리 많지 않다. 지난 20~30년 동안 은하 진화 연구에서 주요 발견이라 할 만한 것은 평균적으로 과거의 별 생성률이 훨씬 높았다는 사실이다. 평균 별 생성률을 측정했던 모든 천문학 연구가 같은 결과(시간을 거슬러 올라갈수록 별 생성률이 꾸준히 높아진다)를 말하고 있다. 이는 은하의 성장률이 한동안 하락해왔음을 뜻한다. 진화가 얼마나 진행 중인지 측정하려면 적색편이 상태에 있는 수많은 은하를 관찰하면 된다. 잊지 말아야 할 것은, 빛이 우리에게 도달하는 데 시간이 오래 걸리기 때문에, 우리가 보고 있는 적색편이 상태에 있는 은하는 과거의 은하라는 점이다. 초기 우주에는 M82와 비슷하거나, 훨씬 더 밝은 은하가 아주 많았다. 우리가 SCUBA-2를 이용해 관찰하고 싶은 은하가 바로 이런 것들이다. 이들 은하는 원적외선으로 보면 매우 밝게 나타나고, 서브밀리파 영역에서 관측할 수 있기 때문이다.

별 생성의 역사

약 80억 년에서 100억 년 전에는 은하의 별 생성률이 오늘날보다 열 배쯤 높았다. 이때가 우주의 활동이 가장 왕성했던 시기일 것이다. 훨씬 멀리 떨어진 젊은 은하로 눈을 돌리면, 은하가 처음 생겼을 시점인 빅뱅에 가까워질수록 평균적인 별 생성률은 다시 완만하게 감소한다. 이는 어느 정도 예상되는 바인데, 은하가 늘 존재했던 것은 아니기 때문이다. 어느 시점에 은하가 생성되면, 그 후부터 활동이 증가했을 것이다. 100억 년에서 120억 년 전의 우주 역사에 대한 (적어도 은하의 진화에 대한) 실험을 하는 것은 훨씬 어렵다. 불확실성이 크기 때문이다. 이렇게 먼 곳을 관측하는 것은 상당히 어려운 일이다. 우리가 아는 것은 우주 역사에서 은하의 성장률이 급격히 하락해왔다는 사실이다. 이 점은 아마 우주 역사에서 은하에 일어난 변화에 대해 가장 확실하고도 중요한 단서일 것이다. 오늘날 이 변화는 절정을 맞고 있으며, 이러한 진화는 미래에도 이어질 것이다. 나를 포함한 학자들은 이러한 은하의 진화를 지배하는 물리 법칙이 무엇인지 이해하려 노력하고 있다.

은하의 전반적인 별 생성률이 하락하는 원인에는 여러 가지가 있겠지만, 주요한 것은 저장된 가스의 소진과 아울러 시간이 흘러도 새로운 은하가 잘 생기지 않는다는 점이다. 은하의 별 생성률은 은하 안에 있는 가스의 총질량 및 밀도와 밀접한 관계가 있다. 즉, 가스가 많을수록 별 생성률이 높아진다. 이러한 사실은 국부은하를 자세히 연구한 끝에 알게 된 것이다. 과거에 은하에 가스가 많았던 까닭은, 은하가 처음 수축하면서 응축된 최초의 저장된 가스가 아직 항성이 되지 않고 남아 있었고, 새로운 가스가 (은하 사이의 공간에서) 더 빠른 속도로 유입되었기 때문이다. 시간이 흐르면서 이러한 가스 공급은 줄어들었다. 어느 고립된 은하가 있다고 생각해보자. 원반 부분에 저장된 가스는 서서히 빠져나와 예측 가능한 속도로 별을 생성할 것이다. 수십억 년이 지나 연료가 바닥나면 별 생성률은 떨어지기 시작한다. 더듬이 은하에서처럼 은하의 결합이 발생한다면, 폭발적 항성 생성이 촉발되어 은하의 별 생성률이 갑자기 증가해 수억 년 동안 이어질 수도 있다. 이 기간에 가스는 훨씬 빠르게 소진될 것이다.

무지막지한 중력의 영향을 받아 항성을 생성하는 데 가스가 소진되는 것 외에 항성과 블랙홀의 피드백에서 영향을 받기도 한다. 이러한 피드백 메커니즘은 빠른 시간 안에 지나치게 많은 항성을 생성하는 것을 막아 조정 역할을 한다.

이러한 조정은 우주에 질량이 큰 은하가 넘쳐나는 것을 방지해준다. 그리고 별 생성률이 시간에 따라 급격히 변화하기보다는 안정된 상태를 유지하도록 해준다. 피드백의 특징과 효과는 은하의 질량(이를테면 왜소은하처럼 질량이 작은 은하에서 가스를 제거하는 것이 질량이 큰 은하보다 훨씬 쉽다. 중력이 가스를 당기는 힘은 질량이 많이 나가는 은하 쪽이 훨씬 크기 때문이다)에 따라 달라진다.

은하에는 은하가 처음 생겼을 때 생성된 가스만 있는 게 아니다. 시간이 흐르면서 은하 사이의 공간에서 새로운 가스가 더해지기도 한다. 우리는 이런 가스가 암흑물질 헤일로 내부에 존재하며, 중력적으로 '차가운 상태'라고 말한다. 중력의 영향을 받아 역학적으로 '뜨거운' 상태에서 '차가운' 상태로 변화하면서 중력 퍼텐셜 에너지를 잃었기 때문이다. 이렇게 항성이 연료를 보충한다는 말은 저장된 가스가 줄어드는 속도가 새로운 가스가 더해지는 속도보다 크지 않다는 뜻이다. 하지만 이런 식으로 더해지는 가스 양은 은하에 따라 다르다(역시나 그 속도는 대부분 은하의 질량에 따라 달라진다). 그러므로 은하마다 서로 다른 별 생성 경험을 하게 된다. 결국 별을 생성할 때 사용하는 가스가 별을 생성할 수 있는지 여부를 결정한다. 은하간 공간에서의 가스 보충이 시간에 따라 점차 줄어들 뿐만 아니라, 어떤 경우에는 피드백과 환경 요인이 (이를테면 은하가 모여 은하단을 형성할 때) 새로운 별을 생성하거나 가스가 더해지는 것을 막을 수 있기 때문이다. 더 나아가 시간이 흐를수록 은하의 전반적인 성장률이 감소한다는 결과가 관측됐다.

지금까지 소개한 내용은 은하의 진화를 극도로 단순화하여 개략적으로 훑어본 것으로, 더 자세한 연구는 현재진행형이다. 요점은 은하가 모두 똑같은 진화 과정을 겪지는 않는다는 것이다. 각 은하의 별 생성은 고유한 특징, 즉 총질량이나 환경 등의 변수가 결합하여 모두 다르게 나타난다. 은하가 처한 환경은 매우 중요한 요인으로, 은하 사이의 결합률과 상호작용에 영향을 미치며, 은하의 특성에 영향을 미치는 외부 작용을 야기하기도 한다. 지금까지 살펴본 것 중 가장 극단적인 환경은 은하단이다. 은하단에 속한 은하는 다른 곳에서는 일어나지 않는 다양한 천체물리학적 현상(램압 벗기기, 조석력을 이용한 중력의 '학대harassment', '가스 부족starvation' '숨통 끊기strangulation' 등)을 경험한다. 다소 모호한 용어이지만, 이런 현상으로 인해 은하가 어떻게 변형되는지 간접적으로 말해준다. 예를 들어 '학대'란 표현은 은하단 안에 존재하는 은하가 서로 고속으로 스쳐 지나는 것을 가리킨다. 상대 속도가 너무 빨라 결합이 일어나는 대신, 중력의 영향으로 은하의 형태가 바뀐다. 시간이 흐르면서 이 때문에 은하단 내부 은하의 항성 분포가 재구성되고, 그 결과 은하의 형태가 바뀐다.

시기를 막론하고 은하의 성장 속도는 환경의 함수이기도 하다. 요즘은 은하단에서 새로운 별이 거의 생성되지 않고 있다. 대부분의 생성활동은 우리 은하가 있는 은하단 같은 곳에서 일어나고 있다. 전체적인 별 생성률의 변화는 모든 은하에 적용되는데, 50억 년 떨어진 곳에 있는 은하단의 별 생성률이 같은 시기의 주변 환경의 별 생성률보다 낮을 수도 있지만, 평균적인 별 생성률은 요즘의 비슷한 질량을 가진 은하단의 별 생성률보다 높다. 따라서 오래전 평균적인 밀도의 은하단, 은하군, 단일 은하는 요즘 비슷한 환경 조건에서보다 별 생성률이 더 높았다. 환경에 따라 은하의 진화가 어떻게 달라지는가는 핵심적으로 연구해야 할 분야다. 환경에 따라 (이를테면 위에서 기술한 일부 은하단을 연구해) 변화의 양상이 어떻게 달라지는지 측정할 수 있다면, 은하의 성장을 설명하는 물리 법칙과 대규모 암흑물질 성장의 관련성을 밝힐 수 있을 것이다.

전체적인 별 생성률이 어떻게 변화했는지 살펴보면, 현재 질량이 가장 큰 은하가 생성됐던 시기를 연구하려면 멀리 떨어진(초기) 우주에서 가장 왕성하게 항성을 생성하는 은하를 주목해야 한다는 것을 알 수 있다. 그래서 우리는 SCUBA-2를 이용해 이런 연구를 하고 있는데, SCUBA-2가 오늘날 질량이 큰 은하(타원은하처럼)의 선조인 젊은 폭발적 항성 생성 은하를 찾아낼 수 있기 때문이다. 나는 SCUBA-2 카메라를 이용한 'JCMT 우주 유산 관측JCMT Cosmology Legacy Survey'이라는 대규모 관측 프로그램에 참여하고 있다. 간단히 말해, (상대적으로) 넓은 영역을 관찰하여 머나먼 곳에서 서브밀리파 빛을 방출하는 은하submillimetre-emitting galaxy, SMG를 찾아내는 것이 목표라고 할 수 있다. 대개 이들 SMG는 광도가 극도로 낮거나 다른 파장에서는, 특히 가시광선 영역에서는 관측이 불가능하지만, 티끌에 싸인 채 왕성한 활동을 하기 때문에 서브밀리파 영역에서 밝게 보인다. 가시광선을 관측할 때보다 SCUBA-2의 해상도가 훨씬 나쁘기 때문에, 허블우주망원경이나 개인이 구입할 수 있는 광학 망원경보다도 영상이 '예쁘게' 나오지 않는다.

분해능angular resolution이 낮은 이유는 가시광선보다 파장이 훨씬 긴 빛으로 관측했기 때문이다. 망원경의 분해능(얼마나 선명한 영상을 만들 수 있는가)은 단순하게 말해, 파장을 빛을 수집하는 접시나 거울의 크기로 나눈 값이라고 할 수 있다. JCMT는 접시 폭이 15미터이므로 분해능은 450마이크론 파장에서는 8각초이고 850마이크론 파장에서는 그 두 배가 된다. SCUBA-2는 450마이크론과 850마이크론의 두 가지 파장에서 관측 가능하다. 허블우주망원경과 비교하면, 허블우주망원경은 해상도가 10분의 1각초로, 매우 작은 부분까지 식별할 수 있지만(우리는 허블우주망원경이 얼마나 장대한 영상을 보여주었는지 알고 있다), 가시광선과 근적외선 영역만 관측할 수 있다. 따라서 밝은 SMG가 있는 곳에서 SCUBA-2를 이용해 우리가 얻을 수 있는 영상은 밝지만 형태가 흐리흐리한 화소 정도다. 이런 영상으로는 은하의 세세한 특징을 알아볼 수 없다. 그 영상만 봐서는 흥미를 끌지 못할 것이고, 흐리흐리한 동그라미들이 사실은 우주에서 가장 왕성하게 항성을 생산하는 발전소이며 매년 1000태양질량만큼의 항성을 생성한다는 설명을 해야만 대중의 관심을 끌 수 있다. 그리고 서브밀리파 영역 파장의 특징을 이용하면 머나먼 우주에 있는 활동적인 은하를 쉽게 관측할 수 있다.

앞서 은하 티끌에서 방출하는 복사 스펙트럼이 흑체와 비슷한 모양이 된다는 것을 언급했다. 흑체는 100~200마이크론 정도의 파장에서 방출량이 정점을 이룬다. 정점이 되는 파장보다 더 높은 1밀리미터 정도의 파장에서는 은하에서 방출되는 에너지 양이 완만하게 감소하기 시작한다. 우리가 사용하는 1밀리미터 이하 영역의 파장은 이렇게 감소하는 부분의 한가운데에 있다. 하지만 먼 은하는 적색편이 현상 때문에 관측되는 스펙트럼의 파장이 더 길어진다. 즉, 고정된 SCUBA-2 영역에서 티끌로부터 방출된 빛과 스펙트럼의 고유한 정점이 가까워지는 것을 볼 수 있다는 뜻이다. 티끌의 열 방출 정점이 되는 부분이 적색편이가 일어나 관측하는 영역으로 가깝게 이동한다. 물론 우리가 은하를 더 멀리 떨어진 곳으로 옮겨놓는다면 은하에서 나오는 모든 파장은 희미해질 것이다. 하지만 파장이 증가하면서 정점을 지난 티끌의 스펙트럼은 감소하기 때문에, 적색편이가 증가하면서 세기가 약해지는 효과는, SCUBA-2가 관찰하는 스펙트럼 부분은 정지좌표계 방출이 더 밝은 부분이라는 사실로 보상받는다.

이는 고정된 광도에서 초발광적외선은하 같은 은하의 밝기가 방대한 우주 역사에서 대략 늘 같은 밝기였다는 뜻이다. 이는 누군가가 앞서 촛불을 들고 서 있다가 멀리 가버렸는데도 촛불의 밝기가 어두워지지 않는 것과 같다. 실질적인 결론은 가시광선이나 전파 영역에서보다 훨씬 높은 주파수의 적색편이를 추적할 수 있다는 것이다. 가시광선이나 전파 영역에서는 스펙트럼의 형태가 이런 속임수를 허용하지 않는다. SCUBA-2 우주 유산 관측으로 우주의 나이가 어쩌면 겨우 50만 년이었을 때, 즉 첫 은하가 탄생했을 당시의 은하의 별 생성을 측정할 수도 있다.

별 생성률은 우주의 역사 대부분에 걸쳐 우리가 추적할 수 있는 주요한 관측치다. 다른 주요 관측치로는 은하의 항성 질량이 있다. 적색편이 값(혹은 신뢰할 만한 예측치)을 알고 있다면, 관측한 빛의 양을 전체 광도로 변환할 수 있다. 은하의 항성 질량은 가시광선과 근적외선의 총량을 측정해 추정치를 구할 수 있다. 항성에서 주로 방출되는 이런 가시광선과 근적외선의 방출되는 광자의 총합은 항성의 수에 비례하기 때문이다. 실제로는 이보다 좀더 복잡한데, 전체적으로 보면 은하에는 나이가 다른 다양한 항성이 있어서 파장(질량이 큰 젊은 항성은 주로 청색 빛, 질량이 작은 나이 든 항성은 적색 빛)에 따라 각기 다른 수의 광자를 내보내기 때문이다. 항성의 질량 분포를 나타내는 초기 질량 함수를 어느 정도 아는 상태에서, 항성의 평균 나이(초기 질량 함수가 주어진다면 항성의 평균 나이로 현재 항성의 분포가 어떤지 알 수 있다)와 티끌의 소광 현상으로 놓친 빛이 얼마나 되는지 추정할 수 있다면 우리는 은하의 항성 총질량도 추정 가능하다.

항성 질량과 별 생성률을 이용하면 은하 진화의 또 다른 단서를 얻을 수 있다. 은하를 항성 질량에 따라 여러 부분으로 나눈 다음, 각각의 평균적인 별 생성률이 시간에 따라 어떻게 변화하는지 살펴보면, 항성 생성이 가장 왕성해지는 시기가 항성의 질량에 따라 달라진다는 사실을 알 수 있다. 은하 활동의 정점이 평균 80억 년에서 100억 년 전에 있었다고 한다면, 질량이 큰 은하의 별 생성률은 질량이 작은 은하보다 이른 시기에 절정을 이뤘다. 이러한 관측에는 '규모 축소downsizing'라는 이름이 붙었는데, 우주에서 이뤄지는 대부분의 항성 질량의 증가가 질량이 작은 은하에서 일어나기 때문이다.

이는 앞서 논의한 관측 내용, 즉 '오늘날 우주에서 질량이 가장 큰 은하(은하단 중심에 있는 타원은하)는 나이가 가장 많은 은하이기도 하다는 사실' 및 '그러한 은하의 성장의 정점이 초기에 있었다는 사실'과 아주 잘 들어맞는다. 은하 진화와 질량 사이에는 강한 연관성이 있는 게 분명하지만, 미묘한 차이도 존재한다. 분명히 별 생성의 역사와 은하의 질량은 관련 있지만 은하의 질량과 환경 사이에도 강한 관련성이 있다. 질량이 가장 큰 은하는 우주적 연결망의 밀도가 가장 높은 점에 위치한다. 은하 성장의 역사와 은하 질량 사이의 관계가 '국부' 은하를 지배하는 물리적 법칙이나 우리가 속한 은하(환경 조건이라고 할 수 있을 것이다)의 구조물의 성장과 관련된 물리적 법칙이 얼마나 연관되어 있는지 궁금한 사람도 있을 것이다. 간단히 말해, 질량이 같지만 환경은 다른 두 은하의 진화를 추적한다면 똑같은 결과를 보게 될까? 이처럼 '타고나는 것이 중요한지 혹은 환경이 중요한지'에 대한 논쟁이 천문학자를 물고 늘어진다. 대답하기 쉽진 않지만, 사실 깊게 들어가면 동전의 양면과 같다.

은하 서식지의 역할

우주에 존재하는 모든 구조물은 최초의 물질(암흑물질과 보통물질normal matter 모두)의 분포에서 생긴 매우 작은 (양자) 변화로부터 시작해 성장했다. 오늘날 은하단처럼 밀도가 높은 환경은 늘 평균적인 물질의 분포보다 밀도가 높았다. 만일 빅뱅 직후에 질량이 가장 큰 국부은하군인 머리털자리ComA 은하단에 가볼 수 있다면, 항성이나 은하를 보진 못하겠지만 주위보다 물질의 밀도가 높은 것을 발견할 수 있을 것이다. 중력이 유일한 인력이고 질량에만 의존하기 때문에, 밀도가 높은 영역(우리가 태어난 은하단처럼)이 다른 지역보다 빠르게 수축(밀도가 더 높아지고, 더 많은 물질이 더해져 질량은 더욱 커진다)한다. 이런 지역의 가스가 모여 뭉치면 다른 곳보다 빠르게 원시은하(아직 은하로 인정할 수는 없는)가 될 것이다. 따라서 밀도가 높은 환경에서 생성된 은하는 시작부터 다른 은하보다 유리한 조건에 있었다.

'원시은하'가 국부은하와 다르듯, '원시은하단(물질의 밀도가 높아 나중에 부유 은하단이 되는 지역)'은 머리털자리 은하단이나 처녀자리 은하단 같은 은하단과 비슷하지 않다. 원시은하단은 어린 은하, 가스 등이 느슨하게 결합된 집합체에 가까우며, 중력에 의해 점차 결합되어 단일한 구조물로 응축된다. 중요한 것은, 이러한 젊은 은하단의 환경 요인이 우주 역사 초기에 보였던 원시은하단의 후손 격인 오늘날 밀도가 높고 질량이 큰 은하의 진화에 아직은 광범위한 영향을 미치지 않는다는 것이다. 예를 들어 램압 벗기기는 은하단에 뜨겁고 밀도가 높은 플라스마가 가득할 때만 일어나는데, 이렇게 되려면 시간이 걸린다. 은하단이 강력한 중력 퍼텐셜을 형성해야 하기 때문이다. 하지만 물질의 밀도가 아주 높은 곳(퍼텐셜 우물의 가장 깊은 부분)에서 형성된 원시은하는 무한정 그곳에 남아 있을 것이다. 따라서 머리털자리 은하단 중심에서 질량이 큰 타원은하가 되는 은하의 운명은 태어날 때 환경에 따라 정해진다고 할 수 있다. 태어날 때의 환경 요인은 결국 빅뱅 직후 물질 분포에서의 양자 요동에 따라 무작위로 정해진다.

일부 은하에게 환경은, 비록 이미 진화가 많이 진행된 시기라도, 진화에 막대한 영향을 미치는 게 분명하다. 다시 한번 은하단을 예로 들어보자. 은하단은 시간이 흐르면서 계속 물질이 더해지며 성장한다. 여기에는 개별 은하와 가까이 있는 은하군이 포함되며, 이들은 중력의 영향을 받아 끌려온다. 질량이 큰 은하단이 제대로 자리를 잡으면, 환경적 요인이 이렇게 유입된 은하의 발전에 주된 영향을 미친다. 가장 중요한 것은 항성 생성 중단과 은하의 변형이다. 이것은 내가 연구하는 분야이기도 하다.

요즘 은하단을 보면, 그 중심에는 주로 비활성 타원은하와 렌즈형(S0) 은하가 있다. 은하단이 적색편이 값이 크고 나이가 약 50억 년이라면(우연히 태양계가 형성된 때다), 은하단에서 타원은하는 볼 수 있지만, S0 은하는 볼 수 없거나 혹은 극소수만 존재할 것이다. 그들은 어디에 있을까? S0 은하는 지난 50억 년의 우주 역사에서 은하단 중심에 모여 있는 은하들을 나타낸다. 한 가지 설은 S0는 과거 대형 나선은하였던 은하의 후손으로, 대형 나선은하의 형태로 은하단에 들어와 램압 벗기기 혹은 가혹하고 뜨거운 은하단 대기 때문에 가스가 바닥나 별 생성이 중단됐다는 것이다. 시간이 흐르면서 이들 은하는 은하단 중심(중력 우물gravitational well의 바닥)에 모여 '비활성' 은하로 진화했다.

풀리지 않는 수수께끼는, 가시광선을 관찰해보면 S0로 바뀔 만큼 별 생성률이 큰 대형 나선은하가 없다는 것이다. 누가 보더라도 S0는 팽대부가 크고 질량이 큰 은하다. 일반적인 나선은하를 S0로 바꾸려면 항성 질량이 더 커져야 한다. 특히 팽대부의 질량이 커져야 한다. 별을 생성하는 나선은하가 은하단 내부에 많아지면서 S0가 없는 것을 보충한다 하더라도 가시광선으로 관측한 바로는 이들 은하가 S0로 진화할 만한 별 생성력도 없다. 내가 참여했던 연구에서는 이런 문제를 다뤘다. 멀리 떨어진 은하단에서 별을 생성하는 은하를 찾는 작업에 착수했던 것이다. 행여 티끌에 가려 별 생성률이 낮게 보였을지도 모르는 일이다. 우리가 한 실험에서는 스피처 망원경의 중적외선 영상 능력을 이용해 적색편이가 0.5(대략 50억 년 전으로 보이는) 정도 되는 대형 은하단들의 지도를 작성하려고 했다. 목적은 단순했다. 밝은 적외선을 방출하는 데다 별 생성률이 높은 은하를 찾으면, 나선은하에서 렌즈형 은하로 변이하는 은하가 있다는 것을 밝힐 수도 있지 않을까 하는 생각이었던 것이다.

우리의 실험은 성공적이었다. 이전에는 극단적으로 별 생성률이 낮은 곳으로 여겨졌던 발광적외선은하(LIRG, ULIRG에 비해 광도가 10분의 1 정도다)를 찾아냈던 것이다. 이런 은하는 상당히 많았고, 별 생성률도 높아서 S0가 되기에 필요한 항성 질량을 쉽게 구축할 수 있었다. 은하들은 은하단의 변두리에 주로 있었다. 램압 효과가 가장 심하게 나타나는 곳에서 아주 멀리 떨어져 있어, 환경의 방해 없이 많은 항성 질량을 모을 수 있었다. 일단 은하단 내부 깊숙이 들어가기만 하면, 가혹한 환경 때문에 별 생성이 불가능했다. 원반 부분은 경계가 점차 모호해지고, 나선팔은 사라지며, 팽대부는 커진다. 이제 나선은하는 S0로 바뀔 준비가 끝났다.

2년 뒤 우리는 표본으로 돌아왔다. 우리는 스피처가 찾아낸, 렌즈형 은하의 선조로 추정되는 은하에 가스가 얼마나 많은지 궁금했다. 별 생성률을 측정하는 것도 괜찮지만, 은하가 추가적인 별을 생성하려고 남겨둔 가스 양의 의미를 이해하는 것 역시 중요하다. 별 생성률은 지금 당장 은하에서 벌어지고 있는 것을 측정하는 것이다. S0 안에 별을 생성할 만큼의 가스가 저장되어 있을까? 우리는 은하단 중 한 은하의 적외선 특성을 관측하는 연구에서 다섯 가지 표본을 얻었고, 이 중에서 일산화탄소를 어렵사리 관측할 수 있었다. 일산화탄소의 광도로 유추한 은하의 가스 총질량은 태양의 100억 배 정도였다. 이는 아직 연소하지 않은 연료였다. 은하에는 이미 상당수의 항성이 있었지만(가시광선과 근적외선 데이터를 보면 수백억 태양질량의 항성이 있는 것으로 추정됐다), 가스 관찰 결과 일반적인 S0 은하가 되기에 충분한 물질이 존재하고 있었다.

이 주제는 내가 여전히 연구하고 있는 분야다. 지금은 이들 은하를 더 상세히 연구해 은하의 성질을 더 많이 알아내고자 한다. 주로 하는 일은 은하에서 별이 만들어지고 있는 곳을 찾으려고 더 높은 공간 해상도로 별 생성률과 가스를 관측하는 것이다. 우리 예측대로 모두 팽대부에서 일어나는 것일까? 아니면 원반 전체에서 일어나는 것일까? 이런 질문에 답하려면 축적된 데이터와 그 데이터를 분석할 시간이 필요하다. 어쨌든 과학자로서 이런 일은 가장 흥미롭다. 남들이 알지 못했던 자연의 비밀에 가까이 한발 한발 내딛는 기분이다.

우리는 지금까지 은하의 진화에 대해서, 특히 적외선과 서브밀리 파장(우주를 다중적인 파장으로 바라보는 것이 왜 중요한지 말해주는 완벽한 사례다)의 중요성에 대해서 이야기해왔다. 이제 멀리 떨어진 우주의 은하를 더 잘 살펴볼 수 있는 몇 가지 기술에 대해 알아보자.

과거를 보는 중력의 창

지금까지 계속해서 분명히 말하고 싶었던 것은 천문학자는 늘 신호대잡음비와 씨름해야 한다는 것이다. 머나먼 은하에서 지구에 도착하는 빛(의 흐름)은 극히 적어서 측정할 때 잡음이 신호만큼 커지면 멀리 떨어진 우주를 제대로 보기 어려워진다. 하지만 퀘이사나 항성을 아주 왕성하게 생성하는 은하처럼 밝은 계系는 찾아내기 쉬울뿐더러 측정하기도 편하다. (거리가) 기록적으로 먼 은하는 이런 경우가 많다. 이런 현상을 '선택 효과'라고 부른다. 이들처럼 극단적인 은하밖에 없는 것은 아니지만, 관측하기 가장 쉽다는 이유로 선택된다. 우리 은하처럼 평범한 은하는 머나먼 우주에서 눈에 잘 띄지 않는다. 다행히 자연은 우리에게 멀리 떨어진 곳을 볼 수 있는 몇 가지 방법을 선사해주었다. 현대 천문학에서 가장 효과적이고 놀라운 방법은 중력렌즈라 불리는 자연적인 현상을 이용하는 것이다.

아인슈타인은 일반상대성 이론에서 시공간이 뒤틀리면서 중력이 어떻게 변화하는지 묘사했는데, 광자가 질량이 큰 물체에 가까워지면 시공간이 왜곡되는 현상이 일어나 광자가 가는 경로가 휘어진다고 예측했다. 고전적인 2차원상에서 이 현상을 설명하자면, 볼링공이 고무판에 놓이면 고무판에 옴폭 들어가는 부분이 생기는 것을 상상하면 된다. 볼링공을 고무판 표면을 따라 굴린 다음 위에서 볼링공이 어떻게 움직이는지 바라본다면, 볼링공의 경로는 직선을 벗어나 공 때문에 생긴 옴폭 파인 곳을 따라갈 것이다. 은하나 은하단처럼 질량이 큰 곳의 주위를 지나가는 빛에도 똑같은 일이 일어난다. 이런 현상을 중력렌즈 효과라고 한다. 마치 사물을 확대하여 보여주는 렌즈처럼 먼 은하에서 오는 빛의 양이 증폭될 수 있다.

중력렌즈 현상은 1919년 물리학의 영웅 아서 에딩턴 경이 실험을 통해 처음으로 밝혔다. 아인슈타인이 자기 이론을 발표한 직후였다. 개기일식이 일어나는 동안 에딩턴은 실제 거리가 아니라 각도상으로 태양에 가까운 어느 밝은 별의 위치를 측정했다. 같은 별을 그해에 태양에서 멀어졌을 때 관측하자 위치가 달라졌다. 태양이 근처를 지나는 빛의 경로를 휘게 할 것이라는 일반상대성 이론의 예측과 정확하게 맞아떨어진 것이다. 이 실험은 천문학 역사상 가장 정교한 관측이었다.

태양의 질량은 우리에게는 크게 느껴지지만 천문학에서는 아주 작은 값이다(태양질량은 은하에서 질량을 표현할 때 사용하는 기본 단위일 뿐이다. 밀가루를 포장할 때 그램을 단위로 하는 것과 같다). 그렇다면 우주에서 질량이 가장 큰 계系인 은하단에 중력렌즈 현상이 일어난다면 어떻게 보일까? 심도를 깊게 하고, 장시간 노출해 은하단의 영상을 촬영하자, 일부 은하단 중심에 붉은 타원은하가 밀집해 있고 그 주위를 푸른빛이 활 모양으로 감싸고 있다는 사실을 분명히 알 수 있었다. 이들 활 모양의 푸른빛은 물리적으로 은하단의 일부가 아니라 아주 멀리 떨어진 은하의 모습이 우연히 은하단을 보는 시선과 겹쳐 보이는 것뿐이다. 멀리 떨어진 은하에서 방출한 빛이 거대한 은하단을 관통하여 우리 망원경에 도달했고, 빛이 렌즈를 지나면 굴절되는 것과 비슷하게 휘어진 것이다.

은하는 단일한 하나의 빛이 아니다. 따라서 원반 모양으로 보이는 것은 본질적으로 은하의 여러 부분이 렌즈(지금 다루는 사례에서는 은하단)의 질량 분포에 따라 약간씩 다르게 휘어지고 굴절되어 펼쳐져 보이는 것이다. 중력렌즈 역시 돋보기처럼 먼 은하의 빛을 증폭시켜 중력렌즈가 없을 때보다 더 밝게 보이게 한다. 중력렌즈 효과는 순수하게 중력에 의해 나타나는 현상이며, 총질량에 따라 밝기가 달라진다. 따라서 중력렌즈 현상은 은하단과 은하에 암흑물질이 있음을 추론케 하는 근거가 되고, 실제로 그 분포를 조사하는 또 하나의 방법을 제공한다. 은하에서 눈에 보이는 별의 질량과 은하간 가스(은하단의 질량에서 차지하는 부분이 적지 않다)를 빼서 '중력렌즈 질량'과 비교하면 암흑물질의 존재를 나타내는 잉여 질량이라고 할 수 있다.

은하단 중심부에 보이는 밝은 활 모양은 '강한' 렌즈 효과의 사례라고 할 수 있다. 은하단의 질량 때문에 심하게 휘어진 광선을 나타내고 있기 때문이다. 비록 우리는 은하단의 중심부로부터 많이 떨어진 곳에서 이처럼 밝고 강한 렌즈 효과로 인한 활 모양을 볼 순 없지만, 은하단의 중심부에서 멀리 떨어진 뒷부분에 있는 은하는 정도가 작긴 하나 여전히 앞부분에 있는 질량에 영향을 받는다. 이러한 작은 왜곡 현상은 거의 감지할 수 없다. 은하의 모양은 아주 살짝 왜곡되었을 뿐이고 빛이 확대되는 정도는 미미하다. 너무 미세하게 나타나는 현상이라 많은 은하의 형태와 변화를 통계적으로 분석해야만 알 수 있다. 운좋게도 심층영상조사deep-imaging survey를 이용해 수많은 은하를 분석할 수 있다. 이런 현상을 '약한' 렌즈 효과라고 부른다.

○
밀도가 높은 은하단 아벨 1689(조지 O. 아벨이 만든 부유은하단의 목록을 따름). 은하단은 우주에서 질량이 가장 큰 중력 구조물에 속한다. 그리고 이런 은하단의 중심부에 있는 은하는 주로 타원은하(질량이 크고 별 생성을 거의 하지 않는 늙은 은하)다. 우주 역사 초기에 형성되어, 초기 물질의 밀도가 대규모로 요동칠 때 태어난 은하들이 이처럼 질량이 큰 구조물로 성장했다. 아벨 1689는 아인슈타인의 일반상대성 이론에서 예견한 시공간의 뒤틀림 현상을 아름답게 보여준다. 은하단의 중심부 근처에서 '중력으로 인한 활' 모양을 볼 수 있다. 더 멀리 떨어진 은하의 모습이 방해물로 인해 휘어지고 왜곡되어 시선에 나타난다. 중력렌즈 효과를 이용해 멀리 떨어진 은하를 상세히 연구할 수 있을 뿐만 아니라(확대할 수 있기 때문에), 왜곡의 패턴을 연구해 은하단 전체의 질량을 다시 계산한다면 암흑물질의 존재에 대한 증거를 제공할 수도 있다.

○
아벨 370 은하단에서 관측되는 오렌지색과 파란색의 기다란 선은 전방에 있는 질량이 큰 은하단 때문에 중력렌즈 현상(밝은 타원은하 주변에도 기다란 선으로 보이는 다른 중력렌즈 현상이 나타난다)이 일어나 왜곡되어 보이는 것이다. 렌즈 현상으로 보이는 모습은 은하단의 물질(보통물질과 암흑물질) 분포에 따라 정해진다. 전방을 가리는 은하단 때문에 중력렌즈 현상이 일어나면, 멀리 떨어진 은하의 밝기와 크기를 확대할 수 있어, 중력렌즈 현상이 없는 경우보다 은하의 특징을 훨씬 자세히 조사할 수 있다.

강한 렌즈 효과를 이용하면 먼 은하를 더 세세한 부분까지 연구할 수 있다. 관측되는 빛의 양이 증가하는 현상을 이용할 수 있어, 분광기 같은 기구의 신호대잡음비가 커져 관측이 용이해지기 때문이다. 렌즈의 왜곡 효과는 또한 먼 은하의 겉보기 크기를 실제보다 키워 렌즈 효과가 없을 때보다 사물을 측정하는 눈금이 작아진다. 따라서 중력렌즈 효과는 먼 은하를 상세히 연구할 소중한 기회를 제공하며, 렌즈 효과가 나타나는 은하까지의 거리가 관측하는 곳에서 렌즈 자체까지 거리의 약 두 배일 때 가장 좋은 효과를 나타난다.

렌즈 효과를 이용해 먼 은하를 연구하는 데는 문제가 하나 있다. 사실 하나가 아니라 여러 문제가 있다. 우선 우리가 은하단 근처에서 이동할 수 없기 때문에 운이 안 따라주면 시선 방향으로 먼 은하들이 줄지어 있는 것을 관측하는 데 한계가 따른다. 은하단 역시 흔치 않을뿐더러, 은하단 모두가 강한 렌즈 효과를 보여주는 것도 아니다. 따라서 렌즈 효과를 관찰할 수 있는 은하의 표본 수는 렌즈 효과가 일어나지 않는 무수한 은하와 비교하면 그 수가 적다. 둘째, 확대되고 왜곡된 은하의 영상이 우리에게 도움이 되는 한편, 그 때문에 분석에 어려움이 생기기도 한다. 왜냐하면 그런 은하가 원래 있던 공간에서 실제로 어떤 모습이었는지 재구축하는 과정이 필요하기 때문이다. 은하단이 그 자리에 있지 않았다면 어떻게 보였을까? 우리는 '렌즈 모델'을 구축해 이런 의문을 해결할 수 있다. 강한 렌즈 효과를 보이는 한 은하단 주변의 서로 다른 여러 은하의 왜곡된 영상(한 은하가 렌즈에 의해 굴절되어 다중적인 영상으로 보여, 은하단에 의해 굴절된 여러 개의 독립적인 은하가 있을 수 있다)의 형태와 방향을 이용해 렌즈 내부에 질량이 어떻게 분포되어 있는지 알아내려 한다. 이런 현상을 관찰하려면 고해상도의 영상을 처리해야 하는데, 허블우주망원경은 이런 분석을 가능케 한 주요 도구로, 무엇보다 굴절된 은하를 관측하는 데 필요한 선명한 영상을 전달해주었고 렌즈 모델을 구축하는 데도 큰 역할을 했다.

본질적으로 은하단은 크기가 수십만 파섹인 '거울'이 달린 거대 망원경이라 할 수 있다. 흥미로운 점은 우주의 구조 자체가 바로 우주 안에 있는 은하를 연구할 때 도움을 준다는 것이다. 바로 렌즈 효과 덕분에 우리는 그만큼의 연구 성과를 거둘 수 있었다. 은하 진화 연구의 궁극적인 목표(혹은 마지막 개척지)는 은하가 처음 형성됐을 때를 들여다보는 것이다. 이 시기를 재이온화의 시기 Epoch of Reionization라고 한다.

은하의 기원

자갈이 깔린 바닥에 커피를 쏟았다고 해보자. 커피는 둥글고 볼록한 자갈 사이의 구석지고 파인 곳에 고일 것이다. 자갈 위에 쏟아진 커피는 금세 자갈 사이의 빈틈으로 빠져나가버린다. 자갈 위에서 커피 한 방울은 일정한 중력 퍼텐셜 에너지를 가지고 있다. 하지만 자갈 사이로 흘러내려가면서 에너지를 잃어버린다. 커피가 자갈 사이로 흘러내리면서 중력 퍼텐셜 에너지는 운동에너지로 바뀌고, 이 운동에너지는 커피가 바닥점에 도달하면 바닥에 물을 튀기며 사라지고 만다. 은하가 형성되기 시작했을 시점은 최초의 가스가 초기 우주의 '자갈' 위로 떨어지는 것으로 생각할 수 있다.

빅뱅에서 우주가 형성되었을 때, 오늘날에 보이는 대형 구조체는 없었다.

(당시에는 작았던) 우주 공간에는 고온의 플라스마 상태인 보통물질과 암흑물질이 뒤섞여 있었다. 보통물질은 오늘날 우리 곁에 있는 모든 것을 형성하는 데 필요한 양성자와 중성자, 전자로 이루어진 기본적인 물질을 가리킨다. 암흑물질은 중력이 밀도 분포에서 작은 틈을 파고들어 확대할 때, 보통물질이 달라붙을 수 있는 일종의 '뼈대' 역할을 한다. 충분한 시간이 흐르고 우주가 팽창하며 온도가 충분히 낮아지면, 전자는 간단한 원자(주로 수소와 헬륨, 그리고 일부 중수소와 리튬)의 핵과 결합할 수 있게 된다. 이때를 재결합의 시기라고 하며, 우주에서 물질은 이온화 상태(전자가 자유로운 상태)에서 중성화 상태(전자가 전자기력에 의해 원자에 구속되어 있는 상태)가 된다. 이 시기는 미래 은하 형성의 기반이 된다.

그동안 물질의 분포에서 밀도가 작게 요동치기 시작하면 암흑물질과 바리온 물질이 더 많이 모인다. 이때가 은하가 형성되기 시작하는 순간이다. 중성 가스가 공간에 퍼지면서 밀도는 높아지기 시작한다. 가스가 모여 최초의 암흑물질 헤일로가 되면서 원시은하가 형성된다. 임계점을 지나 가스의 밀도가 원시상태의 (금속이 없는) 가스에서 핵융합이 일어날 만큼 높아지면 원시은하가 별을 생성하기 시작한다. 별이 생성되면, 갓 태어난 별은 주위 공간을 광자로 밝게 물들인다. 이들 광자의 일부(자외선)는 중성 수소 원자에서 전자를 떼어낼 만큼 에너지가 많아, 중성 수소 원자를 재이온화한다. 첫 항성이 생성된 직후 성장하기 시작하는 초대질량 블랙홀 역시 재이혼화에 도움을 주는 것 같다. 초대질량 블랙홀이 물질을 끌어들여 커지면서 에너지를 복사하기 때문이다. 이런 과정은 전염병이 퍼져나가는 과정과 비슷하다. 이온화된 가스가 젊고 밝은 은하 주변에서 거품처럼 부풀어 오르며 거의 모든 공간에 퍼져나간다. 재이온화의 시기라고 불리는 것은 이 때문이다. 완전히 이온화된 초기 상태의 우주에서 중성화 단계를 거쳐 최초의 은하가 나타나면서 다시 이온화 상태가 된다.

현재 재이온화의 시기는 관측할 수 없지만, 좀더 기다리면 가능해질 것이다. 몇 년 안에(우리는 재이온화가 정확히 언제 일어났고 얼마나 지속되었는지 알 수 없기 때문에) 새로운 전파 연구를 통해 얻은 데이터가 우주의 이 같은 변화를 정확히 파악할 수 있도록 해줄 것이다. 적색편이가 매우 큰 경우 중성 수소(21센티미터 선) 방출이라는 특징을 관측할 수 있게 될 것이기 때문이다. (적색편이가 10 정도일 때, 혹은 빅뱅 이후 수십만 년이 지났을 때) 21센티미터 선이 전파 스펙트럼의 낮은 주파수 영역으로 적색편이하면서 재이온화가 일어났을 것이다. 이런 신호는 세기가 약한 까닭에 관측하기 어렵다. 그동안 이 분야의 연구는 대부분 이론적으로 최전방에 있었다. 현재 주어진 모형에서 우리가 기대할 수 있는 것은 뭘까? 현대 천문학의 대표적인 활동은 강력한 컴퓨터 모델링과 시뮬레이션을 이용해 우리가 이해한 내용을 살펴보고 우주가 어떻게 움직이는지에 대한 가설을 새롭게 구축하는 것이다.

제 5 장

우주 모형

○

'차가운 암흑물질Cold Dark Matter'의 움직임을 조사하기 위한 대규모 컴퓨터 시뮬레이션인 밀레니엄 시뮬레이션Millennium Simulation 과정에서 나온 영상. 여기서 보이는 수많은 입자는 차가운 암흑물질을 나타낸다. 우주의 모형이 주어지면, 초기 조건을 바탕으로 시뮬레이션을 시작해 암흑물질의 진화를 추적한다. 질량이 큰 '헤일로'(은하단) 주위의 암흑물질의 현재 분포가 이 사진에 나타나 있다(이 사진에 나타나는 거리는 거의 1억 파섹에 이른다. 상당히 넓은 우주의 영역이 있다). 밝은 색은 암흑물질의 밀도가 높은 곳에 해당된다. 은하는 이러한 헤일로 내부에 중심부의 질량이 큰 구조물과 함께 형성된다. 중심부의 질량이 큰 구조물에는 아마 수많은 은하가 포함되어 있을 것이다(머리털자리 성단이 이러한 예일 것이다). 우주의 연결망에서 물질의 분포는 '계층적' 구조를 띠는 게 분명한 듯하다. 은하 형성에 대한 현재 우리 모형은 암흑물질 헤일로 내부에서 최초의 가스가 식으면서 항성을 생성했고, 그에 따라 은하가 형성되었다고 가정한다. 은하가 어떻게 형성되었는지 세부 사항을 정확히 알기란 너무 어렵고, 물리학의 여러 분야와 관련 있다. 우리는 암흑물질이 진정 무엇인지도 여전히 이해하지 못하고 있다.

다소 거칠게 일반화하자면 천문학자는 두 부류로 나뉜다. 바로 관측천문학자와 이론천문학자다. 간단히 말하면, 이론천문학자는 우주 모형이나 그 일부분(가령 은하)을 구성하고 테스트하며, 특정한 천체물리학 과정이 기본 원리를 바탕으로 어떤 식으로 진행되는지 추측하면서 대부분의 시간을 보낸다. 자연이 작동하는 방식에 대해 완전히 알지 못하는 영역(가령 은하가 생성되는 방식)에서 이론천문학자는 그 작동 방식을 설명할 그럴듯한 모형을 생각해낸다. 이론천문학자는 모형을 데이터와 비교해 현실성이 있는지 없는지를 판단한다. 그리고 이 데이터는 관측천문학자가 수집한다.

관측천문학자는 경험주의자이고 나도 이들 부류에 속한다. 관측천문학자는 측정 장비를 이용해(망원경, 카메라, 분광기 같은 부가 장비) 현상을 관찰하여 데이터를 얻고, 그 데이터를 현재 통용되는 '우주 모형World Model'의 틀을 이용해 해석한다. 우주 모형은 우주를 전체로서 설명하는 우주론적 패러다임이다. 물론 두 집단 사이에는 겹치는 부분이 있다(모형을 증거와 비교해 테스트하는 과학적 과정을 통해 발전이 이뤄지기 때문에 당연히 그래야 한다). 또한 두 집단을 이어주며 둘의 접근법이 지닌 장점을 모두 활용하는 집단도 있다. 그렇지만 관측천문학자와 이론천문학자는 전통적으로 거의 계급 전쟁에 가까운 경쟁관계를 맺어왔다. 이러한 전통은 17세기의 뉴턴과 플램스티드까지 거슬러 올라간다. 당시에 우주 모형은 태양계의 천체역학에 초점이 맞춰졌으며 플램스티드 같은 천문학자들은 행성과 혜성의 운동을 관측했다. 플램스티드는 뉴턴에게 데이터를 제공했고 뉴턴은 그 데이터를 이용해서 중력에 관한 걸작을 만들어낼 수 있었다. 관측 데이터가 없었다면 중력을 이해하는 데 이 같은 엄청난 이론적 도약은 일어날 수 없었을 것이다. 똑같은 원칙이 오늘날에도 적용된다.

350년 후 우리의 우주 모형은 '람다-시디엠Lambda-CDM'이고 이 모형은 조화우주론concordance cosmology이라 불리기도 한다. 람다-시디엠은 우리가 주요한 구성 요소를 완전히 알지 못한다는 점에서 아직 불완전하다고 할 수 있다. 람다는 암흑에너지를 상징하는 부호다(이 상징 부호의 기원은 '우주상수'라는 용어로 대표되는 아인슈타인의 등식이다. 아인슈타인은 우주상수가 수학적 우연일지 모른다고 생각했고 당시에는 이 곤란한 용어를 자신의 '가장 큰 실수'라고 말했다). 암흑에너지는 먼 초신성의 밝기에 의해 뒷받침되는, 우주 가속팽창 현상의 원인이 되는 메커니즘에 붙여진 이름이다. 암흑물질과 마찬가지로, '암흑dark'이라는 단어를 쓴 이유는 우리가 그것이 정확히 무엇인지 모르기 때문이다(아이디어들은 가지고 있지만). 우주의 총에너지 밀도 측면에서 볼 때, 암흑에너지는 암흑물질과 보통물질 모두를 지배하는 것처럼 보인다.

우리는 암흑에너지에 대해 더 자세히 이야기하지 않을 것이다. 개별 은하에 관한 한 암흑에너지는 우리 논의와 관련없을뿐더러, 우주 역사의 측면에서 봤을 때 암흑에너지는 상당히 최근에 이르러서야 중요하게 영향을 미치고 있기 때문이다. 가속화가 계속된다고 가정하면, 암흑에너지는 우주 거대 구조의 미래 진화에서 더 중요한 역할을 할 것이다. 시디엠CDM은 우주의 또 다른 주요 질량 구성물인 차가운 암흑물질Cold Dark Matter을 말한다. 앞서 살펴봤듯이 차가운 암흑물질은 은하의 생성, 구조, 분포에 있어서 매우 중요한 요소다. '차가운 암흑물질'에서 '차갑다cold'는 말은 암흑물질을 구성하는 입자가 빛의 속도에 비해 천천히 움직인다는 사실을 가리킨다. 암흑물질이 '따뜻한warm' 다른 모형들도 존재한다. 이 모형들은 우주 구조의 진화에 대해 다른 예측을 내놓는다. 다시 한번 말하는데, 하나의 우주 모형은 관측 결과와 비교해 테스트할 수 있는 하나의 이론에 불과하다. 현재는 CDM이 가장 인기 있지만 WDM을 지지하는 이들도 있다.

우리는 아직 실험에서 암흑물질을 직접적으로 탐지하지 못했다. 질량으로 보면 암흑물질이 정상 바리온 물질normal baryonic matter을 5 대 1 정도로 압도한다는 사실에도 불구하고 말이다. 문제는 단순하다. 암흑물질은 중력을 제외하고는 어떤 방식으로도 다른 물질과 강하게 상호작용하는 것처럼 보이지 않는다. 그렇기 때문에 암흑물질을 보려면 천문학적 규모로 관측해야 한다(가령 은하의 회전곡선이나 중력렌즈 같은). 만약 암흑물질이 약하게 상호작용하는 질량이 큰 입자들WIMPs, Weakly Interacting Massive Particles로부터 만들어진다면, 우리는 이러한 입자 두 개가 충돌할 때 보통물질의 람다 입자가 반동하는 것을—아주 가끔—볼 수 있을지도 모른다(WIMP에서 '약하게weakly'는 보통물질과 암흑물질 사이에 상호작용이 일어날 수 있지만 이는 매우 드문 사건임을 뜻한다). 이러한 상호작용을 찾기 위한 실험들이 계속 진행 중이다.

암흑물질 탐지 실험의 한 예는 ZEPLIN-III 검출기다. 이 검출기는 약 12킬로그램의 액체 크세논 위에 약간의 기체 크세논을 두는 것으로 구성되어 있다(크세논은 희귀한 비활성 기체 중 하나다). 이 액체 안에 광전자배증관Photomulltiplier 튜브를 담근다. WIMP가 크세논과 충돌해서 짧고 아주 작은 빛 파열이 생기면 광전자배증관이 크세논 원자의 반동 특징을 탐지하고 증폭시킬 수 있으리라 생각해서 설계한 실험이다. 다른 람다 입자들이 크세논을 통과해 검출기를 작동시켜서 생기는 신호 오염을 줄이기 위해, 검출기를 볼비 광산(영국의 노스요크무어스에 위치해 있다)의 지하 1킬로미터보다 더 깊숙한 곳에 설치했다. 볼비 광산에는 바위로 된 두꺼운 층이 있어서 검출기를 다른 오염 신호로부터 보호해준다. 오염의 한 예는 우주선cosmic rays이다. 우주선은 다양한 에너지의 천체물리학 과정(가령 초신성)으로 인해 우리 머리 위에 항상 쏟아지고 있는 고에너지 복사를 일컫는다. 우주선의 플럭스(빛다발)은 몇백 미터의 바위에 의해 축축해지기 때문에, 광산은 ZEPLIN-III 같은 실험을 하는 데 완벽한 장소다. 암흑물질을 직접적으로 탐지한 확실한 관측 증거는 아직 없고 암흑물질은 WIMP로 이뤄지지 않았을지도 모르지만 여전히 탐색은 계속되고 있다.

불확실성을 지니고 있긴 하지만 람다-시디엠은 현재 가장 뛰어난 우주 모형이다. 대중이 암흑물질의 실제 존재에 대해 회의적인 입장을 보이는 이유를 이해할 수 있을 듯싶다. 어디에나 있는 것으로 생각되지만(위치마다 밀도는 다르지만) 우리 일상생활에 직접적으로 영향을 미치지는 않기 때문이다. 하지만 우주적 규모로 생각해보면 암흑물질 요소가 어디에나 있다는 간접적인 증거를 찾을 수 있다. 은하의 회전곡선에서도, 별의 운동에서도, 빛의 중력렌즈 효과에서도 찾을 수 있다. 암흑물질이 정확히 무엇이고 암흑에너지의 정확한 특징이 어떤 것인지에 상관없이, 그것을 묘사하는 우리의 현재 모형(람다-시디엠)은 관측 결과와 맞아떨어지고 우주에 대해 많은 것을 훌륭히 예측하고 있다. 이 모형에도 문제가 있긴 하지만 그리 놀랄 정도는 아니다. 우리 연구의 목적은 시간에 따라 새로운 지식이 축적되면서 다듬어질 수 있는 모형을 만드는 것이다. 모형으로 설명할 수 없거나 모형이 틀렸음을 보여주는 강력한 관측 증거를 찾는다면 그 모형을 폐기하고 새롭게 시작하면 된다. 이를 잘 보여주는 예는 뜨거운 빅뱅에서 시작하는 우주 모형이 '정상상태 이론Steady State theory'을 대체할 때 일어났던 인식 체계의 대전환이다.

대혼란 속에서의 기원

20세기 중반에 프레드 호일, 헤르만 본디, 토머스 골드 같은 학자들(모두 크게 존경받는 천문학자이자 우주론자였다)이 옹호한 정상상태 이론은 우주에 시작은 없지만 우주는 항상 존재해왔다고 설명했다. 정상상태 모형에서 은하들은 계속해서 움직이지만(지구를 두고 은하들이 후퇴하는 현상으로 증명됐다. 은하의 움직임은 20세기 초에 발견됐다), 우주는 팽창할 때 새로운 은하를 생성해 일정한 밀도(큰 용적에 대해 평균을 냈을 때)를 유지한다. 정상상태 이론을 반박하는 두 가지 주요 증거는 우주에 뜨거운 기원이 있다는 사실을 암시하는, 우주 전체에 퍼져 있는 복사장인 우주마이크로파배경Cosmic Microwave Background이 관측된

점과 높은 적색편이를 보이는 은하들은 우리 은하와 가까이에 있는 은하들과 서로 다른 구성 성분을 보인다는 사실이다. 예를 들어 초기의 먼 우주에는 오늘날보다 훨씬 더 많은 퀘이사가 존재하는 것처럼 보인다. 이 점은 시간이 흐르면서 은하 종족이 변화하고 있다는 사실을 암시한다. 공교롭게도 우주 역사 초기에 퀘이사가 훨씬 많았다는 점은 활동(별 생성과 블랙홀 성장 모두)의 속도가 오늘날보다 과거에 더 빨랐다는 사실과 관련되며 이는 결국 은하 종족에 점진적 변화가 있었음을 나타낸다.

증거가 쌓이면서 정상상태 이론은 옆으로 밀려나 종말을 맞았고 우리는 우주가 작동하는 방식에 대한 이론들 중 하나를 지웠다. 하지만 이는 결코 헛된 노력이 아니었다. 과학은 가설을 실증적으로 테스트하면서 발전하는 것이고 정상상태 이론은 관측 결과와 비교해서 타당하지 않았을 뿐이다. 그러고 나서 뜨거운 빅뱅 이론Hot Big Bang theory이 정상상태 이론을 대체했다. 빅뱅 이론은 과거의 어떤 순간에 하나의 점으로부터 시간과 우주가 순식간에 생성됐다고 설명한다. 람다-시디엠 모형은 우주의 구성 요소와 기하학적 구조 및 진화를 설명한다. 람다-시디엠 모형은 완벽하지 않으며 천문학자들도 이 사실을 알고 있다(뭐, 다른 천문학자보다 많이 아는 천문학자가 있기는 할 것이다. 이 분야에서는 독단적인 태도를 갖기 쉽다). 예를 들어 우주의 아주 초기—빅뱅 바로 직후—에 이 이론이 어떻게 적용되는지에 관한 문제가 있다. 우주가 그렇게 순식간에 팽창한 메커니즘을 설명하기란 힘들다. 마찬가지로 우리는 애초에 어떻게 빅뱅이 일어났는지, 그 전에 무엇이 있었는지, '또 다른' 우주들이 있는지 없는지에 대해 테스트해볼 만한 이론이 없다. 그렇지만 이것은 별개의 논의다. 현재로서는, 나와 같은 천문학자들은 람다-시디엠을 관측 결과를 해석하는 데 도움이 되는 배경이나 틀로 이용하고, 더 중요하게는 철저한 검토를 위해 보유하는 하나의 모형으로 이용한다. 앞서 말한 대로, 현재의 표준우주 모형은 광범위한 현상을 놀랍도록 성공적으로 설명해주므로, 우리는 아마 올바른 방향으로 나아가고 있는 것 같다. 한편 개별 은하의 규모와 은하의 내부 활동에 관해서는 전통 물리학을 적용할 수 있다. 전통 물리학만으로도 은하에서 일어나는 물리적 과정의 많은 원리를 상당히 잘 설명할 수 있다. 문제는 어떻게 그 모든 다양한 물리적 과정이 은하 내부에서 함께 일어나는지 이해하려 할 때 생긴다. 문제가 까다로워지는 순간이다. 우리는 하나씩 연구하면서 그 모두가 어떻게 어우러지는지 알아내야 한다.

초기 우주의 열역학적 구성 요소는 천문학자에게 보이지 않는 수평선 너머 같은 것이다. 앞서 살펴봤듯이, 암흑물질과 정상 바리온 물질의 운명은 시작점, 그리고 우주의 생성 직후부터 얽혀 있기 때문에, 암흑물질(그것이 무엇이든 간에)과 바리온 물질 모두 뜨거운 혼합물 안에서 고르게 분포했다. 우리는 이 시기를 직접 관찰할 수 없다. 뜨거운 플라스마 안에서 움직이는 광자들은 하전 바리온 입자charged baryonic particles 밖으로 항상 산란되는 현상에 의해 효과적으로 붙잡혀 있기 때문이다. 끊임없이 산란이 일어난다는 것은 머나먼 은하의 빛이 우주를 가로지르는 것 같은 기회가 광자에 주어지지 않는다는 뜻이다. 먼 은하의 빛은 비교적 중간에 방해하는 물질이 없다. 일단 우주가 팽창했다가 충분히 식으면서 전자가 광자와 결합하여 최초의 원자를 생성하고 우주를 중성화시키면, 이런 산란은 거의 멈춘다. 또한 광자(빅뱅 자체로부터 나온 복사)는 경마대회 출발선에 선 말들처럼 빠르게 방출되고, 계속 팽창하는 우주를 가로질러서 140억 년 가까이 되는 여정 동안 아무 방해도 받지 않은 채 우리에게로 이동한다. 이렇게 광자가 방출된 시기를 '재결합의 시기Epoch of Recombination'라고 부른다. 이때는 광자가 '최종 산란면Surface of Last Scattering'으로부터 방출되도록 허용했다. 이는 우리가 볼 수 있는 가장 먼(혹은 가장 초기의) 것이다. 우주에 스며들어 있는 이 표면, 더 정확히 말하면 이 표면에서의 방출을 '우주마이크로파배경CMB'이라 부른다.

우주마이크로파배경은 거의 균일한 빛의 쏟아짐이다. 우주가 계속 팽창하는 동안, 빛은 마이크로파 파장으로 적색편이 되었고, 하늘의 모든 방향에서 뿜어져 나오는 것처럼 보인다(우주마이크로파배경에서 나오는 신호는 우리 은하 자체의 마이크로파 방출 때문에 더 축소되기는 한다). 우주마이크로파배경의 스펙트럼은 거의 완벽한 흑체다. 특유의 스펙트럼 분산을 나타내는 열복사 방출을 보이는데 이 모습은 앞서 만난 적 있는, 적외선으로 촬영한 은하의 먼지 배출과 비슷하다. 스펙트럼의 최고점은 절대 온도 2.73도의 평균 온도에 해당된다. 이는 빅뱅의 잔여 열기인, 우주 공간의 배경 온도를 나타낸다.

우주배경 탐사선/코비Cosmic Microwave Background Explorer, COBE, 윌킨슨 마이크로파 비등방성 탐색기Wilkinson Microwave Anisotropy Probe, WMAP, 그리고 가장 최근의 플랑크 위성 등이 전체 하늘에 걸쳐 지도를 그려본 결과 우주마이크로파배경은 균일하지 않다. 온도가 잔물결 치듯 변화한다. 수치가 매우 작긴 하지만(분산이 내략 10만 분의 1이다) 이 잔물결(작은 변화)은 은하 진화의 역사에서 대단히 중요하다. 온도상의 이 잔물결은 빅뱅 이후 몇십만 년밖에 지나지 않았을 때 입자들의 뜨거운 스프 안에서 밀도 요동density fluctuations이 존재했다는 사실을 나타낸다. 우주배경복사 안의 요동은 바리온이 고밀도 지역들에 안착하기 시작했다는 신호다. 이 지역들은 우주가 하나의 점으로부터 급속하게 팽창했을 때 물질의 밀도 안의 양자 섭동quantum perturbations으로부터 성장했다. 오늘날 우리가 주변에서 보는 은하들의 세부적인 분포 모습은 이 시기에 암호화됐다. 바리온들은 이러한 중력 고랑gravitational furrows 안으로 들어간 뒤 스스로 증폭을 도왔다. 우주마이크로파배경은 이 시기의 사진이다. 은하들이 '막' 생성되기 시작하던 시기의 우주를 찍은 스냅사진이다. 우주마이크로파배경을 지도로 자세히 그릴 수 있는 능력은 관측 우주론의 빛나는 성과 중 하나다.

우주의 뼈대 안에서 바리온을 잃어버리다

나는 암흑물질이 우리가 볼 수 있는 물질(가스와 은하들)로 장식된 숨겨진 뼈대와 같다고 생각한다. 대형 탐사는 은하들이 필라멘트 모양으로 분포되어 있다는 사실을 보여준다. 은하군과 은하단은 거미줄 같은 망으로 된 거대 구조 안에서 연결되어 있다. 마치 거품이 떠 있는 맥주를 비운 뒤 유리잔 측면에 남아 있는 패턴처럼 말이다. 람다-시디엠 모형에서 은하들은 이 눈에 보이지 않는 암흑물질망의 윤곽을 그려준다. 마치 밤에 우주 공간에서 내려다볼 때 지구 위에 있는 가로등과 집들의 빛나는 불빛이 도로, 마을, 도시들의 위치를 나타내 주듯이 말이다.

암흑물질의 중력적 영향은 바리온들을 우리 은하 같은 질서정연한 구조 안으로 모으면서 은하가 형태를 갖추도록 돕는다. 바리온의 진화에는 또 다른 흥미로운 면이 있다. 이 책에서 줄곧 이야기했으니 아마 잘 알겠지만, 보통물질은 '물질 우주material universe'의 총질량 중 일부만 차지하고 총질량의 나머지는 암흑물질이다. 별로 잘 알려져 있지 않은 이야기는 이것이다. 바리온들 중 극히 일부만이(총질량의 엄청나게 작은 부분에 해당된다) 실제로 은하들 안에 존재한다는 점이다. 우리는 우주마이크로파배경 연구를 통해, 그리고 헬륨, 듀테륨, 리튬 같은 원시원소 함량비 측정을 통해 얼마만큼의 바리온들이 우주 안에 존재해야 하는지 알고 있다(우주마이크로배경의 온도 요동의 통계적 분포는 은하들이 제대로 생성되기 직전 우주의 상태에 대한 많은 정보를 가지고 있다. 이 정보에는 '바리온 부분'도 포함되어 있다). 이러한 가장 가벼운 원소들은 빅뱅 직후 핵합성 과정에서 생성됐고 이들의 상대적 함량비는 모든 물질과 총 바리온 밀도의 상대 비율에 따라 결정된다.

우리는 별빛(가시광선과 근적외선), 가스(전파와 밀리미터파), 먼지(적외선) 등으로부터 은하 안에 있는 질량의 총합을 합산할 수 있다. 또한 우리는 은하 바깥쪽에 있는 바리온의 질량을 합산할 수도 있다. 은하단 안에 있는 뜨거운 대기의 X선 불빛을 통해서, 그리고 밝은 퀘이사들에 의해 역광이 비춰지는, 외부 은하 공간 안의 원소들의 흡수선 안에서 합을 구할 수 있다. 하지만 이 모두를 합산하고 나면 예상했던 총량보다 적은 바리온만 설명할 수 있다는 사실이 발견된다. 나머지는 행방불명이다. 이 미스터리는 '행방불명인 바리온 문제'로 알려져 있다. 이 사실은 우리가 아직 은하 생성을 완전하게 이해하지 못하고 있음을 뜻한다. 당연하다. 그렇지 않다면 내가 이 자리에 있지도 않을 테니 말이다.

먼 우주를 들여다보면 행방불명인 바리온들 일부에 대한 증거를 찾을 수 있다. 다시 한번 말하는데, 퀘이사 스펙트럼을 이용해 우리는 은하간 공간 주변을 떠다닐 뿐만 아니라 은하들 안과 주변에 있는 중성 수소 가스 덩어리로부터 만들어진 자국을 탐색할 수 있다. 하나의 중성 가스 구름은 퀘이사 빛의 일부를 흡수하고 그 구름의 적색편이에 상응하는 특정한 파장에서 흡수선을 남긴다. 더 멀리 있는 퀘이사들로부터 나온 빛은 더 먼 은하간 공간을 통과해야 하기 때문에 그 과정에서 많은 구름에 가로막힐 수 있다. 따라서 퀘이사 스펙트럼에 많은 흡수선이 생긴다. 퀘이사 스펙트럼 안에서 아주 많은 흡수선이 서로 다른 파장에서 축적된다. 가스 구름들의 망을 '라이먼알파 숲Lyman-alpha forest'이라 부른다. 라이먼알파는 수소 흡수선의 이름이다. 수소 원자의 '라이먼 계열' 안의 기본 전이principle transition이며 체계의 가장 낮은 에너지 수준에 있는 전자들과 관련 있다. 이러한 중성 수소 구름들의 함량비와 질량을(흡수의 강도에 의해 결정된다) 은하들에서 그와 동시에 생성된 별들의 질량과 함께 측정함으로써, 우리는 우주 역사 초기에 있었던 바리온의 총수를 측정할 수 있다. 우주 형성 초기를 보면 우리는 이론적 총량을 구성하는 바리온이 오늘날보다 과거에 더 많았다는 사실을 발견할 수 있다. 과거와 현재 사이 어느 시점엔가 바리온은 사라졌다. 가장 그럴듯한 추측은 시간이 흐르면서 대부분의 바리온이 은하를 형성하지 않았거나 혹은 최소한 차가운 가스나 별을 생성하지 않았다는 것이다.

사라진 바리온의 문제는 단순한 결점에서 기인한다. 우리는 바리온 주기, 즉 가스가 은하로 들어갔다 나왔다 하는 흐름을 아직 완전하게 이해하지 못한다. 우리는 은하간 공간 안에 많은 가스가 있다는 사실을 이미 알고 있다. 성단에서는 은하간 가스가 매우 뜨거워서 X선으로 빛난다. 하늘의 X선 사진을 보면 은하단은 매우 두드러지는 반면 대부분의 개별 은하는 X선 복사를 강하게 방출하지 않는다. 설사 퀘이사처럼 X선 복사를 방출한다 하더라도, 매우 소량일 뿐이다. 은하단의 크기는 X선 방출이 늘어나게 만들고 뜨거운 대기 안에 잠긴 비교적 작은 은하를 집어삼켜버린다. 은하단의 X선 총광도는 가스 총질량으로 변환될 수 있다. 그렇지만 바리온이 복사를 방출하거나 막는 방법을 통해 도와

주지 않는다면 우리는 바리온을 탐지할 수 없을 것이다. 또 한 가지 이론은, 사라진 바리온은 단순히 우리가 탐지하기 어려운 상태에 있을 뿐이라는 것이다. 은하 안의 가스보다 더 뜨겁지만 수천만 도인 은하단 내 매질과 비교해서는 미지근한 상태에 있다는 것이다. 그런 까닭에 이 가스는(바리온은) X선이나 탐지하기 쉬운 다른 복사선을 많이 방출하지 않는다. 그 점이 우리의 아킬레스건이다.

은하 안에 있지 않다면 바리온은 대체 어디에 있는 걸까? 이 질문의 답은 암흑물질 구조, 즉 은하들이 들어앉아 있는 거대 구조에서 찾을 수 있다. 많은 은하가 속해 있는 은하단들 사이의 필라멘트 구조가 사라진 바리온의 상당 부분을 품고 있으리라 생각된다. 은하단이 그 안에 많은 은하가 있는 거대한 암흑물질 헤일로로 대표되듯이, 필라멘트 구조 안에 있는 은하는 헤일로 안에 자리잡고 있으며 이런 헤일로가 뒤섞여 암흑물질의 상호 연결 그물망을 형성한다. 이 그물망은 시간이 흐를수록 더 거대해진다.

이 그물망은 충분히 거대해지면 은하간 가스와 원시가스를 끌어당기고, 가속화시키며, 가열한다. 은하간 가스와 원시가스는 몇십만 도에서 몇백만 도의 상당히 높은 온도까지 가열된다. 그렇지만 이 정도는 수축해서 은하를 형성하기에는 너무 뜨겁고 X선을 방출하기에는 너무 차갑다. 이것은 한 번도 사용되지 않은 물질이다. 새로운 은하가 형성될 수도, 기존 은하가 성장할 수도 있는 어마어마한 저장소이지만 중력에 의해 불확실한 상태에 갇혀 있다. 이 물질을 따뜻하고 뜨거운 은하간매질Warm-Hot Intergalactic Medium, WHIM이라고 부른다. WHIM을 탐지하는 실험은 먼 퀘이사의 스펙트럼에서 중성기체를 탐지할 수 있게 도와주는 흡수선 기술에 의지한다. 비결은 필라멘트 구조까지의 시선상에 있는 밝고 먼 퀘이사를 찾아 그 퀘이사의 '자외선 스펙트럼'이나 'X선 스펙트럼'을 얻는 것이다. 만약 퀘이사로부터 나오는 빛이 밀도가 높은 지역인 WHIM을 통과한다면, 빛은 강하게 이온화된 원소(가령 산소)에 의해 흡수될 것이다. 가지고 있던 전자들을 거의 모두 빼앗긴 산소 원자는 자외선 대역과 X선 대역에 의해 추적되는 높은 에너지에서 빛을 흡수할 것이고, 이처럼 강하게 이온화된 원소가 탐지된다는 것은 강하게 활성화된 기체 매질이 존재한다는 사실을 나타낸다. X선 흡수를 이용해 매우 뜨거운 기체를 추적할 수 있고 자외선 흡수를 이용해 덜 뜨겁지만 그래도 따뜻한 기체를 추적할 수 있다. 이를 우리 국부우주 안에 있는 '조각가자리 장벽Sculptor Wall'과 같은 환경 안에서 관찰할 수 있다. 조각가자리는 별자리인데, 이 방향으로 보면 장벽처럼 생긴 초고밀도 은하 지역을 찾을 수 있다. 이 지역은 우리의 국부 거대 구조를 대표한다. 조각가자리 장벽 뒤에 있는 밝은 퀘이사의 X선 스펙트럼은 이 밀도가 높은 구조 안의 은하들 사이에 있는 강하게 이온화된 산소의 파장과 정확히 대응하는 흡수선을 보여준다.

대부분의 WHIM은 수소로부터 만들어진다. 산소와 흡수선 작업에서 이용되는 다른 중원소들은 단순히 흔적 원소 오염물질trace contaminants일 뿐이다. 이런 무거운 흔적 원소가 만들어질 수 있는 유일한 곳은 은하 안에 있는 별의 안뿐이다. 그러므로 이러한 '오염원'은 자신이 생성된 은하로부터 어떤 식으로든 탈출해 현재는 WHIM 환경에 살고 있는 것이 분명하다. 이는 기체가 은하 안으로 들어갔다 나왔다 한다는 사실을 보여주는 또 다른 증거다. WHIM은 또 어떤가? 어떻게 거기에 가게 됐을까? 이 질문은 컴퓨터 시뮬레이션을 이용한 모형으로 가장 잘 설명할 수 있다. 컴퓨터 시뮬레이션은 우주와 그 구성 요소를 이해하는 과정에서 매우 강력한 도구로 작용한다.

모형 우주

오늘날 천문학자들은 컴퓨터를 많이 사용한다. 관측천문학자인 내가 하는 작업도 대부분 망원경으로 얻은 데이터를 분석하는 일이다. 하늘을 촬영한 '가공되지 않은raw' 사진들로부터 보정한 과학적 수준의 결과물(가령 심층 이미지나 스펙트럼)을 만들어내는 것이 우리 목표다. 이 과정은 점점 더 강력한 하드웨어를 요구하고 있다. 망원경들이 생산한 데이터의 양 자체가 계속 늘어나 더 대용량 디지털 저장 설비들과 더 고사양의 처리 능력 및 임의 추출 기억장치random access memory, RAM가 필요하기 때문이다. 한편 이론천문학자들이 컴퓨터를 사용하는 가장 중요한 목적은 우주, 혹은 최소한 우주의 적절한 크기의 덩어리를 '시뮬레이션'하는 것이다. 관측천문학자가 망원경에 제한을 받는 것과 마찬가지로 시뮬레이터는 하드웨어에 의해 제한을 받는다. 더 빠른 기계, 더 큰 메모리, 더 많은 프로세서, 이 모든 것을 되도록 저렴하게 얻고 싶은 욕구가 항상 있다. 관측천문학자가 더 멀리 더 뚜렷하게 보고 싶어하는 것과 마찬가지로 시뮬레이터는 항상 더 크고, 질이 더 높으며, 더 고해상도인 시뮬레이션을 실행하는 것을 목표로 한다.

우주의 대규모 지역을 대상으로 하는 시뮬레이션 중 가장 중요한 것은 엔체 시뮬레이션N-body simulations이다. 엔체N-body에서 N은 '입자 수number of particles'를 의미한다. 가장 단순한 엔체 시뮬레이션은 이체 문제two-body problem라 불린다. 만약 잠시 짬이 난다면 한 장의 종이에 이를 실험해볼 수 있다. 일단 종이에 선들로 격자무늬를 그려보라. 이것은 2차원으로 제한된, 당신의 우주 모형이다. 그다음에는 마치 지도 위에 하는 것처럼, 격자무늬 위의 위치를 알 수 있도록 정사각형 셀들에 이름을 붙여라. 이제 무작위로 두 개의 셀을 골라 그 안에 각각 점을 그려라. 이들은 이체 문제의 이체에 해당된다. 우리는 이들에 A와 B라고 이름 붙일 것이다. 이제 할 일은 이들이 물리학 법칙에 의해 지배된다고 가정하고서 이들의 진화를 모형으로 만드는 것이다. 이 경우에는 중력만을 고려할 것이다.

가장 단순한 경우를 상상해보자. 처음에 A 입자와 B 입자는 움직이지 않고 있으며 각 입자는 단위 질량을 가지고 있다. 만약 중력이 뉴턴이 한 대로만(고전적 관점으로) 설명될 수 있다고 추정한다면, 각 입자는 힘을 경험할 것이다. 이 힘의 세기는 입자의 질량을 상수(만유인력상수이며 G라고 부른다. 정확한 값은 이 모형에서 중요하지 않다)와 곱하며 이를 입자들 사이의 거리의 제곱으로 나눈 값으로 알 수 있다. 각 입자는 힘을 경험하고 움직이도록 압력을 받는다. 이 힘은 상대 입자 방향으로 가속도를 야기하기 때문이다. 이 가속도의 크기는 이 힘의 세기를 입자들의 질량으로 나눈 값과 동등하다(뉴턴의 운동 법칙 중 하나).

다음 단계는 새로운 종이를 가져와서 격자무늬를 다시 그린 다음 시간이 어느 정도 지났다고 가정한 채 입자들의 위치를 계산해보는 것이다. 시간 간격은 원하는 만큼 길거나 짧게 정할 수 있는데, 짧을수록 입자들의 위치를 더 정확하게 추적할 수 있다. 그런 뒤에는 과정을 반복하면 된다. 각 입자가 받는 힘과 가속도를 계산하고 이를 각 입자의 현재 속도에 더하면 된다. 이 실험의 결과는 지루하다. 두 입자는 서로 끌리고 그런 까닭에 서로를 향해 가속도가 붙으며 그 결과 원사들의 위치가 함께 묶여 있는 고정 상태를 유지하게 된다. 이 시뮬레이션으로는 입자들 사이의 충돌에 대한 물리학은 조금도 알아낼 수가 없다.

또 다른 입자 하나를 더하면 문제가 더 흥미로워진다. 이제 '삼체 문제three-body problem'가 되는 것이다. 질량을 가진 모든 물체 사이에는 중력이 작동하기 때문에 각 분자의 쌍, 즉 A-B, A-C, B-A, B-C, C-A, C-B 사이의 중력의 벡터 합으로부터 각 시험 입자에 가해지는 전체 힘을 계산해야 한다. 시스템의 진화를 예측하기 위해 해야 할 계산이 약간 더 많아진다. 이제 2차원에서 하는 대신 3차원에서 해보자. 그리고 3개의 시험 입자 대신 수백만 개의 입자를 이용해보자. 여기서부터 슈퍼컴퓨터가 쓸모 있어진다.

엔체 시뮬레이션은 우주 안에 있는 모든 입자의 진화를 모형으로 만들려고 시도하지 않는다. 오히려 그 반대다. 한 개의 입자가 다소 많은 용적의 질량을 대신하지만 우주 거대 구조의 진화를 모형으로 만드는 것이 목표라면 이처럼 조악한 질량 분해능은 큰 문제가 되지 않는다. 개별 은하나 태양계 구조의 미세한 세부 사항은 적당히 얼버무리고 넘어가도 괜찮기 때문이다. 만약 하나의 개별 은하를 자세히 시뮬레이션하고 싶다면 같은 수의 입자들을 가지고서도 할 수 있다. 하지만 우주의 나머지 부분들은 시뮬레이션하지 못한다. 하나의 입자가 훨씬 작은 용적을 대신해야 하기 때문이다. 시뮬레이션할 수 있는 입자들의 총수는 컴퓨터 동력과 알고리즘에 달려 있다. 가령 '트리 코드tree codes'와 '입자 그물망 방법particle mesh method' 같은 알고리즘은 모든 입자를 하나하나

○
이 사진은 앞서 나온 밀레니엄 시뮬레이션(우주 형성 시뮬레이션)에서 촬영한 것과 똑같은 용적의 우주를 보여준다. 하지만 더 이전 시대의 모습이다(즉, 적색편이가 높을 때 보였을 모습이다). 구조들이 붕괴하는 과정에 있고 중앙에 있는 질량이 큰 헤일로는 아직 제대로 성장하지 않은 상태다. 지금은 필라멘트들과 더 작은 헤일로들이 서서히 형태를 갖추고 있는 상태다. 외부 은하 천문학자들이 과거를 들여다볼 때, 이들의 목표는 우리가 실제로 보는 은하의 범위가 우주 기저의 검은 '뼈대'와 관련하여 어떻게 성장하는지를 이해하는 것이다.

처리하는 '무차별 대입brute force' 방법을 이용하지 않고 각 입자에 작용하는 중요한 힘만 효율적으로 계산하기 위해 개발됐다.

최근에 이뤄진 유명하고 성공적인 엔체 암흑물질 시뮬레이션 중 하나는 '밀레니엄 시뮬레이션Millennium Simulation'이다. 밀레니엄 시뮬레이션은 영국 더럼 대학의 컴퓨터 우주론 연구소와 독일 가르힝에 있는 막스플랑크 천체물리학 연구소를 수장으로 하는, '처녀자리 협력단Virgo Consortium'이라는 국제대학연합 그룹이 이끄는 프로젝트다. 많은 연구 그룹이 자신만의 고유한 시뮬레이션을 실행했지만, 밀레니엄 시뮬레이션은 그중에서도 특히 유명하다. 밀레니엄 시뮬레이션의 목표는 커다란 용적의 모형 우주(500메가파섹 크기의 상자) 안에서 암흑물질을 대신하는 100억 개의 입자를 이용해 암흑물질의 진화를 설명하는 모형을 만드는 것이다. 각 입자는 태양질량의 약 9000만 배에 해당되는 질량을 가지고 있다. 이 시뮬레이션에서는 하나의 개별 은하가 100개가량의 입자 무리로 구성된다. 은하를 포함하고 있을지 모르는 암흑물질 헤일로는 밀도가 어떤 한계치를 넘어서는 암흑물질 집단으로 규정하고, 이 한계치는 우주의 평균 밀도보다 200배 정도 되는 것으로 설정한다. 이렇게 헤일로를 이용하는 방법은 우주, 혹은 최소한 모형 우주 안의 구조를 설명할 때 매우 편리하다.

당시 밀레니엄 시뮬레이션은 그때까지 실행된 가장 큰 엔체 시뮬레이션이었다. IBM 슈퍼컴퓨터의 512 코어 프로세서를 이용해서 거의 한 달 동안 실시간으로 진행되었다. 이를 CPU 시간으로 변환하면 35만 시간, 즉 거의 4년에 맞먹는다. 밀레니엄 시뮬레이션은 1000기가바이트의 물리 메모리를 사용했고(참고로 요즘의 일반 데스크톱은 몇 기가바이트의 메모리를 가지고 있다), 셀 수 없이 많은 작업을 수행했으며, 20테라바이트의 데이터를 생산했다. 밀레니엄 시뮬레이션의 가장 중요한 목적은 한 우주 모형(오직 암흑물질로만 구성된)이 물리학적 투입 조건에 따라 처음 상태에서 어떤 식으로 진화하는지 알아보는 것이다. 우주가 시작될 때는 거의 균일한 물질 분포였던 구조가 어떻게 현재에는 복잡한 그물망으로 진화했을까? 암흑물질 헤일로는 어떻게 커질까? 암흑물질 헤일로의 질량 분포는 과연 어떠하며 이는 어떻게 진화할까? 밀레니엄 시뮬레이션은 이론을 상상해보고 이론의 예측을 펜과 종이로는 할 수 없는 방식으로 검증해볼 수 있는 방편을 제공한다.

밀레니엄 시뮬레이션에서 암흑물질의 진화를 관찰해보면 구조의 복잡한 계층적 발달이 명확해진다. 매우 균일한 시작점으로부터 매우 복잡한 환경—우주망—형태로 발달했다. 또한 밀도가 조금 더 높은 초기 상태를 가진 지역에서 물질이 수축하는 현상을 볼 수도 있다. 이 지역의 밀도는 작은 무리들이 점점 쌓이면서 더 커진다. 마침내 은하단을 대표하는 커다란 헤일로들이 우주에 퍼져 있는 격자 구조 안에서 밀도가 가장 높은 교점으로 두드러진다. 커다란 헤일로 안과 그 주변에는 더 작은 준헤일로sub-haloes들이 계층을 형성하고 있다. 이 계층은 더 큰 은하 주위를 도는 왜소위성에서 시작하고 이 왜소위성은 차례로 무리를 지어 점점 더 큰 뼈대를 형성한다. 엔체 시뮬레이션은 헤일로의 반복적인 합병 과정을 보여준다. 우리는 우리 은하 주변에 있는 은하 종족에서 항성 체계들의 격렬한 충돌로서 이를 관찰할 수 있다. 이 과정은 은하의 역사를 완전히 뒤바꿔놓는다. 이는 우주 모형에서 매우 흔하고 일상적인 사건이며 구조 진화의 자연스러운 부분이다.

물론 진짜 우주에서는 바리온밖에 볼 수 없다. 우리는 뜨거운 기체로 가득 찬 은하단들로 이뤄진 거대한 헤일로를 볼 수 있다. 각 헤일로 안에는 수백 혹은 수천 개의 빛나는 은하가 들어 있다. 엔체 시뮬레이션은 암흑물질을 이용해 뼈대를 잘 설명한다. 그렇지만 빛나는 물질로 우리에게 보이는 바리온은 어떨까?

바리온 또한 입자를 이용해서 시뮬레이션할 수 있다. 하지만 이 경우에는 단지 중력만 작용하는 것이 아니라 별도의 물리학을 추가해야 한다. 가령 입자는 열역학, 유체역학, 복사이동 등의 규칙으로 '설명될 수 있어야' 한다. 이렇게 하는 기술을 '입자완화 유체동역학smoothed-particle hydrodynamics, SPH'이라 부른다. 이 기술은 시뮬레이션 격자에 있는 어느 지점에서 유체 구성 요소를 계산한다. 입자의 구성 요소를 완화한(평균화한) 뒤 분포를 알아본다. 우주론적 '유체역학' 시뮬레이션에서는 유체(원시가스)의 진화를 추적할 수 있고 원시가스가 암흑물질과 함께 어떻게 진화했는지 알아낼 수 있다. 바리온 물리학은 매우 복잡하고 그렇기 때문에 프로세싱 동력 측면에서 볼 때 시뮬레이션하는 데 비용이 많이 든다(더 작은 용적과 씨름해야 할 때가 많다). 모든 시뮬레이션과 마찬가지로 입자완화 유체동역학에도 해상도 문제가 있다. 우주론적 용적을 시뮬레이션할 때는 해상도가 충분히 높지 않아서 개별 은하 안에 있는 별 생성구름 같은 것의 물리학을 모델링할 수 없다. 가스가 어떻게 암흑물질 덩어리 안으로 흘러 들어가 높은 밀도에 도달하는지를 보는 것은 가능하다. 그 후에는 단순한 방법을 이용해 얼마나 많은 별이 어떤 속도로 생성되는지 예측해야 한다. 이를 하부 격자 물리학sub-grid physics이라 부른다. 시뮬레이션으로 '볼 수 있는' 것보다 더 작은 규모로 진화에 대해 추정해야 하기 때문이다.

이러한 시뮬레이션에 가스를 추가하면, 암흑물질과 함께 가스가 어떻게 진화했는지 추적할 수 있다. 암흑물질 헤일로는 매끄러운 물질 장에서 일어난 초기의 섭동으로부터 커졌기 때문에, 가스의 일부는 같은 중력에 의해 끌려가서 그 섭동 안으로 흘러 들어간다. 형성 중인 은하를 보면 가스가 어떻게 중력 우물 안으로 이동하고 있고 이 현상이 별의 생성, 초신성, 블랙홀의 성장과 같은 과정에 의해 어떤 영향을 받는지 분석할 수 있다. 그렇지만 시뮬레이션은 많은 가스가 헤일로 안으로 들어가지 않는다는 사실을 보여준다. 가스는 거대 필라멘트 구조로 끌려가고 점점 가속화해서 끌려간다. 같은 국부우주 안에서 거대 필라멘트 구조 또한 형성되는 중이며 그 자체도 끌어당기는 힘이 매우 강하다.

시뮬레이션은 이 과정이 일어날 때 가스가 뜨거워진다는 사실을 보여준다. 얼마만큼이나 뜨거워지는지는 시스템의 전체 중력 에너지에 따라 달라진다. 그렇기 때문에 밀도가 높은 성단 안으로 빨려들어간 가스는 가장 많이 뜨거워지며, X선을 내뿜는 온도까지 올라간다. 필라멘트 안으로 흘러 들어가는 가스는 몇백만 도까지 올라간다. WHIM이다. WHIM 가스는 에너지를 잃어야만 수축해 필라멘트 안에서 은하가 된다. 이는 우주에 있는 바리온의 총질량 중 많은 부분이 은하로 응축되는 것을 막는다. 물론 끊임없는 교환이 있다. 어떤 가스는 차가워져서 은하를 생성하고 별 생성에 필요한 연료의 새로운 공급원이 된다. 그렇지만 그와 동시에 가스는 밖으로 방출되고 에너지는 은하 자체로부터 은하간매질 안으로 돌아온다(M82에서 봤던 것처럼 별에서 나오는 복사에너지와 유출로부터 생기는 운동에너지 둘 다이다). 따라서 바리온을 두고 끊임없이 전투가 벌어지고 있으며 이 전투는 중력과 은하 피드백의 경쟁적 힘에 의해 중재된다고 할 수 있다. X선과 자외선 흡수선 연구 또한 우주의 바리온 구성 요소의 존재를 확인하는 데 도움이 된다. 그렇지만 관측이 몹시 어려울뿐더러 제한된 수의 원소 '종류species'만 증거로 이용할 수 있는 까닭에 WHIM에 대해 한정된 그림만 제공한다. 설상가상으로 '뒤에서 빛을 받는backlit' 흡수선 연구를 하려면 배경에 있는 밝은 무언가가 필요하다. 전경에 있는 흡수 물질과의 차이를 볼 수 있어야 하기 때문이다. 대부분의 경우 멀리 있고 밝은 퀘이사를 이용한다. 멀리 있는 퀘이사가 WHIM의 고밀도 지역과 우연히 나란히 있게 되는 경우는 매우 드물기 때문에, 이 연구는 지구로부터 방출하는 '펜슬빔pencil beam'으로 제한될 수밖에 없다. 이는 우주 안 가스의 진화와 분포를 예측하는 모형 및 시뮬레이션을 실제 관측 결과와 비교해 테스트하는 하나의 예다. WHIM의 탐지의 경우, 우주에 있는 시설을 가지고 장기 노출을 해야 하기에 관측이 매우 어렵다. 자외선 영역에서 작동하는 분광계인 허블우주망원경 우주기원 분광기Hubble Space Telescope's Cosmic Origins Spectrograph나 X선 스펙트럼을 만들어낼 수 있는 찬드라나 XMM-뉴턴 같은 X선 망원경을 주로 이용한다. 성공적인 탐지(조각가자리 장벽의 탐지와 같은)의 결과는 모형 안에 반영한다. 희귀한 물질의 존재와 분포에 대한 실증적 증거를 제공하기 때문이다. 이는 이론과 관측이 힘을 합쳐 인류의 지식이 한발 내딛게 만드는 완벽한 예라고 할 수 있다.

관측 모형과 수식 모형 사이에는 팽팽한 긴장이 있다. 앞서 엔체 시뮬레이션은 해상도 때문에 제한을 받는다고 언급했다. 우리는 수백만 개의 은하를 가진 우주의 커다란 덩어리를 모델링할 수는 있지만 그와 동시에 은하들 자체를 아주 자세하게 모델링할 수는 없다. 하나의 은하를 높은 해상도로 모델링할 수는 있겠지만 그 은하의 대규모 환경을 동시에 시뮬레이션할 수는 없다. 우리 은하와 유사한 개별 은하, 혹은 헤일로 안에 있는 암흑물질의 진화를 조사하기 위해 초대형 엔체 시뮬레이션을 진행해오고 있다. 방법은 밀레니엄 시뮬레이션처럼 우주의 거대 용적 시뮬레이션을 실행한 뒤 더 자세히 시뮬레이션하고 싶은 소수의 은하를 고르는 것이다. 이 은하들의 위치를 알게 되면 새로운 시뮬레이션을 진행할 수 있다. 초기 조건과 물리 모형은 같게 하되 이 은하들에만 초점을 맞추는 것이다.

이 방법을 이용한 최근의 프로젝트 가운데 '아쿠아리우스Aquarius'가 있다. 이 프로젝트는 밀레니엄 시뮬레이션에서 형성된 헤일로들 중 우리 은하와 유사하다고 생각되는 여섯 개를 택했다. 2억 개의 암흑물질 입자를 이용해 이 헤일로 각각을 표현하는 새로운 엔체 시뮬레이션이 현재 진행되고 있다(한 시뮬레이션은 이 중 하나의 헤일로를 150억 개 입자를 이용해 훨씬 더 해상도 높게 모델링하고 있다). 결과는 환상적이다. 헤일로 안 암흑물질의 복잡한 분포를 굉장히 자세하게 보여준다. 다른 한편 문제가 복잡해지기도 한다. 한 가지 문제는 우리 은하와 유사한 이 은하 헤일로들의 구조를 보면 그 안에 엄청난 수의 하부 구조가 발견된다는 것이다. 하부 헤일로는 구조 형성의 계층적 본성의 일부라고 여겨진다. 질량이 높은 은하단 헤일로가 하부 헤일로들(그 안에 있는 개별 은하들)을 가지고 있는 것과 마찬가지다. 그렇기 때문에 한 개의 은하 헤일로는 더 많은 하부 헤일로들을 가지고 있는 것이다. 우리는 이러한 헤일로 하부 구조가 존재한다는 사실을 알고 있다. 우리 은하와 같은 은하는 주변에 뚜렷한 위성 은하를 가지고 있다(대마젤란운과 소마젤란운은 우리 은하에서 가장 큰 위성 은하다). 문제는 시뮬레이션에 나타나는 위성 은하의 수다. 우리 은하는 수천 개의 왜소 위성에 둘러싸여 있지 않다(최소한 우리가 보기에는 그렇다). 한 줌 정도밖에 안 된다. 이를 '위성 문제satellite problem'라고 부른다.

한 가지 해결책은 바리온 물리학—이러한 헤일로 안에서의 가스의 흐름과 전자기 복사—이 가지고 있다. 잊지 말기 바란다. 엔체 시뮬레이션은 우리에게 암흑물질의 진화를 보여주기만 할 뿐인데, 암흑물질의 진화를 실제로 직접 볼 수는 없고 다만 암흑물질의 진화가 일으키는 중력적 영향만 볼 수 있을 뿐이다(현재로서는 그렇다). 이러한 암흑물질 위성들은 정말로 그곳에 존재하면서

○

일부 컴퓨터 시뮬레이션은 암흑물질뿐만 아니라 보통물질의 진화를 추적하기도 한다. 이 사진은 시뮬레이션한 우주 안에서 생성된 은하를 보여준다. 이 은하는 우리가 우주론과 은하 생성의 물리학에 대해 알고 있는 모든 정보를 입력하여 만들었다. 붉은 색깔과 붉은색 흐름은 별을 생성 중인 중앙의 초기 원반 안으로 차가운 가스가 흘러들어가고 있는 모습을 보여준다. 푸른 색깔과 푸른색 흐름은 더 뜨거운 가스가 원반으로부터 뿜어져 나와 은하 주변에 뜨거운 헤일로를 생성하는 모습을 보여준다. 은하 생성은 가스가 은하들 안에서 그리고 안팎으로 움직이는 흐름이 제일 중요하다. 이 사이클을 이해하기 위해 현재 많은 노력을 (관측 측면으로나 이론 측면으로) 쏟아붓고 있다.

은하를 에워싸고 공전하고 있는지도 모른다. 어떤 별이나 가스도 갖지 않은 채 마치 교외 지역에 있는 유령 마을처럼 말이다. 이 가설을 뒷받침할 만한 그럴듯한 물리적 설명이 존재하는가? 알다시피 암흑물질 덩어리는 중력을 통해 바리온을 흡수하고 가스를 모은다. 그렇지만 바리온에 중력의 지배를 능가하는 힘을 가해 가스를 제거할 수 있다. 중력의 지배력은 질량에 의존하기 때문에 질량이 큰 헤일로(가령 하부 구조가 딸려 있는 모체 헤일로)에서 가스를 제거하는 것보다 질량이 작은 헤일로(가령 시뮬레이션 안의 위성들)에서 가스를 제거하는 것이 더 쉽다.

우리 은하 같은 한 은하의 형성에 대해 생각해보라. 작은 암흑물질 덩어리들이 서로 강착되어 커다란 헤일로가 생기고 점점 더 커져서 수많은 하부 헤일로에 의해 둘러싸이는 질량이 큰 헤일로가 된다. 동시에 바리온—가스—이 그 안에 모인다. 헤일로에서 밀도가 가장 높은 중심부는 나중에 은하의 원반이 되는 토대다. 그리고 마치 파리 떼처럼 원반을 둘러싸고 원시위성이 생겨나기 시작한다.

어느 순간 은하 안에서 별이 생성되기 시작한다. 하부 헤일로—왜소은하—안에서 생성되는 별들은 몇백만 년 뒤 처음으로 초신성이 폭발할 때 하부 헤일로 안에 있는 가스 '전부'를 날려버릴 수도 있다. 사실상 별들이 스스로를 끝장내버리는 것이다. 초신성이 방출하는 에너지는 왜소은하의 중력적 결합 에너지와 비슷하거나 더 크다. 발달하고 있는 원반 안에서 일어나는 별의 생성 또한 주위를 둘러싸고 있는 왜소은하들에게 압력을 가한다. 항성 복사로 흠뻑 적시고 초신성과 별들이 일으킨 바람으로 후려갈긴다. 중앙의 블랙홀이 커지기 시작하면 더 많은 피드백 에너지가 방출된다. 밀물이 모래성을 쓸어버리듯이 하부 헤일로에서 가스는 흔적도 없이 사라져버린다. 질량이 더 큰 몇몇 위성은 가스의 일부를 지켜서 동반성을 형성할 수도 있다. 현재까지 살아남은 동반성은 관측으로 확인된다. 물론 이는 가설에 불과하다. 시뮬레이션이 잘못되었고 우주에 너무 많은 하부 구조를 양산하고 있는지도 모른다. 람다-시디엠 패러다임에서는 이 문제를 우리가 해야 할 일을 상기시켜주는 요소로 생각하면 되

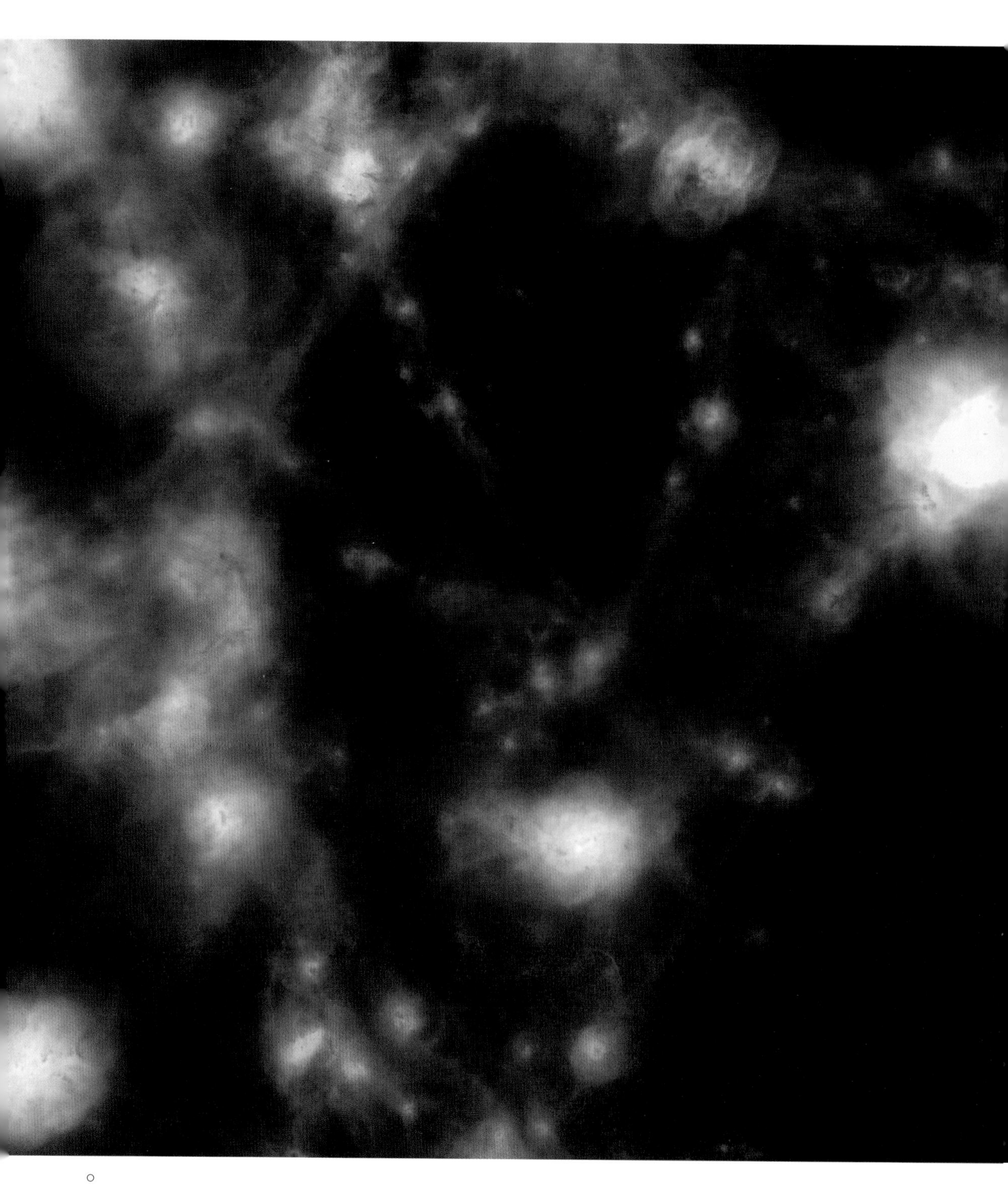

○

시뮬레이션한 우주의 커다란 덩어리 안에 있는 가스의 분포와 온도를 보여주는 사진이다. 흰색의 더 밝은 지역은 가스가 뜨거운 곳이다(수백만 도). 반면 붉은색/오렌지색 지역은 가스가 더 차갑다. 컴퓨터 시뮬레이션에서 가스가 은하들 안팎으로 이동하는 흐름을 연구하면 중력과 피드백 메커니즘 사이의 상호작용을 통해 은하들이 어떻게 생성하고 진화하는지 더 잘 이해할 수 있을 것이다. 피드백은 별과 블랙홀들이 인근 환경에 어마어마한 양의 에너지를 만들어낼 때 발생한다.

지 공황 상태에 빠질 것까지는 없다.

암흑물질의 성질은 우리 모형에서 설명한 것과 다를지도 모른다. 시뮬레이션에서 누릴 수 있는 호사는 새로운 규칙 집합을 가지고 우주를 다시 만들 수 있다는 점이다. 예를 들어 암흑물질을 좀더 따뜻한 것으로 설정한다면 같은 아쿠아리우스 시뮬레이션이라 해도 그렇게 많은 하부 헤일로를 만들지 않을 것이다. 실제로 자연에서 관측되는 위성의 수와 더 가까워질 것이다. 이는 중요한 단서가 될 수 있다. 우리가 암흑물질 자체의 구성 요소(가령 어떤 종류의 입자인지)에 대해 실증적 데이터를 얻거나 하나의 모형 혹은 다른 모형의 정확성을 증명해주는 관측을 할 때까지(이러한 추정상의 척박한 암흑 위성을 탐지할 능력, 가령 은하의 원반 안에서 별들과 벌이는 중력적 상호작용을 통해서), 이 문제는 은하 형성의 미스터리로 남아 있을 것이다. 바로 이 점이 이 게임을 더 흥미진진하게 만든다. 풀어야 할 수수께끼가 있는 것이다!

이론과 시뮬레이션은 관련 물리학을 이용해서 내린 최선의 추측을 통해 은하가 원시 카오스로부터 어떻게 형성됐는지 탐색할 수 있게 도와준다. 은하 형성 과정과 관련해 내가 발견한 가장 놀라운 점은 광범위한 규모의 구조와 질서를 가진 매우 복잡한 체계인 '은하'가 대부분의 기본 원소의 운동과 행동을 지배하는 단순한 물리 규칙 집합을 통해 최초의 상태로부터 진화한 방식이다. 이야기의 처음으로 돌아가보면, 아마 이를 가장 생생히 보여주는 예는 국부우주에 있는 은하의 아름다운 나선팔일 것이다. 이 빛의 바람개비는 어떻게 형성되고 생명을 이어나갔을까?

은하의 생성

지금까지 우리는 균등하게 분포된 물질의 바다에 수축이 일어나고 밀도가 요동치면서 은하가 처음에 어떻게 생성되었는지를 논의해왔다. 이런 '밀도가 높은 부분over-densities'에 가스가 흘러들어와 납작하고 회전하는 원반을 형성할 수 있는데, 이는 수축하여 원시은하가 되는 물질의 덩어리 전체에 거대한 각운동량이 있기 때문이다. 중력의 영향으로 인한 조석력 토크tidal torques와 대규모 물질 분포 내부에서의 상호작용 때문에 물질은 이리저리 뒤틀려 있다. 헤일로가 중력 때문에 수축할 때 이 각운동량은 보존되고(수업 시간에 자주 봤던 물리학의 기본 법칙이다), 은하의 자전각 속도가 높아지며 은하의 반경이 줄어든다. 이렇게 자전 속도가 높아지면 피자 반죽처럼 회전하면서 균형을 유지하며, 바리온이 원반 부분에 자리 잡는다.

회전하는 원반의 가스에 작용하는 원심력은 원의 중심에서 바깥으로 작용하며, 중력에 맞서 원반이 하나의 덩어리로 수축하는 것을 막는다. 각운동량이 사라지지 않는다면 은하는 꽤 오랫동안 원반 형태를 유지할 수 있다. 이것이 정설이며(원반 형성에 대한 물리학적 법칙은 다소 복잡하다), 기본적으로 우리 은하와 같은 '원반은하'가 어떻게 생성되었는지를 설명해준다. 원반의 회전에 차이가 있기 때문에(원반은 단단하지 않으며 상대적으로 느슨하게 결합되어 있다) 밀도의 섭동이 회전하는 원반으로 퍼져나가면서 나선팔이 형성될 수 있다. 은하의 중심을 공전하는 가스와 샛별은 밀도파가 지나면서 특정 장소에 모여 쌓일 수 있다. 밀도파는 무작위적인 중력의 방해 때문이거나, 혹은 가까운 곳에 있던 헤일로가 야기한 원반의 섭동 때문에 생겨났을 수도 있다. 아니면 하나의 예일 뿐이지만, 위성이 끌려 들어와서일 수도 있다.

유사한 예로 자주 드는 것은, 천천히 움직이는 차량 한 대로 인해 도로에 생기는 국부적인 교통 체증 현상이다. 빠르게 움직이는 자동차들이 지나가지만, 아주 잠깐 동안의 교통 체증이 전체 도로로 확산되는 것을 알 수 있다. 느리게 움직이는 차량은 밀도파와 유사해, 밀도파가 원반 전체로 퍼질 때 가스와 별이 주위에 모여들 수 있다. 하지만 원반 또한 서로 다르게 회전하기 때문에 모여든 가스와 별은 나선 형태로 말린다. 가스의 밀도가 높아져 별 생성률이 증가하기 때문에(실제로 밀도파는 거대 분자운을 수축해 별 생성을 촉발할 수 있다) 이들 나선팔은 더욱 두드러져 보인다. 따라서 나선은하의 나선팔 부분에서 밝고 푸른 항성과 이온화된 가스가 방출되는 곳을 볼 수 있다.

두 은하의 결합 등으로 원반의 각운동량이 소멸된다면, 회전을 지탱하던 힘이 사라져 시스템이 팽대부나 타원은하 같은 형태로 변화할 것이다. 항성들이 원형을 따라 움직이기보다는 무작위로 움직이며 공통된 곳을 중심으로 공전한다는 사실 때문이다. 이들은 '압력으로 지탱하는pressure supported' 혹은 '분산이 큰dispersion dominated' 시스템이라고 한다. 타원은하가 여기에 포함되며, 은하 생성 후 초반기에 결합을 여러 차례 겪으면서 그 안에 포함된 항성들에게 있었던 정해진 회전 규칙도 모두 사라졌다. 타원은하 초반기에 이렇듯 결합이 격렬하게 일어났던 것은 항성들의 나이가 많기 때문이기도 했다. 타원은하의 진화 초반기에 결합이 있었다면(밀도가 매우 높은 환경이었을 것이다) 많은 항성이 생성되어 가스 대부분이 아주 빠른 시간 안에 소진되었을 것이기 때문이다.

원반은하(회전력으로 지탱되지 않는다)의 팽대부 생성은 다소 논란의 여지가 있다. 일부 팽대부는 소규모 타원은하들이 생성 초기에 결합하면서 생성된 것과 유사하게 형성되었을 것이다. 이런 '전형적인' 팽대부는 앞서 소개한 방법대로 갓 생성된 가스로 원반을 만들 수도 있다. 그게 아니면, 가스와 별이 동적 불안정성 때문에 은하 중심부로 이동하면서 팽대부가 시간이 흐르며 성장하고 각운동량이 소멸할 수도 있다. 일단 고밀도 상태에 이르면, 핵에서 별 생성이 시작되고 중심부에 별이 모이면 이른바 '원시팽대부'가 만들어질 수도 있다. 은하의 팽대부는 아마 두 과정 모두에 의해 생성될 듯하다. 로마로 가는 길은 다양하다.

앞으로 나아가기

은화 진화 연구 분야는 세상을 이해하기 위한 도구로 과학을 사용하는 것의 힘을 극적으로 보여준다. 우리는 단순한 질문을 던지면서 여정을 시작했다. 별 사이에 있는 희미하고 흐릿한 성운은 뭐지? 우리는 아이디어를 생각해냈고, 어떤 것은 맞고 어떤 것은 틀렸다. 그렇지만 하늘을 묵묵히 주의 깊고 세심하게 관측한 끝에 이 빛 조각이 우리 은하로부터 상상할 수 없을 만큼 멀리 떨어져 있는 독립된 외부 항성계라는 사실을 알아냈다. 그러고 나서 우리는 우주에는 다양한 유형의 수많은 은하가 존재하며 이들은 가만있지 않고 우리 은하와 상대적으로 움직이고 있다는 사실 또한 알아냈다. 지구에서 더 멀리 떨어져 있을수록 더 빠른 속도로 지구로부터 멀어지고 있는 것이다. 20세기 초의 주목할 만한 시기에 우주에 대한 우리 개념은 완전히 바뀌었다. 우주는 우리 선조들이 상상한 것보다 훨씬 더 크고 풍부했다. 하나의 종으로서 인간은 한발 앞으로 나아갔다.

이제 21세기 초반이고 은하 천문학자들이 첫걸음을 내디딘 이후로 몇 세대가 흘렀다. 우리는 은하를 더 깊이, 더 멀리, 더 자세히 들여다봄으로써 우주의 지도를 극적으로 그렸다. 우리는 수백만 개의 은하를 탐지하고 은하군, 필라멘트 구조, 은하단을 이룬 모습을 관측하며 다양한 파장으로 전체 하늘의 지도를 그렸다. 우리는 우주가 초창기였을 때를 살피기 위해 하늘의 깊고 작은 부분(자물쇠의 열쇠 구멍 같은)을 촬영했다. 그때는 빅뱅이 일어나고 5억 년 뒤이며 우주의 크기도 현재 크기의 약 10분의 1밖에 안 되었다. 우리는 은하가 우주 역사에서 어떻게 변해왔는지 측정하고 우주의 화학적 성질과 구성 요소 및 모양과 역학을 알아냈을 뿐 아니라 이 모든 것을 하나의 이론 모형으로 표현했다. 이 이론 모형은 우주 거대 구조의 진화 전반을 정확하게 설명하는 듯 보인다.

우리는 이제야 막 본격적으로 궤도에 올라섰다. 아직도 알아야 할 게 엄청나게 많이 남아 있다. 앞으로 20년 동안 우리는 지금까지 알아낸 모든 것을 확장하고 이를 능가하는 커다란 발전을 이뤄낼 것이다. 관측 면에서나 이론 면에서나 모두 그럴 것이다.

현재 설계하며 만들고 있는 차세대 망원경은 이전보다 더 뚜렷하게 볼 수 있어야 한다는 단순한 목표를 가지고 있다. 우리는 이미 아타카마 대형 밀리미터파 집합체, 즉 알마에 대해 언급했다. 북부 칠레에 있는 ALMA는 완전 가동을 시작하기 직전이며(2013년 완전 가동을 시작했다—옮긴이), 아타카마 사막의 16킬로미터 너비 부지에 직경 12미터의 안테나 50대로 별 생성 은하에 있

○

각 사각형 판은 깊은 '확장 찬드라 디프 필드 사우스Extended Chandra Deep Field South' 탐사 지역 안에 있는 먼 은하에 초점을 맞추고 있다. 이 은하들 중 몇몇은 섭동된 형태와 항성 흐름(은하의 진화를 이루는 일반적인 과정)을 통해 중력 상호작용과 합병의 증거를 보여준다. 이 사진들에 나오는 거의 모든 빛 알갱이는 훨씬 더 먼, 셀 수 없이 많은 은하에서 내뿜는 빛의 방출을 나타낸다. 외부 은하 천문학자들은 이와 같은 심층 탐사 지역을 이용해 먼 은하의 많은 샘플을 연구한다. 빛 자체가 우주를 가로질러서 지구상에 있는 망원경과 검출기에 닿을 때까지 엄청난 시간이 걸리기 때문에 실제로는 과거를 들여다보는 것과 같다는 사실을 이용하는 것이다. 이런 방식으로 끈기 있게 우주를 관측함으로써, 우리는 거의 140억 년 되는 우주 역사의 시간 동안 은하들이 어떤 식으로 생성되고 진화했는지를 보여주는 불완전하면서도 포괄적인 지도를 그렸다. 우리는 많은 것을 알아냈지만 위대한 발견들이 여전히 우리를 기다리고 있다.

는 차가운 성간매질, 차가운 가스와 티끌의 화학적 성질과 역학을 우주시cosmic time를 넘어서서 측정할 수 있게 도와줄 것이다. ALMA는 은하 진화의 '사라진 연결 고리'를 찾아줄 것이다. 우리가 주변에서 보는 모든 별이 생성된 원천인 분자 연료를 관측할 것이다. 먼 은하에 있는 가스를 탐지할 수 있는 망원경은 지금도 존재하지만 가스가 가장 많은, 오로지 매우 밝은 은하들만 관측할 수 있을 뿐이다. ALMA는 한발 더 나갔다. 우리 은하처럼 빅뱅이 일어난 지 몇십억 년 후에 생긴 은하 안에 있는 가스를 탐지할 수 있다. 이는 은하 진화 연구에서 아직 미지의 영역이다.

여전히 기획 단계에 있지만, 스퀘어 킬로미터파 집합체Square Kilometer Array, SKA는 '100만' 평방미터의 집광면적을 가진 전파망원경이다. '50광년 떨어진 행성에 있는 공항 레이더에서 나오는 전파 신호를 탐지할 수 있을 만큼' 민감하다. 일단 완공되면 SKA는 전파천문학에 있어 분수령이 될 것이다. SKA는 아직 착공되지 않았지만 두 개의 '길잡이' 전파망원경(SKA 기술의 원형이다)이 이미 만들어지고 있다. 각각 남아프리카공화국과 오스트레일리아에 제작되고 MeerKAT와 ASKAP이다. 이 두 길잡이 망원경은 여태까지 만들어진 것 중 가장 강력한 전파망원경이 될 것이고, 우주 역사 절반 동안의 거의 모든 별 생성 은하와 활동은하핵을 탐지할 수 있을 것이다. 지금껏 보지 못한 엄청난 것들이 우리를 기다리고 있다.

광학 대역과 근적외선 대역에서는 우리가 현재 가지고 있는 가장 큰 망원경을 왜소해 보이게 만들 '극도로 큰' 망원경을 만들 계획이다. 직경 30~50미터인 거울을 이용해서 집광면적을 거대하게 키울 것이다. 이 거대한 빛 양동이가 있으면 우리는 훨씬 먼 은하에 있는 별을 매우 세밀하게 탐지하고 측정할 수 있을 것이다. 또한 대형 종관 탐사 망원경Large Synopic Survey Telescope, LSST과 같은 '종관synoptic' 탐사도 계획 중이다. 이 기술은 하늘의 여러 부분을 반복적으로 촬영해, 수백만 개의 은하를 탐지할 수 있는 크고 깊은 사진을 구축할 뿐만 아니라, 각 사진에 프레임을 추가해 움직이게 함으로써 우주를 주인공으로 한 일종의 영화를 만드는 것이다. 이 기술 덕분에 LSST는 사진에 나왔다 안 나왔다 하는 초신성과 다양한 순간적인 현상들을 포착할 수 있다. 10년이라는 기간에 걸쳐 우주의 장기 노출 사진을 축적하기 때문이다.

우주 공간에서는 허블우주망원경의 후예인 제임스 웨브 우주망원경James Webb Space Telescope, JWST(두 번째 나사 행정관이었던 제임스 웨브의 이름을 땄다. 아폴로 미션에 큰 영향을 미쳤다)을 볼 수 있을 것이다. 지구로부터 100만 마일 떨어진 우주 공간에 설치될 JWST는 직경 6.5미터의 거울로 빛을 모으고 전자기 스펙트럼의 근적외선 영역과 중적외선 영역에서 임무를 수행할 것이다. 이 직경 6.5미터짜리 거울은 망원경을 우주에 띄우고 난 후 부품들을 배치해서 만들 것이다. JWST가 작동하기 시작하면 암흑시대를 엿볼 수 있을 것이다. 최초의 별이 빛났던 시대에 가까운 은하를 감지할 수 있기 때문이다. 또 다른 위성들도 계획 중이다. 가이아Gaia는 우리 은하에 있는 5억 개 별의 위치를 지도로 그릴 것이고 유클리드Euclid는 근적외선 파장으로 전체 하늘의 지도를 그리며 수백만 개의 먼 별 생성 은하들, 그리고 그 은하들의 통계적인 분포를 탐지해 암흑에너지의 성질에 대한 정보를 제공해줄 것이다. 천문학자들은 끊임없이 새로운 실험과 임무를 꿈꾸는데, 그런 꿈 중 일부는 오랜 시간이 지나서야 실현 가능할지도 모른다. 이러한 꿈의 운명은 필요한 기술의 이용 가능성, 경제적 상황의 변덕스러운 변화, 과학 투자와 국제적 협력에 대한 대중의 반응에 따라 달라진다.

대형 프로젝트 외에도 현재 존재하는 망원경을 위한 새로운 기기 장비도 지속적으로 발달할 것이다. 가령 새로운 카메라와 분광기가 민감성을 높여주고 새로운 관측 기술을 제공해줄 수 있다. 관측 기술이 발전함과 동시에 컴퓨터 능력은 점점 더 높아질 것이고 하드웨어 비용은 점점 떨어질 것이다. 따라서 우리는 더 정교하고, 해상도가 더 높고, 더 큰 시뮬레이션을 이용해 모형을 탐색하며 살필 수 있을 것이고 마구 쏟아지는 실증 데이터의 흐름을 비교하며 해석하는 데 도움을 받을 수 있을 것이다.

이러한 노력들로 우주 모형은 지속적으로 다듬어질 것이다. 20세기 초반의 우주 모형이 울퉁불퉁한 대리석 덩어리라면 21세기 중반쯤이면 대리석 덩어리가 다비드 조각상이 되어 있을 것이다. 외부 은하 천문학자로 일하는 것이 지금만큼 흥미진진한 적은 역사상 한 번도 없었다. 우리는 새로운 발견이 우리를 기다리고 있다는 희망을 품고 모험을 계속할 것이다. 과학을 이용한 끊임없는 노력을 통해 우주의 미스터리를 계속 풀어나갈 것이다. 조각상은 아직 돌아래 숨어 있다.

○

이 픽셀들 집합체는 가장 먼, 따라서 가장 초기의 은하들 중 하나에서 나오는 빛을 나타낸다. 우주를 더 멀리 관측할수록 천문학 연구는 점점 더 어려워진다. 지구와 광원 사이의 (말 그대로) 천문학적 거리로 인해 먼 은하로부터 나오는 신호가 희미해지기 때문이다. 멀리 떨어진 광원을 탐지함으로써 우리는 과거를 들여다볼 수 있다. 우리가 탐지하고 있는 빛은 수십억 년 전에 은하를 떠났기 때문이다.

감사의 말

NGC268의 사진을 싣게 허락해준 패비언 월터, 먼 은하의 VLT/FORS 2d 스펙트럼을 ZLES 서베이로부터 제공해준 앨리스 대니얼슨과 마크 스윈뱅크, 밀레니엄 시뮬레이션의 시각화 사진을 사용하게 허락해준 폴커 스프링겔에게 감사의 인사를 전한다. 또한 훌륭한 조언을 해준 타미 힉콕스와 팀 기치에게도 감사를 표하고 싶다. 마지막으로, 그리고 가장 중요하게, 나는 아내 크리스틴과 딸 소피의 사랑, 지지, 인내심이 없었더라면 결코 이 책을 쓰지 못했을 것이다. 당신들은 나의 은하의 중심이에요.

거리 척도

1 밀리파섹 (mpc) = 0.001파섹
1 킬로파섹 (kpc) = 1000파섹
1 메가파섹 (Mpc) = 100만 파섹
1 기가파섹 (Gpc) = 10억 파섹

괄호 안의 값은 지구에서 태양까지의 거리가 1밀리미터라고 가정했을 때의 값이다.

지구에서 달까지의 거리: 0.00001밀리파섹 (0.003밀리미터)

지구에서 태양까지의 거리: 0.005밀리파섹 (1밀리미터)

태양계의 지름 (태양권 계면 기준): 1밀리파섹 (20센티미터)

태양에서 프록시마 켄타우리까지의 거리: 1.3파섹 (270미터)

태양에서 오리온성운까지의 거리: 410파섹 (85킬로미터)

베텔게우스의 지름: 0.05밀리파섹 (1센티미터)

오리온성운의 지름: 6파섹 (1.2킬로미터)

태양에서 큰부리새자리 47까지의 거리: 5.1킬로파섹 (1050킬로미터)

큰부리새자리 47의 지름: 37파섹 (7.6킬로미터)

태양에서 우리 은하의 중심까지의 거리: 8킬로파섹 (1650킬로미터)

우리 은하 원반의 두께: 300파섹 (60킬로미터)

우리 은하 원반의 지름: 30킬로파섹 (6200킬로미터)

우리 은하 팽대부의 반경: 5킬로파섹 (1000킬로미터)

태양에서 마젤란운까지의 거리: 50킬로파섹 (1만300킬로미터)

우리 은하에서 안드로메다은하까지의 거리: 780킬로파섹 (16만 킬로미터)

국부은하군의 대략적인 지름: 3메가파섹 (62만 킬로미터)

우리 은하에서 처녀자리 은하단까지의 거리: 16.5메가파섹 (340만 킬로미터)

처녀자리 은하단의 지름: 2 메가파섹 (40만 킬로미터)

우리 은하에서 머리털자리까지의 거리: 100메가파섹 (2100만 킬로미터)

머리털자리 은하단의 지름: 6 메가파섹 (120만 킬로미터)

확인된 가장 먼 은하까지의 공변 거리*: 10기가파섹 (20억 킬로미터)

확인된 가장 먼 은하로부터의 광행 시간: 133억 년

* 공변 거리the co-moving distance는 시간에 따른 우주의 팽창을 고려한 물체까지의 거리다.

용어 설명

가시광선OPTICAL OR VISIBLE LIGHT: 전자기 스펙트럼의 일부로 인간의 눈으로 볼 수 있다. 일반적인 항성(태양 같은)이나 이온화된 수소 가스에서 나오는 빛을 관찰할 수 있다.

광도LUMINOSITY: 은하 등의 물체에서 방출된 에너지 총량으로 와트 단위로 측정한다.

광자PHOTON: 전자기 복사의 매개 입자. 빛은 개별 광자가 모여 흐르는 것으로 생각할 수 있고, 특정 주파수나 파장으로 표현할 수 있다. 광자의 에너지는 주파수에 비례하고 파장에 반비례한다.

국부은하군LOCAL GROUP: 우리 은하 주변 M31 은하(안드로메다) 등 수십 개의 은하를 포함하는 국부 공간을 일컫는 말.

근적외선NEAR-INFRARED LIGHT: 전자기 스펙트럼의 일부로 가시광선보다 파장이 길다. 늙고 질량이 작으며 온도가 낮은 항성을 관찰할 수 있다.

바리온BARYONS: '정상 물질'을 구성하는 물질의 종류로 원자를 포함한다. 질량으로 보자면, 바리온은 우주에서 겨우 5퍼센트를 차지할 뿐이다.

방출선EMISSION LINE: 가스구름이나 별, 전체 은하를 관측한 스펙트럼에서 어떤 원자의 서로 다른 에너지 상태 사이에서 전자가 변이하면서 나타나는 선. 변이하는 에너지에 따라 방출선의 파장 혹은 주파수가 정해진다. 새로 생성된 별 주변의 가스구름은 이온화된 수소와 함께 밝게 빛나며, 에이치 II 영역이라 불린다. 가스는 젊고 질량이 큰 별이 연소하면서 나오는 불타오르는 빛에서 에너지를 얻는다.

백색왜성WHITE DWARF: 별의 일생의 마지막 단계에서 형성되는 소형 잔해(대개 확장된 성운 중심에 있으며, 이는 항성의 외피층이 떨어져나갔음을 나타낸다).

분광형SPECTRAL TYPE: 항성을 분류하는 체계로 뜨겁고/밝고/푸른 별에서 차갑고/어둡고/붉은 별 순서로 구분한다. 기본적으로 (뜨거운 별에서 차가운 별 순서로) O, B, A, F, G, K, M으로 구분하며, 태양은 G형 항성이다.

분자 가스MOLECULAR GAS: 주로 수소분자로 구성된 가스구름. 두 개의 수소원자가 결합한다. 거대분자구름GMCs에서는 별이 새롭게 생성된다.

성간INTERSTELLAR: 은하 내부에 있는 항성 사이의 공간.

스펙트럼/분광학SPECTRUM/SPECTROSCOPY: 하나의 광원(태양 혹은 은하)에서 온 빛은 빛을 구성하는 여러 주파수로 분산된다. 이 현상은 무지개에서 볼 수 있다. 자주색에서 빨간색의 빛이 햇빛을 구성하며 섞여 있다가 빗방울이 굴절하면서 분리된다. 분광학으로 우리는 서로 다른 주파수에서 방출되는 에너지 양을 알 수 있고, 특정 시스템을 구성하는 요소와 물리적인 특성에 대한 단서를 얻을 수 있다.

시차PARALLAX: 물체를 서로 다른 시선으로 봤을 때 고정된 배경에 대한 위치의 겉보기 변화.

암흑에너지DARK ENERGY: 우주의 가속 팽창을 일으키는 물질 혹은 물리적 메커니즘. 머나먼 초신성이 적색편이하면서 밝기가 변화하는 것을 관측하는 가운데 밝혀졌다. 암흑에너지가 대체 무엇인지에 대한 몇 가지 이론적인 설명이 있지만, 인정받은 것은 없다. 에너지와 질량 사이에는 등가관계가 있으므로 암흑에너지는 전체 우주의 질량에 약 3분의 2에 이른다. 암흑물질과 암흑에너지 모두 일반적인 물리 모델로는 설명할 수 없다.

암흑물질DARK MATTER: 암흑물질은 우주 질량의 4분의 1을 차지하지만, 중력을 통해서가 아니면 정상 바리온 물질과는 상호작용을 일으키지 않는다. 암흑물질에서는 전자기 방출이 직접적으로 관측되지 않는다. 하지만 은하의 회전곡선(은하계 내부의 질량 분포에 영향을 받는다)이나 중력렌즈는 암흑물질이 존재한다는 것을 말해준다. 암흑물질의 본질을 실증적으로 이해하는 것은 현대 천문학의 주요 목표다. 현재 모델에서 암흑물질을 구성하는 입자는 빛보다 느리게 움직여 '차가운 암흑물질Cold Dark Matter, CDM'이라 불린다.

엔체시뮬레이션N-BODY SIMULATION: 3차원 공간에서 입자들이 서로 조화를 이루며 움직이게 해서 중력에 따른 구조체의 진화를 모델링하는 컴퓨터 시뮬레이션. 각 입자는 특정한 질량이 있다고 가정한다. 모든 입자 사이에 중력이 계산되고 가속도가 적용되면, 시뮬레이션은 다음 단계로 넘어간다. (우주 공간을 적당한 해상도로 모델링할 수 있을 만큼 큰) 대규모 엔체시뮬레이션은 많은 연산 능력을 요하기에, 슈퍼컴퓨터가 필요하다. 밀레니엄 시뮬레이션은 대규모 엔체시뮬레이션 중 하나로, 현재 우주 모델(람다-시디엠)에서의 암흑물질의 진화를 조사했다.

왜소은하DWARF GALAXY: 질량이 작은 은하로, 대개 큰 은하와 짝을 이룬다. 왜소은하는 일반적으로 겉모습이 일정하지 않으며, 별 생성 속도가 빠르다.

원자 가스ATOMIC GAS: 수소와 같은 단일 원자로 구성된 가스.

원적외선/서브밀리파 빛FAR-INFRARED/SUBMILLIMETRE LIGHT: 전자기파 스펙트럼에서 중적외선 윗부분에 있으며, 파장이 100마이크론에서 1밀리미터다. 차가운(수십 도 정도) 티끌을 관측할 수 있다.

은하간INTERGALACTIC: 은하 사이의 공간.

은하단CLUSTER OF GALAXIES: 질량이 가장 큰 암흑물질 헤일로에 있는 은하 수천 개가 모인 거대 집단을 일컫는다. 총질량은 태양질량의 수천 조에 이른다. 은하단내부매질은 고온인 수백만 도의 플라스마로 가득하며, 이는 램압 벗기기 등을 통해 빠르게 움직이는 은하에 영향을 미친다.

은하단 내부INTRACLUSTER: 은하단 내부 은하 사이의 환경.

이온화IONIZATION: 충분한 에너지의 광자가 원자에 흡수되면 원자에 있던 전자가 분리되는 과정.

자외선ULTRAVIOLET LIGHT: 전자기 스펙트럼의 일부로 가시광선보다 파장이 짧다. 뜨겁고 젊은 별들을 관측할 수 있다.

재결합의 시기EPOCH OF RECOMBINATION: 우주 역사에서 양성자와 전자에서 중성 수소가 형성된 시기. 빅뱅 이후 35만여 년이 경과했을 때다.

재이온화의 시기EPOCH OF REIONIZATION: 우주 역사에서 최초로 별이 불타오르던 시기로, 주로 중성인 은하간 가스를 이온화하기 시작했다. 빅뱅 이후 50만 년 정도 지났을 때지만, 오랜 시간 지속됐다.

적색 거성RED GIANT: 수소가 모두 타버리고 바깥 대기가 크게 팽창하는 항성 진화의 후반 단계.

적색편이REDSHIFT: 기준점에서 멀어지는 천체에서 방출하는 빛의 파장이 증가(혹은 주파수가 감소)하는 현상. 우주에서 적색편이가 일어나는 이유는 우주가 팽창하기 때문이다. 머나먼 은하에서 방출하는 빛은 우주가 현재 크기보다 작을 때 출발한 것이고, 그사이에 우주가 팽창한 것이다. 따라서 은하가 후퇴한 것처럼 보인다.

적응광학ADAPTIVE OPTICS: 지상에서 영상을 촬영할 때 지구 대기권에서 왜곡이 일어나는 것을 보상하는 방법.

전자기복사ELECTROMAGNETIC RADIATION: 가시광선은 전자기 스펙트럼의 일부이며, 전자기 스펙트럼에는 가시광선 외에도 복사되는 에너지에 따라 더 긴 파장이나 짧은 파장이 존재한다. 여러 물리적 과정을 통해 전파에서 감마광선까지 다양한 전자기파가 방출된다.

전파은하RADIO GALAXY: 전자기 스펙트럼의 전파 부분에서 막대한 양의 에너지를 방출하는 은하(대개는 질량이 큰 타원은하). 전파는 강한 자기장에서 가속된 전자에서 생겨난다. 일부 은하에서는 중심부 핵이 활발히 활동하여 생긴 제트가 양끝에서 은하간 공간으로 뿜어져 나오는 장관을 볼 수 있다. 은하의 중심부에서 초대질량 블랙홀이 물질을 끌어들인다.

전하결합소자CHARGE-COUPLED DEVICE(CCD): 기존의 사진 건판의 자리를 대신하여 빛을 기록하는 장치로 많이 쓰인다. CCD는 반도체 물질로 만들어졌으며 빛에 노출되면 작은 전하를 발생시키는 감지기(화소)를 2차원상에 배열한 것이다. 전하의 양을 측정해 유입된 빛의 양을 알 수 있기 때문에 천문학적 영상을 제공할 수 있다. CCD는 전자기 스펙트럼의 자외선-가시광선-근적외선 영역대에서 작동한다.

주계열MAIN SEQUENCE: 서로 다른 질량의 항성을 광도와 색상을 축으로 나타낸 도표(헤르츠스프룽-러셀도)에서 많은 항성이 모여 있는 부분을 말하며, 별의 진화 과정에서 수소를 연소하는 단계에 해당된다.

중력렌즈 현상GRAVITATIONAL LENSING: 중력으로 시공간이 휘어지는 현상 때문에 은하단처럼 질량이 큰 구조물을 관측할 때 구조물로 인해 가려졌던 후방에 있던 천체가 왜곡되고 확대되어 보이는 효과. 렌즈 효과로 아주 먼 은하를 상세하게 연구할 수 있을 뿐 아니라 렌즈 역할을 하는 물체의 총질량(암흑물질을 포함한)을 측정할 수 있다.

중성 가스NEUTRAL GAS: 원자가 이온화되지 않는 가스의 상태.

중적외선MID-INFRARED LIGHT: 전자기 스펙트럼의 일부로 근적외선보다 파장이 길다(수 마이크론 이상에서 수십 마이크론 이하). 고온(수백 도)의 티끌을 관측할 수 있다.

최종 산란면SURFACE OF LAST SCATTERING: 재결합이 일어나면, 고온의 플라스마 내부에서 산란하던 광자가 풀려나 우주를 자유롭게 떠돌아다닌다. 우리는 이를 우주마이크로파 배경Cosmic Microwave Background이라고 하며, 우리가 볼 수 있는 가장 멀리 떨어진 빛이다. WMAP나 플랑크 같은 위성이 CMB를 관찰하면서 은하 형성의 시작점을 나타내는 밀도 요동에 따른 온도의 변화를 밝혀내고 있다.

케페우스형 변광성CEPHEID VARIABLE: 며칠에서 몇 주 주기로 밝기가 바뀌는 별. 주기는 별의 평균 광도와 직접적인 관련이 있기에, 케페우스형 변광성은 거리를 측정하는 '표준 촉광standard candle'으로 사용된다.

퀘이사QUASAR: 준성체quasi-stellar object라고도 한다. 중심부 블랙홀의 활동이 에너지 방출을 주도하는 은하의 일종. 퀘이사는 겉보기에 별을 포함하는 은하라기보다는 빛의 점(별처럼)으로 보인다. 아주 밝기 때문에 방대한 우주 너머에서도 보인다. 퀘이사는 거대한 은하의 형성 과정에서 중요한 단계를 나타낸다.

파섹PARSEC: 'parallax second'의 약어. 천문학의 기본적인 거리의 단위이며, 3.26광년,

즉 대략 30조 킬로미터다. 1메가파섹은 100만 파섹이다.

플럭스FLUX: 멀리 떨어진 곳에서 출발하여 탐지기(예를 들어 CCD 카메라)를 통과한 에너지 양. 평방미터당 와트로 측정한다.

피드백FEEDBACK: 성간매질과 은하간매질에 에너지를 방출해 가스의 중력 수축 과정을 변화시키거나 영향을 미치는 과정. 결과적으로 항성 생성을 통제한다. 피드백은 고온의 항성 표면에서 불어오는 항성풍, 초신성에서의 폭발적인 에너지 방출, 질량이 큰 은하 중심에서 활발하게 주변 물질을 끌어당기는 초대질량 블랙홀에서 생성된 강력한 제트 등을 포함한다. 피드백은 현재 은하 진화 모델에서 매우 중대한 요소이며, 가스가 중력의 열폭주로 인한 수축으로 항성이 되는 것을 제한한다.

핵합성NUCLEOSYNTHESIS: 원소의 핵을 형성하는 과정. 가벼운 원소(수소, 헬륨, 리튬)는 빅뱅 직후에 형성됐지만, 무거운 원소는 별이 연소하는 도중이나 폭발하며 사라질 때(초신성) 생성됐다.

허블 유형HUBBLE TYPE: 은하를 형태적 유형으로 파악하는 분류 체계. 주요 허블 유형으로는 타원형, 렌즈형, 나선형, 막대나선형 등이 있다.

활동은하핵ACTIVE GALACTIC NUCLEUS: 활발하게 물질을 끌어오는 초대질량 블랙홀이 존재하는 은하계의 중심부를 일컫는다. 물질이 블랙홀 가까이 (그리고 블랙홀 안으로) 가는 동안 가열이 일어나면서 엄청난 양의 에너지가 방출된다.

흡수선ABSORPTION LINE: 별이나 은하를 관측한 스펙트럼에서 어떤 원소로 인하여 특정 주파수의 빛이 흡수되어 검게 나타나는 선. 방출선과 유사하게 흡수선의 파장(주파수)은 흡수된 광자의 에너지로 정해진다. 태양의 스펙트럼에는 여러 개의 검은 흡수선이 보이는데, 수소 원자로 인한 흡수선 외에도 칼슘이나 나트륨 등의 금속이 존재한다는 것을 나타낸다. 방출선과 흡수선은 적색편이와 함께 은하의 화학적 구성과 동역학적인 상태에 대한 정보를 제공한다.

참고문헌

Banks, Iain M., *The State of the Art* (London, DLLF)

Coles, Peter, *Cosmology: A Very Short Introduction* (Oxford, ECCD)

Greene, Brian, *The Fabric of the Cosmos* (Harmondsworth, ECCH)

Gribbin, John, *Galaxies: A Very Short Introduction* (Oxford, ECCK)

——, *Stardust* (Harmondsworth, ECCL)

Hawking, Stephen, *A Brief History of Time* (London, DLLK)

Hubble, Edwin, *Realm of the Nebulae* (Silliman Memorial Lecture Series)(New Haven, 8B, ECDF)

Jones, Mark H., and Robert J. Lambourne, eds, *An Introduction to Galaxies and Cosmology* (Maidenhead, ECCG)

Longair, Malcolm, *Thee Cosmic Century* (Cambridge, ECCI)

Mo, Houjun, Frank van den Bosch and Simon White, *Galaxy Formation and Evolution* (Cambridge, ECDC)

Moore, Sir Patrick, *Philip's Guide to the Night Sky* (London, ECDF)

Rees, Martin, *Our Cosmic Habitat* (Princeton, ECCF)

——, ed., *Universe* (Oxford, ECDE)

Rowan-Robinson, Michael, *Night Vision* (Cambridge, ECDF)

Sagan, Carl, *Cosmos* (New York, ECDF)

Sanders, Robert H., *Revealing the Heart of the Galaxy: The Milky Way and Its Black Hole* (Cambridge, ECDF)

Scharf, Caleb, *Gravity's Engines* (New York, ECDE)

Smoot, George, and Keay Davidson, *Wrinkles in Time* (New York, DLLF)

Sparke, L. S., and J. S. Gallagher Ⅲ, *Galaxies in the Universe: An Introduction*

(Cambridge, ECCJ)
Sparrow, Giles, *Constellations: A Field Guide to the Night Sky* (London, ECDF)
——, *Cosmos: A Journey to the Beginning of Time and Space* (London, ECCJ)
——, *Hubble: Window on the Universe* (London, ECDC)
Tyson, Neil Degrasse, and Donald Goldsmith, *Origins: Fourteen Billion Years of Cosmic Evolution* (New York, ECCI)
Weinberg, Steven, *The First Three Minutes: A Modern View of the Origin of the Universe* (New York, DLLF)

사진 출처

ALMA (ESO / NAOJ / NRAO), NASA / ESA: pp. 186, 194 (J. Hodge et al., A. Weiss et al.,NASA Spitzer Science Center); Michael Blanton and the Sloan Digital Sky Survey (SDSS) collaboration, http://www.sdss.org: p. 97; ESA /Herschel / PACS & SPIRE Consortium, O. Krause, HSC, H. Linz: p. 180; ESA / Hubble & NASA: p. 159; ESA, LFI and HFI consortia: p. 30; ESO: pp. 6 (Jose Francisco Salgado), 10 – 11, 26, 49, 54 – 55 (S. Guisard), 68 – 69, 75 (S. Brunier), 21 (S. Brunier / S. Guisard [www.eso.org/~sguisard]), 19, 24, 29 (R. Schoedel), 44 (P. Grosbøl), 57, 62 (Y. Beletsky), 85, 103 (S. Gillessen et al.), 110 – 111 (J. Perez), 116, 132 – 133, 138 (J. Emerson / VISTA / Cambridge Astronomical Survey Unit), 119, 124, 125, 126 (F. Comeron), 142 (C. Malin), 157, 160, 247; ESO / APEX (MPIFR / ESO / OSO) / A. Hacar et al. / Digitized Sky Survey 2: p. 127 (Davide De Martin); ESO / M.-R.Cioni / VISTA Magellanic Cloud Survey: p. 14 (Cambridge Astronomical Survey Unit); ESO / Digitized Sky Survey 2: p. 161; ESO / M. Gieles: p. 139 (Misha Shirmer); ESO / INAF-VST / Omegacam: pp. 13 (A. Grado / inaf-Capodimonte Observatory), p. 155 (OmegaCen / Astro-wise / Kapteyn Institute); ESO / SOAR / NASA: p. 170; ESO / vvv Survey / D. Minniti: p. 28 (Ignacio Toledo, Martin Kornmesser); ESO / WFI (Optical); MPIFR / ESO / APEX / A. Weiss et al. (submillimetre); NASA / CXC / CFA / R. Kraft et al. (x-ray): p. 88; J. Geach: p. 93; J. Geach / R. Crain: pp. 240, 243; NASA: pp. 60, 104; nasa, N. Benitez (jhu), T. Broadhurst (e Hebrew University), H. Ford (jhu), M. Clampin (STSCI), G. Hartig (STSCI), G. Illingworth (UCO / Lick Observatory), the ACS Science Team and ESA: p. 219; NASA, ESA, S. Beckwith (STSCI) and the HUDF Team: p. 17; NASA, ESA, CXC, SAO, the Hubble Heritage Team (STSCI / AURA), and J. Hughes (Rutgers University): p. 112; NASA / CXC /

IOA / A. Fabian et al.: p. 167; NASA, ESA, S. Baum and C. O'Dea (rit), R. Perley and W. Cotton (NRAO / AUI / NSF), and the Hubble Heritage Team (STSCI / AURA): pp. 164 – 165; NASA, ESA, S. Beckwith (STSCI), and the Hubble Heritage Team (STSCI / AURA): pp. 42 – 43; NASA, ESA and K. Cook (Lawrence Livermore National Laboratory, USA): p. 36; NASA, ESA, CXC, SAO, the Hubble Heritage Team (STSCI / AURA), and J. Hughes (Rutgers University): p. 112; NASA, ESA, and G. Canalizo (University of California, Riverside): p. 101; NASA / ESA and ESO: p. 189; NASA, ESA, M. Postman and D. Coe(STSCI) and the clash Team: p. 249; NASA, H. Ford (JHU), G. Illingworth (UCSC / LO), M. Clampin (STSCI), G. Hartig (STSI), the ACS Science Team, and ESA: pp. 195, 198; NASA, ESA, and P. Goudfrooij (STSCI): pp. 46 – 47 top; NASA, ESA, and the Hubble Heritage Team (STSCI / AURA): pp. 26 – 27 (R. Corradi [Isaac Newton Group of Telescopes, Spain]) and Z. Tsvetanov (NASA), 37 (S. Smartt [Institute of Astronomy]) and D. Richstone [U. Michigan]), 38 – 39 (P. Knezek [wiyn]), 46 – 47 (bottom), 48 (W. Keel [University of Alabama, Tuscaloosa]), 90 – 91 (D. Carter [Liverpool John Moores University] and the Coma HST ACS Treasury Team), 114 (R. Corradi [Isaac Newton Group of Telescopes, Spain] and Z. Tsvetanov [NASA]), 156 (K. Cook [Lawrence Livermore National Laboratory]), 157, P. Goudfrooij (STSCI), 173 (J. Blakeslee [Washington State University]); NASA, ESA, and the Hubble Heritage Team (STSCI / AURA)-ESA / Hubble Collaboration: pp. 34 (R. Chandar [University of Toledo]) and J. Miller (University of Michigan]), 41 (M. Crockett and S. Kaviraj [University of Oxford], R. O'Connell [University of Virginia], B. Whitmore [STSCI], and the WFC3 Scientific Oversight Committee), 50, 158, 159 (R. O'Connell [University of Virginia] and the WFC3 Scientific Oversight Committee), 51 (M. West [eso, Chile]), 192, 193, 193 (B. Whitmore [Space Telescope Science Institute]),196 – 197, 199, 206 – 207 (J. Gallagher [University of Wisconsin]), M. Mountain (STSCI), and P. Puxley (National Science Foundation); NASA, ESA, the Hubble Heritage Team (STSCI / AURA)-ESA / Hubble Collaboration, and A. Evans (University of Virginia, Charlottesville / NRAO / Stony Brook University): pp. 202, 203; NASA, ESA, and the Hubble SM4 ERO Team: p. 204; NASA, ESA, the Hubble SM4 ERO Team, and ST-ECF: p. 220; NASA, ESA, and J.-P. Kneib (Laboratorie d'Astro - physique de Marseille): pp. 174 – 175; NASA, ESA, G. Kriss (STSCI), and J. de Plaa (SRON Netherlands Institute for Space Research): p. 102 (B. Peterson [Ohio State University]); NASA, ESA, D. Lennon and E. Sabbi (ESA / STSCI), J. Anderson, S. E. de Mink, R. van der Marel, T. Sohn, and N. Walborn (STSCI),

N. Bastian (Excellence Cluster, Munich), L. Bedin (INAF, Padua), E. Bressert (esa), P. Crowther (University of Sheffield), A. de Koter (University of Amsterdam), C. Evans (UKATC / STFC, Edinburgh), A. Herrero (IAC, Tenerife), N. Langer (AIFA, Bonn), I. Platais (JHU), and H. Sana (University of Amsterdam): pp. 128 – 129; NASA, ESA, and M. Livio and the Hubble 20th Anniversary Team (STSCI): p. 137; NASA, ESA, R. O'Connell (University of Virginia), F. Parescue (National Institute for Astrophysics, Bologna, Italy), E. Young (Universities Space Research Association / Ames Research Center) and the WFC2 Science Oversight Committee, and the Hubble Heritage Team (STSCI / AURA): p. 22; NASA, ESA, M. Regan and B. Whitmore (STSCI), R. Chandar (University of Toledo),S. Beckwith (STSCI), and the Hubble Heritage Team (STSCI / AURA) p. 35; NASA, ESA, A. Riess (STSCI / JHU), L. Macri (Texas A&M University), and the Hubble Heritage Team (STSCI / AURA): p. 40; NASA, ESA, and E. Sabbi (ESA / STSCI): p. 130; NASA, ESA, and R. Sharples (University of Durham): p. 205; NASA / ESA, N. Smith (University of California, Berkeley), and the Hubble Heritage Team (STSCI / AURA): pp. 134 – 135;
NASA, ESA, ESO, CXC & D. Coe (STSCI) / J. Merten (Heidelberg / Bologna): p. 171; NASA / JPL-Caltech: pp. 78 – 79, 181, 182, 183, 184; NASA / JPL-Caltech / VLA / MPIA: p. 145; NASA / JPL-Caltech / wise Team: p. 176; NASA / JPL-Caltech / the sings Team (SSC / Caltech): p. 185; NROA / AUI / NSF / GBT / VLA / Dyer, Maddalena & Cornwell X-ray: Chandra x-Ray Observatory; NASA / CXC / Rutgers / G. Cassam-Chenai, J. Hughes et al., Visible light: 0.9-Curtis Schmidt optical telescope, NOAO / AURA / NSF / CTIO / Middlebury College / F. Winkler and Digitized Sky Survey: p. 113; N. A. Sharp, NOAO / NSO / Kitt Peak FTS / AURA / NSF: pp. 82 – 83; Fabian Walter and the things team (Walter et al. 2008): p. 144; Courtesy of Volker Springel and the Virgo Consortium: pp. 224, 236; ZLESS Consortium: p. 86.

찾아보기

ㅇ

우주의 지도를 그리다

천 문 학 자 의 은 하 여 행

1판 1쇄 2018년 8월 6일
1판 2쇄 2021년 4월 8일

지은이 제임스 기치
옮긴이 안진희 홍경탁
감수 한미화
펴낸이 강성민
편집장 이은혜
마케팅 정민호 김도윤 최원석
홍보 김희숙 김상만 함유지 김현지 이소정 이미희 박지원
독자모니터링 황치영

펴낸곳 (주)글항아리 | 출판등록 2009년 1월 19일 제406-2009-000002호

주소 10881 경기도 파주시 회동길 210
전자우편 bookpot@hanmail.net
전화번호 031-955-2696(마케팅) 031-955-1936(편집부)
팩스 031-955-2557

ISBN 978-89-6735-533-3 03440

글항아리 사이언스는 (주)글항아리의 과학 브랜드입니다.

잘못된 책은 구입하신 서점에서 교환해드립니다.
기타 교환 문의 031-955-2661, 3580

www.geulhangari.com